U0897224

地下建筑图说100例

100 WORKS SELECTED FROM UNDERGROUND BUILDINGS

童林旭　编著

中国建筑工业出版社

图书在版编目(CIP)数据

地下建筑图说100例/童林旭编著.—北京：中国建筑工业出版社，2006
ISBN 978-7-112-08446-3

Ⅰ.地... Ⅱ.童... Ⅲ.地下建筑物—图集
Ⅳ.TU93-64

中国版本图书馆CIP数据核字（2006）第072651号

本书收集和整理了半个多世纪以来国内外地下建筑佳作100例，分成地下居住建筑（8例）、公共建筑（23例）、交通建筑（21例）、地下建筑综合体（28例）以及地下工业建筑（5例）、仓储建筑（7例）、防护建筑（8例）等七大类，以图为主，用少量文字给予简要评介。

本书可供建筑设计、城市设计、地下空间规划设计等专业人员以及高等院校相关专业师生借鉴参考。

责任编辑：吴宇江
责任设计：郑秋菊
责任校对：王雪竹　张　虹

地下建筑图说100例

童林旭　编著

*
中国建筑工业出版社出版、发行(北京西郊百万庄)
新华书店经销
北京广厦京港图文有限公司设计制作
北京中科印刷有限公司印刷
*
开本：889×1194毫米　1/16　印张：14½　字数：448千字
2007年1月第一版　2007年1月第一次印刷
印数：1—2000册　定价：120.00元
ISBN 978-7-112-08446-3
(15110)

(邮政编码　100037)
本社网址：http://www.cabp.com.cn
网上书店：http://www.china-building.com.cn

前　言

地下建筑是一部分城市功能在地下空间中的具体体现和重要补充，在城市建筑总量中占有一定的比重。按照城市地下空间发展规划，在地下空间中有计划地建造适度规模和较高质量的地下建筑，对于节省城市用地，节约能源，改善城市交通，减轻环境污染，城市防灾减灾，扩大城市空间容量，提高城市生活质量，建设循环经济和节约型社会，都可以起到重要的作用，同时为城市的高度现代化，以至未来城市的建设，都开辟了广阔的前景。

地下建筑的存在介质、施工方法、工程造价、内部环境等，与一般地面建筑都有一定差异，在建筑领域中是一种比较特殊的类型。自20世纪50年代以来，世界上建造了大量地下建筑，成为旧城市改造和新城市建设的重要内容，但至今缺少有关资料的整理和经验的总结。1994年出版的拙著《地下建筑学》，在这方面作了一些初始的努力，但还很不够，不能满足广大读者了解地下建筑规划设计经验的渴求。有鉴于此，特将笔者在撰写有关地下空间与地下建筑的四部著作（书名见本书参考文献〔1〕～〔4〕）过程中收集和使用过的国内外地下建筑项目，选择其中佳作100例，分成七大类型，以图为主，简要评说，给读者留下一点自己分析、判断和吸收的空间。

在笔者从事地下空间与地下建筑30多年的研究与实践中，得到过国内外许多单位和专家的支持与帮助，谨致以诚挚的谢意，并欢迎读者对本书提出批评指正。

童林旭

2006年1月

目　录

1　地下居住建筑

1.1 地下居住建筑概说

居住是人类生活的基本需求之一，居住条件和居住环境反映了不同时代，不同地区的社会、经济的发展水平。人类从穴居野处到在地面上营造房屋居住，是生产力提高和社会进步的结果。虽然现在世界上仍然有一部分人口居住在地下环境中，但往往被看作是一种贫穷落后的现象。也就是说，地下居住建筑并没有完全消失，在某些地区，在一定条件下，仍然有数以百万计的人口居住在传统的或现代的地下居住建筑中。

传统地下居住建筑规模最大，分布最广的地区是中国北部的黄土高原。据估计，居住在那里各种各样传统窑洞中的居民有3500～4000万人。除中国外，北非、西亚和中东地区，在历史上和现在，也都有地下居住建筑的存在，但目前仍在地下居住的人口要比中国少得多。此外，在一些发达国家，如法国、意大利、澳大利亚、美国等，也都发现过地下居住建筑的遗迹。

20世纪70年代以来在美国迅速发展起来的，以节能为主要目的的半地下覆土住宅，属于现代的地下居住建筑，在美国曾发展到相当的规模，取得一定的节能效果，虽尚未普及到其他国家，但已引起各国的广泛注意，一些国家开始结合本国情况研究在现代条件下，人在地下环境中居住的可能性。例如在瑞典，已经建造了试验性的覆土住宅；在日本，正在提倡在私人住宅建地下室，作为在家中工作、音乐活动、贮藏及发生灾害时避难之用。

从历史和现状看，地下居住的产生和发展，与一定的自然条件和社会背景有关，大体上有以下几个方面。

1.1.1 气候条件

在距今约3万年前的旧石器时代晚期，气候变冷，地球进入冰河期。人类为了御寒，利用天然洞穴的优点，开始了“冬穴夏巢”①的生活。经过长期的穴居后，随着劳动工具的进步，到距今7～8千年前的新石器时代早期，开始了人工挖掘洞穴居住。

人类要想使用简单的石器挖掘洞穴，就必然要寻找一种天然的材料，既能用石器进行挖掘，又能有足够的强度形成一种结构。黄土就是当时能找到的理想材料。在第四纪形成的中国黄土高原，其在中更新世形成的第二层黄土（称离石黄土，代号为Q2）和晚更新世形成的第三层黄土（称马兰黄土，代号为Q3），就具备上述两个条件。

黄土高原地区干旱少雨，年平均降水量大致在250～500mm之间，局部地区有600mm，也多集中在夏季。在常年多数时间内，黄土的天然含湿量约为10%～20%，平均16%，抗压强度平均为0.1MPa，很适于用简单的工具挖掘。当挖掘成形后，经过一段时间的干燥，洞穴周围土体的含湿量降低，当降到5%以下时，土体强度随之增加，抗压强度可提高到0.2～0.3MPa，足以保证洞穴结构的强度与稳定。

北非、西亚和中东地区，与中国西北地区相似，均属于热性气候，因此同样存在着穴居的传统和习惯。这些地区虽然冬季并不寒冷，但夏季炎热，而且昼夜温差很大，如叙利亚的内陆地区，昼夜温差达23℃。以我国河南荥阳地区为例，夏季昼夜温差为10℃左右，当室外气温达到34℃时，地面上平房室内温度为32℃，夜间室外降至24℃，室内仍在30℃左右。但是在通风良好的窑洞中，室内气温最高为27℃，最低23℃。这说明，当地面建筑单靠自然温度调节很难保持室内正常温度时，利用地下环境的热稳定性，可使室温不致有很大波动，这是干旱炎热地区居民到地下环境中去居住的一个重要原因。

1.1.2 资源条件

人类最早建造房屋所使用的材料是土、石、竹材和木材。这几种材料在近代钢筋混凝土没有发明之前，一直使用了几千年。各地区所拥有的建筑材料的品种和储量，对于当地建筑形式和结构有很大影响。

中国的黄土高原和北非、西亚、中东等地，由于气候干旱和盲目砍伐，森林资源很少，木材非常缺乏；同时由于土层很厚，开采石料也很困难。因此，土就成为这些地区惟一的建筑材料，在土层中挖掘的洞穴和用生土砌筑的房屋成为居住建筑的主要形

①见《墨子〈辞过〉》：“……冬则居营窟，夏则居橧巢。”

式，中国黄土高原本来具备一定的森林生长条件，但是经过长时期的采伐和连年战争的破坏，到了明朝中期（14～15世纪），森林已丧失殆尽，结果水土大量流失，生态环境进一步恶化，除了黄土之外几乎一无所有，这也是自明清以来窑洞继续发展，一直沿用至今的主要原因之一。

除材料资源外，能源的短缺也是上述地区窑洞和生土民居长期存在的重要原因。因为土的资源虽然很多，但缺少燃料将土烧制成砖瓦，只有少数比较富裕的人才有可能在地面上建砖瓦房屋。

世界上传统的能源（煤、石油、天然气等）储量日益减少，而能源的消费不断增长，为了维持正常的室内环境而消耗在居住建筑供热和制冷上的能源有增无减；迫使一些能源少而能耗高的经济发达国家采取多种措施降低居住建筑的能耗，利用地下环境的热稳定性降低能耗就是一个重要的途径。这也是在一些地方（如美国），人们开始在现代物质条件下回到地下去居住的一个动因。

1.1.3 技术与经济条件

现代的建筑技术包括多种工程措施，如土方工程、地基与基础工程、结构工程、装修工程等，即使是地面上最简单的建筑物，也需要由专业工人和技术人员完成这些基本的工程才能建成使用。但是，窑洞建筑所需要的技术基本上只有土方工程一项，用最简单的工具即可挖掘，用肩挑人抬即可出土，不需要专业人员，仅凭传统的经验，任何一个农户都有条件自己建造。由于节省材料，技术简单，这种居住空间的造价比地面上的住房低得多。据河南省情况，即使是砖砌窑脸①的窑洞造价，也不到地面上砖木结构住房造价的1/3，如全部采用一砖衬砌，也只相当于后者的一半。这两个有利条件就为既缺乏材料又缺少技术的贫困地区，提供了一种简单易行的开拓居住空间的有效途径。

窑洞除技术简单和造价低廉外，还很适合于慢建和快建。慢建是指一户农民可根据自己的需要和劳动力情况，分期修建；或者先挖好一两个洞暂住，待有条件时再挖庭院或其他洞室，很适合小农经济的特点。所谓快建，是当需要在很短时间内解决大量人口居住问题的情况时，例如战争或天灾迫使许多家庭流离失所，当到达比较安全的地点后，可以很快构筑窑洞居住，日后即使放弃也不可惜。《十六国春秋》中载文云：“张忠……，永嘉之乱，隐于秦山，……依崇山幽谷凿地为窑室，弟子亦窑居”，就是躲避战乱而窑居的例子。我国的陕北、晋中南等窑洞发达地区的一些居民，其祖籍多不在当地，也说明这个问题。土耳其中部开帕多西亚（Cappodocia）地区发掘出来的几座地下城，就是中世纪时数以万计的拜占庭基督徒为了躲避宗教迫害逃到这一地区，在软凝灰岩中用手工工具迅速挖掘成的大型综合性地下空间，除容纳大量人居住外，还可进行其他多种活动，故称为地下城。

1.1.4 社会背景

中国黄河流域的黄土高原，西南亚两河流域的美索不达米亚（Mesopotamia）地区，以及埃及的尼罗河流域，都曾是古代人类文明的发源地。但是由于后来自然环境的变迁和社会的动乱，这些地区的经济没有得到应有的发展，沦为贫穷落后的地区，至今这种状况并没有根本改变。以我国黄土高原为例，该地区农民收入仅为富裕的上海地区的26%～36%，这也是为什么这些地区的大量人口仍然居住在传统的窑洞中的主要原因。今后当这些贫困地区逐步发达起来，大量人口的居住问题，必然朝两个方向解决，一个是废弃窑洞，在地面上建造现代住宅；另一个就是在确有保留条件和保留价值的地区，将传统的窑洞加以彻底改造，发扬地下环境的优势，用现代技术克服传统窑洞的不足，使地下居住建筑在特定条件下得到一定的发展。

1.2 中国的窑洞民居[1][17]

中国黄土地区分布在西起昆仑山，东至东北和内蒙古地区，南以秦岭、伏牛联线为界的广大地区，在北纬34°～41°之间，总面积约63万km^2，占全中国面积的7%，其中土层最厚的地区在太行山以西至乌鞘岭，秦岭以北到古长城一带，面积约38万

①窑脸是指窑洞朝向室外空间的一个面，砖砌窑脸是为了保护这个面上的黄土边坡不受风化作用和水的冲刷，是一个加固措施。

km²，称为黄土高原，分布如图1–1所示。

当前，我国黄土高原的窑洞民居主要集中在陇东、陕北、豫西、晋中南、冀北和内蒙中部等6个地区，宁夏和青海的部分地区也有，与陇东窑洞近似。

这些地区约有200个县，居住在窑洞中的总人口估计有3500～4000万人，根据各地的自然和社会条件，居住在窑洞的人口占总人口的比例有多有少，大体上是越向西北，比例越高，向东南则渐少，这与黄土高原的土层厚度和气候的变化趋势是一致的。陇东地区的庆阳、平凉、天水、定西四县，窑居户数占总农户数的93%，陕西米脂县为80%～90%，晋中南的平陆、曲阳县为70%～80%，其中临汾的太平头村高达98%。河南的窑洞民居从西向东逐渐减少，到中部的巩县，窑居农户约为50%。

虽然从全国范围来看，窑洞居民在总人口数中不到5%，但其绝对数字相当于一个欧洲大国的人口，因此在全国性的住房问题中，应占有足够重要的位置，并认真加以研究和引导，使传统的窑洞民居沿着正确的方向发展，逐步适应现代的生活。

中国窑洞民居随地形条件的不同主要有两大类型，即靠山式窑洞和下沉式窑洞。

1.2.1 靠山式窑洞

在黄土台地的陡崖上或冲沟两侧的土壁上挖掘出来的窑洞一般称为靠山式窑洞(hillside type dwellings)，也有的称为崖窑或冲沟窑，如图1–2所示。

随各地地形的变化和自然条件的不同，靠山式窑洞在单孔形状、尺寸，多孔组合方式，院落布置等方面，都各有特点。

陇东靠山窑单孔平面多呈外宽内窄的梯形(3.4～2.7m)，进深较大（5～9m），最深的达27m。陕北和晋中南窑洞单孔平面多为等宽(2.4m,3.3m,3.6m,3.8m)，进深较小（7～8m）；而豫西窑洞的单孔平面则多呈外小内大的倒梯形，宽2.8～3.5m，进深4～8m，巩县地区进深为6～12m。这几种单孔窑洞的平面形状和相应的立面、剖面形式如图1–3所示。

陇东和陕北窑洞的平面组合比较简单，一般为单孔并列，或互成一定角度，最多在单孔窑内横向

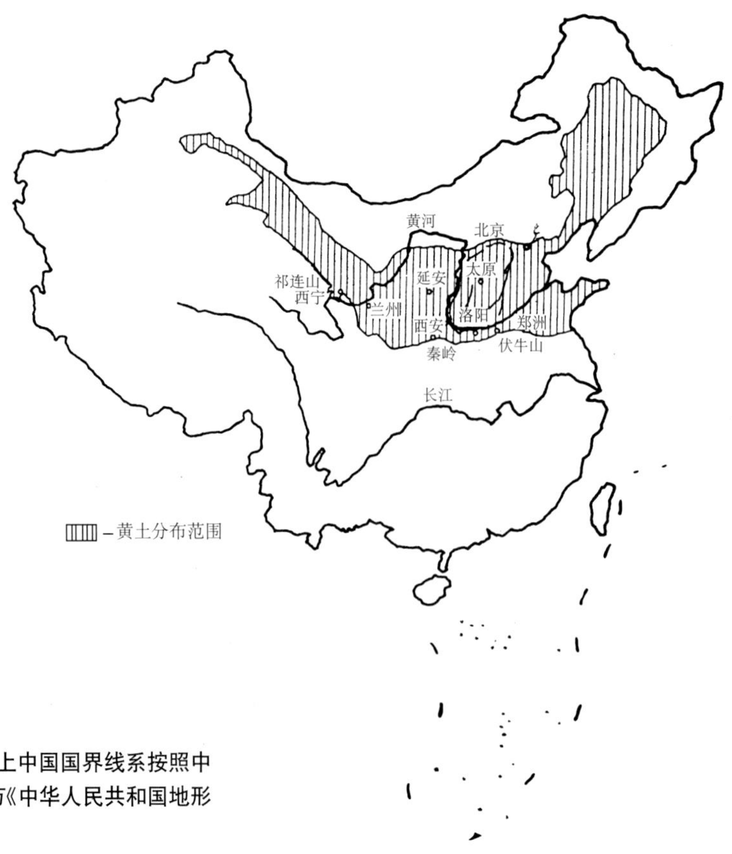

图1–1 中国黄土地区的分布（本图上中国国界线系按照中国地图出版社1989年出版的1:400万《中华人民共和国地形图》绘制）

挖一个岔洞（俗称“拐窑”），如图1–4所示。山西和豫西的窑洞组合比较复杂多样，既有单孔并列，也有双孔并联，三孔并联的更为多见，即“一明两暗”的形式，如图1–4所示。此外，在空间关系上还有两孔窑洞上下组合，形成两层的结构，两孔在同一垂直轴线上，也有的上下错开，或半层错开（图1–5）。两层的窑洞一般上小下大，从室外或室内用木梯或土踏步上下联系。

靠山式窑洞一般在窑前都有一院落，用土坯墙围成，有的在院内还有少量地面房屋，也起一个围挡的作用，形成三合院或四合院式的布局。由于台地宽度的限制，院落的面积都不大，院落前方都有门楼，作为主要出入口，也是建筑装饰的重点，如图1–6所示。

图1–2 靠山式窑洞村落概貌

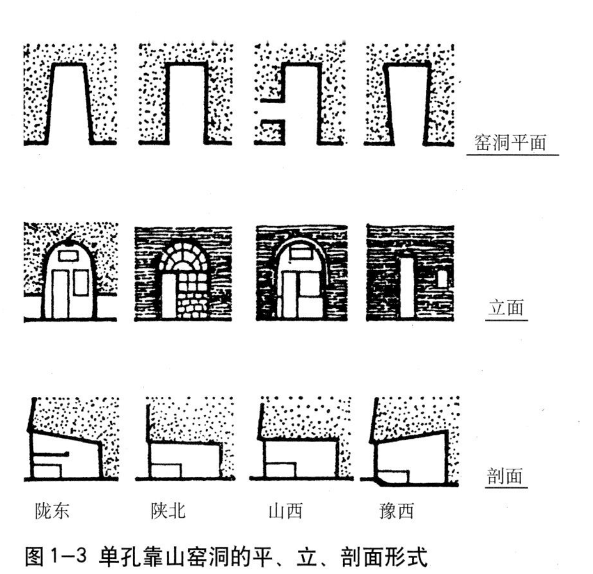

图1–3 单孔靠山窑洞的平、立、剖面形式

图1–5 不在同一层面上的靠山式窑洞

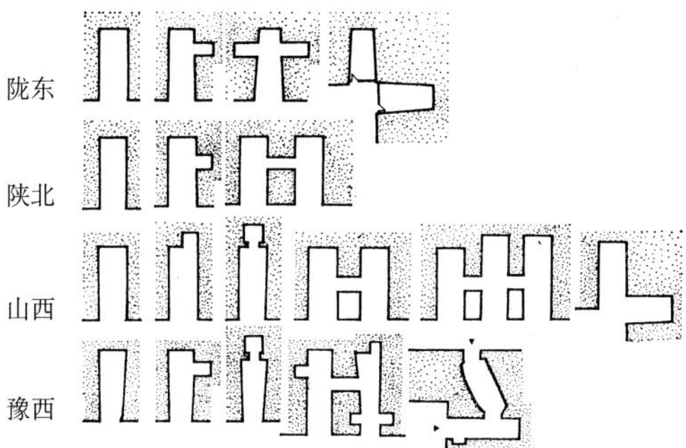

图1–4 多孔靠山窑洞的平面形式

图1–6 靠山式窑洞与洞外的院落

1.2.2 下沉式窑洞

在黄土高原的地势较平坦地带，直接利用自然地形挖窑洞比较困难，故先从地面挖一个坑，形成一个下沉的院落，四周成为人工的黄土陡崖，向里横向挖洞，形成一个低于自然地面的窑院和窑洞，故称为下沉式窑洞（suken courtyard type dwellings），俗称天井窑院，或地坑窑院，如图1-7所示。在陇东、陕西关中、晋南、豫西等地都有大量下沉式窑洞，有的整个村庄几乎全由这类窑洞组成，尤以豫西地区最多。

下沉式窑洞的单孔形状和尺寸与当地靠山式窑洞大同小异。这类窑洞的特点主要在于下沉院落与院内窑洞的组合方式多种多样，随地形和住户的需要而变化，大体上可归纳为三种情况：第一种是简单的方形窑院，每个方向有二或三孔窑洞，在南侧设坡道通向地面，如图1-8(*a*)、(*b*)所示，这种布置在几个主要窑洞集中地区都是常见的；第二种情况是将一个大窑院用墙分隔成两个或三个窑院，或将两个窑院连通，供几家人合住，较适合于大家庭分居后使用，如图1-8(*c*)、(*d*)、(*e*)所示；最后还有一种比较复杂的组合方式，因地制宜，灵活布置，河南洛阳市乡水口村张天成家的窑院，就是由一大一小互相连通的两个窑院组成，在院中还建了一些地面房屋。

图1-7 下沉式窑洞村落概貌

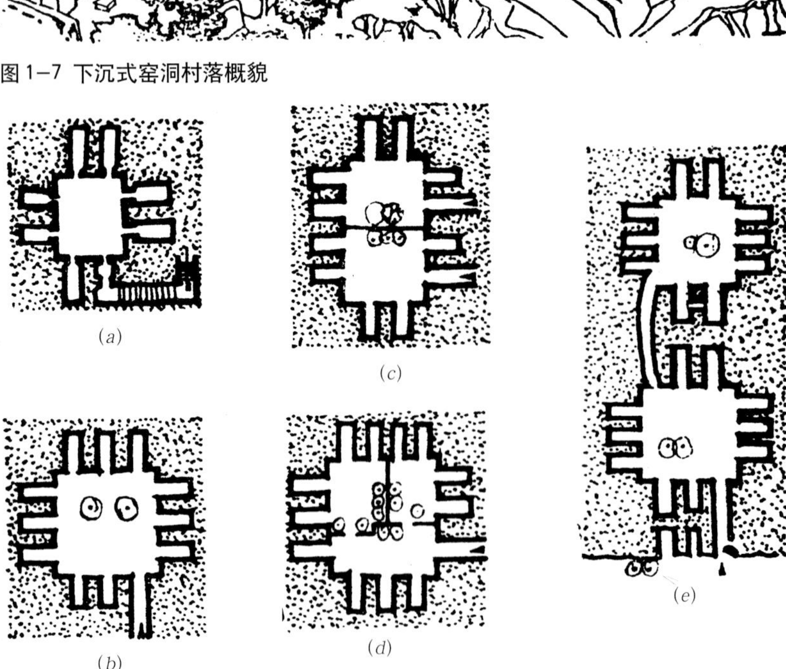

图1-8 下沉式窑洞的平面布置形式

1.2.3 窑村布局

传统窑洞的村庄，一般都是由小到大自然形成的，并没有事先制定的规划，因此从现代城市规划的角度看，固然有其不合理或不科学之处，但是人类适应自然的能力和千百年的实践经验，使遍布在广大地区的窑村，基本上能够适应当地的经济发展水平和生活习惯，形成的众多的具有黄土高原特色的村落，在建筑艺术上也有相当高的成就，成为我国建筑文化遗产的一个组成部分。

靠山窑为主的地区，窑村多呈带状布局，例如陇东庆阳地区西峰镇附近有长达1.3km的靠山窑村落。更多的村落是窑洞与地面房屋混杂在一起，靠山为窑，平地为房。例如山西娄烦县河家庄村，一面临河，一面靠山，滩地上建房，崖坡上挖洞，上下几层，很有气势，图1－9是陕北青化砭靠山窑村的总体布局平面和剖面图，有一定的代表性。

以下沉式窑洞为主的窑村布局，也很有特色，进入村中不见房屋，十分清静，只有临近窑院，才能看到居民。村中自然环境比一般农村好得多，因为绿化比较充分。在地势较平坦的地带，窑院多规则布置，比较密集，如图1－10所示的河南巩县西村。当地形较复杂时，则采取较灵活的布局，集中与分散相结合，图1－11是河南洛阳沟上村的总体布局平面和剖面图，可以看出这一特点。

用现代城市规划的标准衡量，多数窑村还处于比较落后的状态，主要表现在基础设施的落后，例如靠山窑村交通不便，上下只能步行，运输靠畜力，取水要到山下，走很远的路。下沉式窑院村的交通问题比较容易解决。困难的是供水和排水，现在多数居民要通过窑洞坡道到地面上去取水。在窑院中，一般都挖一个集水井，积存夏季的一些雨水，供非饮用水使用。此外，地表排水也存在一定困难。这些问题在现代科学技术条件下都是不难解决的，但要待当地经济有所发展后，才有可能实现较大规模的现代化改造。

图1－12～图1－21为中国窑洞民居彩色图片。

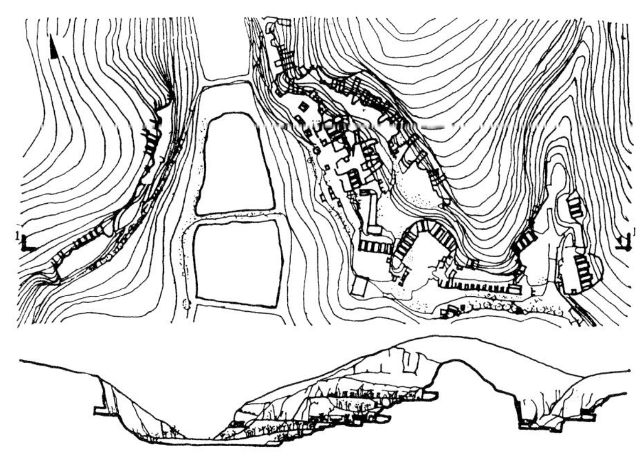

图1–9 陕北青化砭地区靠山窑村

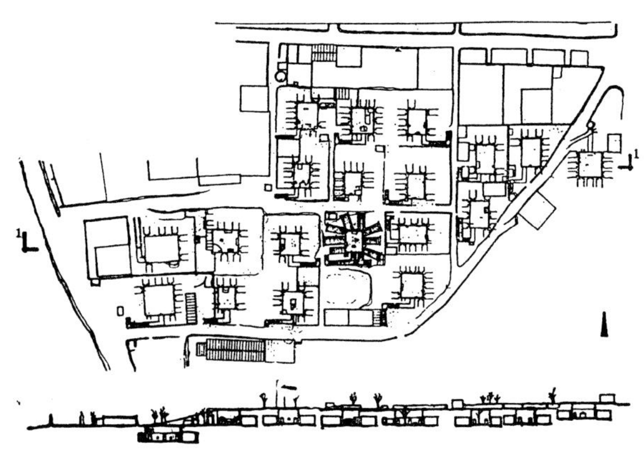

图1–10 河南巩县西村的下沉式窑洞布置

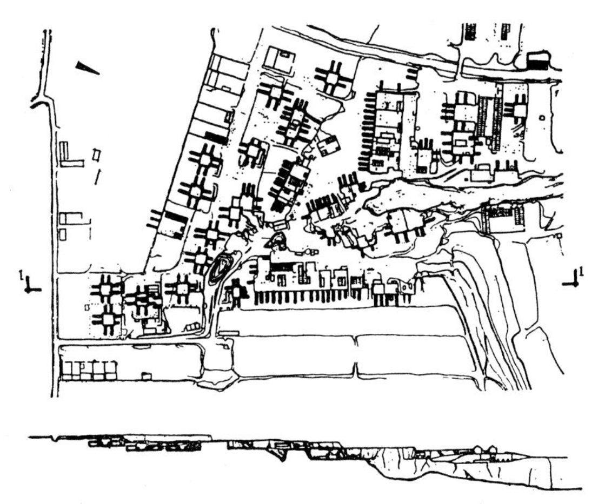

图1–11 河南洛阳沟上村的下沉式窑洞布置

图 1-12 延安靠山窑洞——周恩来同志故居

图 1-13 河南靠山窑窑村

图 1-14 陕西靠山窑洞（刘凤兰 摄）

图 1-15 陕西靠山窑洞及其居民（刘凤兰 摄）

图1–16 甘肃较高质量的靠山窑洞

图1–17 山西靠山窑洞室内

图 1–18 河南下沉式窑洞群鸟瞰

图 1–19 河南下沉式窑洞院内

图 1–20 陕西下沉式窑洞院内

图 1–21 甘肃相邻下沉式窑洞间的院墙和院门

1.3 美国的覆土住宅[1][20]

1.3.1 覆土住宅产生的背景与发展情况

覆土住宅在20世纪60年代起源于美国，是指在平地上或挖开的地基上，用常规方法建造一幢住宅，在结构工程完成后，屋顶和外墙面积的50%以上用一定厚度的土覆盖，其余部分（主要为朝阳面）仍然外露的一种半地下式住宅。这种住宅不同于地下室中的住宅，因为地下室的顶部以上还有上部建筑，不能覆土，而且不可能只有一个面露在地上。

20世纪60年代初，由于核战争的危险加剧，美国的城市居民纷纷到郊区或更远的地方建造私人的防核微粒沉降掩蔽所。1961年在西雅图（Seattle）世界博览会上，展出了一幢这种地下住宅，很多人参观后开始建造。其中一些人与自己的住宅相结合，既为了解决战时防护问题，又要求平时居住舒适，建造速度还要快，于是出现了多种形式的地下或半地下住宅。

战争危机过去以后，从20世纪60年代中期到70年代中期，大城市环境污染日益严重，城市居民再一次向郊区迁移，到环境较好的地方去自建住宅。由于半地下覆土住宅适于建在常规住宅不宜建造的地段，如坡地、洼地等处，地价比较便宜，一些建筑师从保护环境出发，为了使建筑与自然更加和谐，也推动了覆土住宅的发展。建筑师威尔士(M.Wells)提出，要建造“不破坏地面空间的建筑”；建筑师约翰逊（P.Johnson）1965年在一个湖畔设计了一幢覆土住宅，使之与周围的地形和自然景观得到很好的统一。

1973年，由中东战争引起的石油禁运，造成了世界性的石油危机，于是建筑节能受到广泛的重视，进行了很多探索和研究，取得一定成效。就是在这样的社会、经济背景下，在1974年后，覆土住宅就迅速发展起来。

建筑能耗在整个能耗中占有相当大的比重。例如，1968年美国全国的能耗情况为：工业占第一位，为41.2%，其次就是建筑，为33.6%（到1980年已上升到37%），交通仅占第三位，为25.2%。在建筑能耗中，居住建筑占一半以上，应是节能的重点。在1970年，美国居住建筑能耗占全国总能耗的22%，其中供热（包括暖汽、热水、烧饭）占84.7%，供冷占5.2%。照明及家用电器占10.1%。与建筑节能有关的能耗主要是供热和供冷，共占67.2%，由此可见建筑节能的重要意义。

在能源危机的前几年，人们对于覆土住宅的节能优势尚未完全认识，在1976年全美以节能为主要目的的覆土住宅仅有50幢，但所显示出的节能潜力已引起政府和建筑界的重视。美国能源署和几个州的能源署都制定了试验和发展覆土住宅的计划，出资支持建造试验性工程，以便取得实际节能效果后再进一步推广。到1980年，美国已建成各类覆土住宅2200～3000幢，主要分布在中部各州，其中以明尼苏达（Minnesota）、威斯康星（Wisconsin）、俄克拉荷马（Oklahoma）三州最为集中，在东北和西北的几个州中也有一定数量。

按美国计划，到2000年全国覆土住宅数量应从1980年的2200幢发展到160000幢。然而，这一计划并没有完全实现，因为20世纪80年代中期起，世界石油价格回落，再加上十几年的努力，在节能方面已取得明显效果，对能源的危机感已远不如20世纪70年代。因此，以节能为主要目的的覆土住宅的市场竞争力减弱，发展势头随之变缓。

当然，能源价格回落只是暂时的现象，世界性的传统能源（煤、油、天然气等）的储量与日俱增的能源需求量之间的矛盾必然继续加剧，在一定的政治、经济条件下，新的能源危机还可能再次发生。因此，虽然美国的覆土住宅由于投资者和购房者的兴趣受市场影响而下降，以致发展速度放慢，但是一些研究机构仍在以提高建筑质量，进一步降低能耗和造价，从而提高覆土住宅的市场竞争力为目标，坚持理论研究和工程试验工作。同时，在覆土住宅建设中所取得的节能成果，正逐步扩大推广到各种类型的地下公共建筑中去。

1.3.2 覆土住宅的类型与特点

在覆土住宅发展初期，建筑形式多种多样，取决于所选择的地形和结构形式。当时圆形、椭圆形或拱形、壳形屋顶结构比较多。

图1－22是卡尔斯基（Karsky）夫妇自己设计的两层覆土住宅，是在朋友和一些建筑工人的帮助

下建造的。结合地形采用了一个椭圆和两个圆相连的平面，后面附一个矩形的车库，面积186m²。外墙用预制混凝土砌块围成，抗御土压力比较有效，屋顶和楼板为现浇钢筋混凝土。住宅位于威斯康星州的一座小山丘上，覆土厚度约1m。

图1-23是威斯康星州另一个覆土住宅，建于1972年，面积232m²，使用预制双曲钢筋混凝土壳体组成两个落地拱形结构，使墙与顶成为一体。这幢覆土住宅被认为是与地形和自然环境很好结合的一个典型，同时取得在寒冷地区节能25%的效果。

图1-24是建筑师摩根（W.Morgan）设计的覆土住宅，面积140m²，位于佛罗里达州（Florida）的温暖地区，故节能并不是主要目的，而是为了不使建筑物凸出地面，遮挡从街道向海岸的视线。结构采用一对钢筋混凝土壳体，中间用楼板分为上下两层，两个壳体的端部切口后露出地面作为出入口，覆土后就如山坡上出现一对眼睛，很有特色。

早期的覆土住宅从节能方面注意较多，对于通风和被动太阳能的利用考虑还不够周到，比较封闭；平面和空间布置比较复杂，不利于降低造价、快速施工和迅速推广。因此在经过一个阶段的实践后，经过一些研究机构的总结，在建筑平面、结构、构造、通风、日照等方面加以简化或加强，使覆土住宅的内部环境进一步得到完善，节能作用也有所提高。在建筑布置上，逐渐形成了以下三种基本类型。

第一种适合寒冷地区的典型布置称为直线型（elevational type），如图1-25所示，平面多呈矩形，为的是尽量扩大朝南的敞开墙面以接受太阳能；结构也很简单，一面坡的屋顶既便于在上面覆土，也利于更多的阳光进入室内。

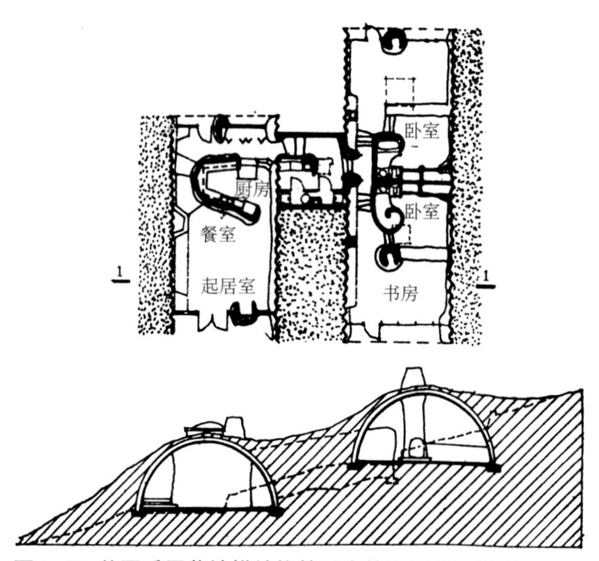

图1-23 美国采用落地拱结构的覆土住宅平面、剖面

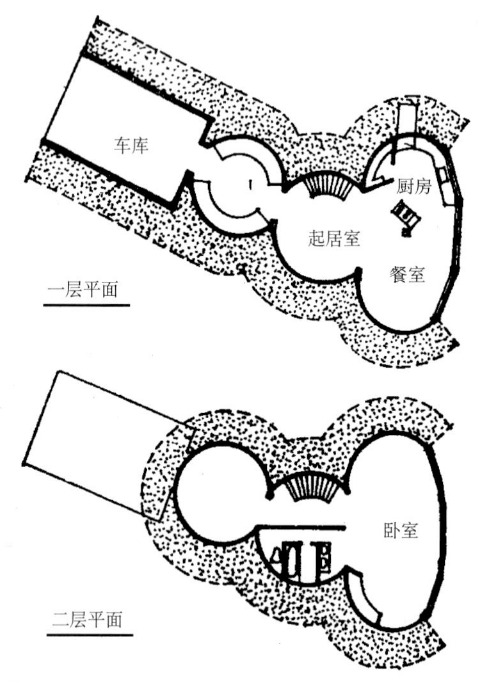

图1-22 美国圆形加椭圆形覆土住宅平面

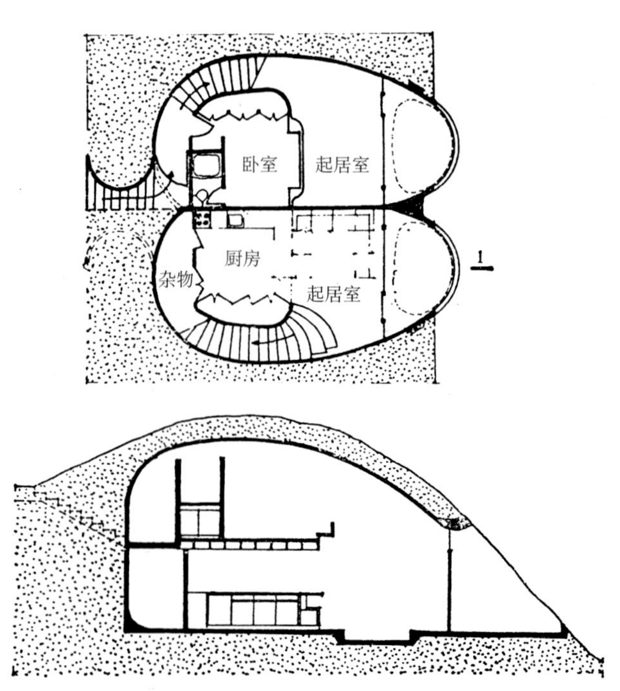

图1-24 美国采用钢筋混凝土壳体结构的覆土住宅平面、剖面

第二种适合于温暖地区的典型布置称为天井式(atrium type)，如图1−26所示，所有敞开的墙面均朝向天井内院，并不强调朝向，与中国传统的四合院和下沉式窑洞的布局很相似。这种布置方式用地比较紧凑，天井内院中很幽静，缺点是看不到户外的景观。

第三种类型为穿堂式(penetational type)，平面基本上同直线型，但四周外墙上可根据需要开窗，室内的通风和光线更接近于普通地面房屋，节能效果比前两类差些。

单幢的覆土住宅一般适于在农村或城郊建造，一家一户使用，后来又发展成一种城市型的单元式两层覆土住宅，外墙面积更少，节能效果显著。明尼阿波利斯市对这种住宅进行试验，正面朝南，背后和屋顶全部覆土，共有12个单元，其中9个的建筑面积为98m²，3个为129m²。整个檐部为太阳能集热器，增加了主动太阳能供热装置，图1−27为住宅的透视示意图。

当分散的单幢覆土住宅发展到一定规模时，就提出了以覆土住宅为主的村落或居住小区的规划问题，在地形选择，道路布置，场地排水，建筑布置以及建筑与自然的关系等许多方面，与常规的居住区规划都有较大差异，形成一种在茂密树林中若隐若现的独特风格，如图1−28所示。

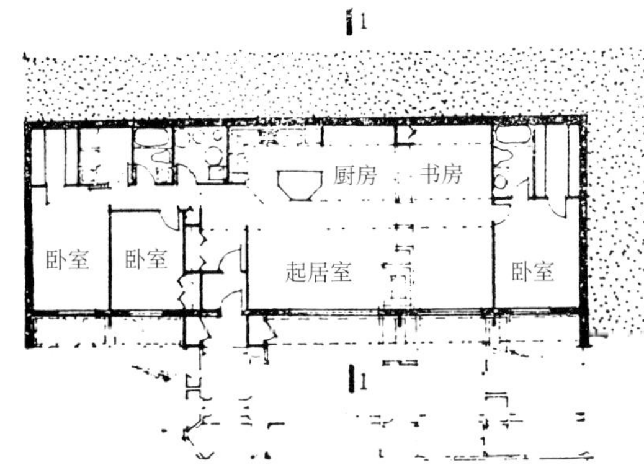

图1−25 美国矩形平面覆土住宅平、剖面

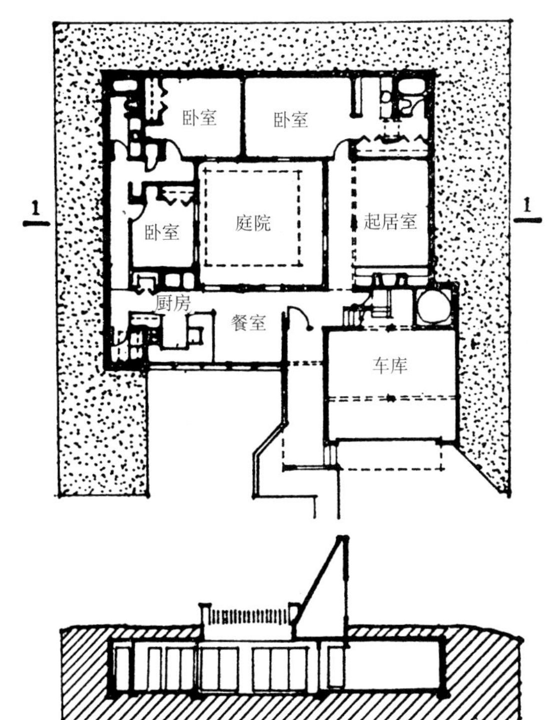

图1−26 美国天井式覆土住宅平、剖面

图1−27 美国单元式两层覆土住宅透视

图1−28 建在山坡上的覆土住宅小区

在地形坡度的选择方面，对明尼阿波利斯地区达科他（Dakota）县一块面积为57.2hm^{2}的丘陵地进行了分析。如果建常规的住宅，这块地段上只有21%的面积适于建设，另有32%可勉强建设（坡度偏大）；但若一律建覆土住宅，则适建面积可扩大到64%，还有11%经边坡加固后也可使用，土地利用率比前者显著提高。关于覆土住宅的适合坡度，8%～15%时对单层住宅最适宜，15%～25%时对2层或3层覆土住宅的错层布置较为合适，超过25%后就需要增加一些特殊的技术处理。

由于地形具有一定的坡度，使覆土住宅小区的交通组织比在平地上困难一些。为了使居住在山坡上的住户仍能将私人小汽车开到宅前并且有地方停车，需要认真进行道路和停车场的规划。图1-29是建筑师约翰逊（J.M.Johnson）1980年规划设计的一个覆土住宅村，坐落在明尼阿波利斯市郊区，南临密西西比河，不但阳光充足，风景优美，还在底层布置了地下停车库，较好地解决了坡地居民的交通问题。

在充分发挥覆土和被动太阳能的综合作用的基础上，美国一些科学家提出了使覆土住宅“能源独立”（energy independence）的设想，一方面增加主动太阳能利用系统，解决夜间或阴天时的热能贮存问题，另外增设一个利用冬季天然冷源的空调系统，解决夏季供冷问题。图1-30是这样一个综合系统的示意图。在建筑物顶部背阴处安装盘管，管中有一种低温液体（冷媒）进行循环，利用冬季的严寒把低于0℃的冷媒引入一个地下冰库中，把库内的水冻成冰；到夏季则使冰慢慢化成冷水，引至送风口将进入的空气冷却，同时还有除湿作用。除一台小泵外，基本上摆脱了常规能源。

图1-31～图1-36为美国半地下覆土住宅彩色图片。

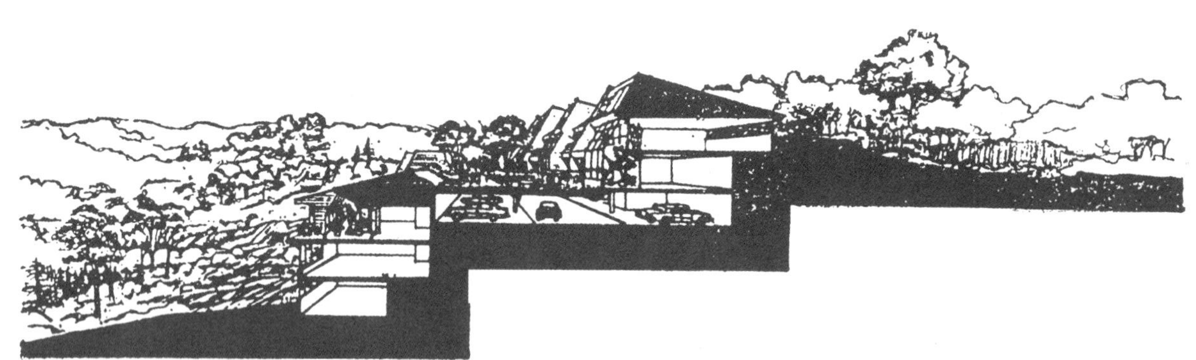

图1-29 覆土住宅与地下停车库的综合布置方案

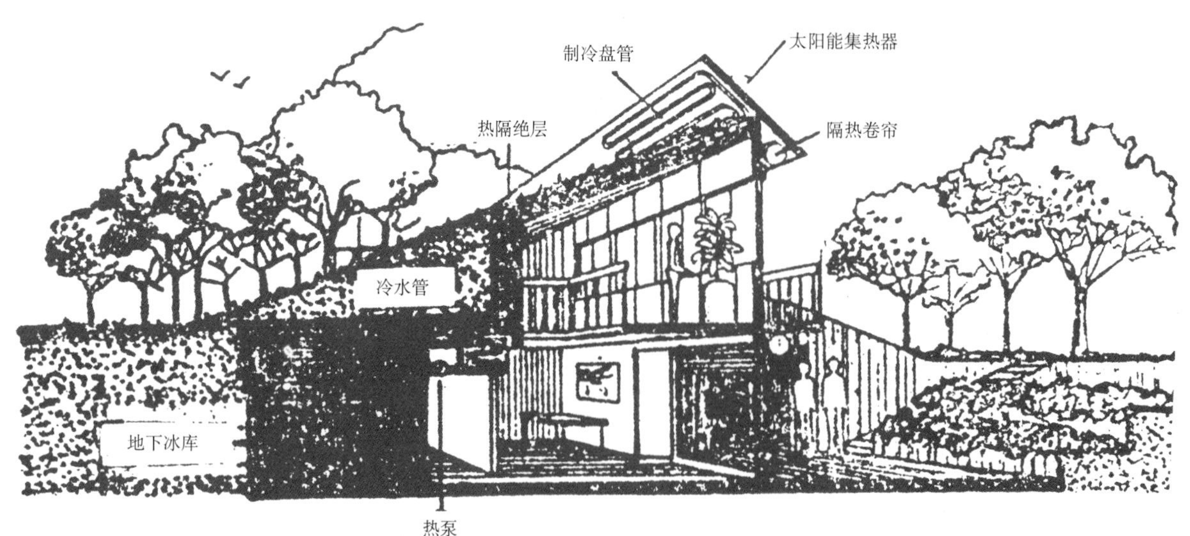

图1-30 覆土住宅的“能源独立”综合系统示意

图 1-31 覆土住宅外景之一

图 1-34 覆土住宅室内之一

图 1-32 覆土住宅外景之二

图 1-35 覆土住宅室内之二

图 1-33 覆土住宅外景之三

图 1-36 覆土住宅室内之三

2 地下公共建筑

2.1 地下公共建筑概说

地下公共建筑在功能、空间、环境、结构、设备等方面与地面上的同类型建筑并无原则上的区别。虽然发展的历史并不长，数量也不很多，但是在实践中已经可以看到地下公共建筑在城市现代化进程中所起的积极作用，以及在城市地下空间开发利用中所占有的越来越重要的地位。

不同功能的地下公共建筑与地下空间的有利因素和局限因素之间的关系，可借助于表2–1和表2–2所显示的情况，有助于分析判断哪些功能要求比较容易在地下空间中得到满足；哪些要求在地下空间中不容易实现，从中可以看出一般的趋势；但是，一个公共建筑应建在地下还是地上，还要受其他因素影响。因为像节省城市用地，保留开敞空间，改善城市景观，防止内外灾害破坏等，都可能在一定条件下成为肯定或否定一个公共建筑建在地下的主要影响因素。例如，按表2–1和表2–2的分析，游泳池建在地下并没有明显的优点，空间上受到局限较大，然而在北欧一些国家，如挪威、芬兰等，利用优良的地质条件，在山体岩层中建造了不少地下游泳池，效果很好；又如，剧院每周使用时间较短，观众在其中滞留的时间也不长，建在地下又有良好的隔声条件，

各类公共建筑在地下空间中的优缺点比较 表2–1

公共建筑	地下建筑功能	有利因素				局限因素						
			隔声	安全	环境控制	天然光线	人员出入	车辆出入	外观识别	高大空间	大通风量	内部供热
行政	办公	○	⊕	⊕	⊕	●	⊕	⊕	⊕	○	⊕	⊕
商业	商店、餐馆	○	○	⊕	⊕	⊕	●	⊕	●	○	●	●
文教	教室	○	●	○	⊕	⊕	●	⊕	○	○	●	●
	实验室	○	⊕	⊕	⊕	○	⊕	⊕	○	⊕	⊕	○
	图书馆	○	●	⊕	⊕	⊕	●	⊕	○	⊕	⊕	⊕
展览	博物馆	○	⊕	●	⊕	○	●	⊕	⊕	⊕	⊕	⊕
	信息中心	○	○	○	○	○	●	⊕	○	○	⊕	○
文娱	剧院	○	●	○	⊕	○	●	⊕	○	●	●	●
	礼堂	⊕	●	○	○	○	●	⊕	⊕	●	●	●
体育	体育馆	⊕	○	○	○	○	●	⊕	⊕	●	●	●
	游泳池	○	○	○	⊕	○	⊕	⊕	○	●	⊕	⊕
	网球场	○	○	○	○	○	⊕	⊕	○	●	⊕	○
医疗	医院	○	○	○	⊕	⊕	⊕	⊕	○	○	⊕	○
	手术室	○	⊕	○	⊕	○	⊕	⊕	○	○	⊕	○
宗教	教堂	○	○	○	○	⊕	⊕	⊕	⊕	⊕	●	⊕
特殊	监狱	●	○	●	○	⊕	○	⊕	○	○	⊕	○

● 表示在任何情况或多数情况下均为主要要求；
⊕ 表示仅在某些情况下有要求，或仅为一般要求；
○ 表示没有要求。

似乎较为有利，然而由于人员过于集中而疏散比较困难，一旦发生内部灾害，后果将十分严重，因此剧院一般不宜建在地下，防灾问题往往成为决定性的影响因素。

地下公共建筑在20世纪50年代开始出现，到20世纪60年代，数量逐步增多，类型也不断扩展，在20世纪70年代中，形成了一定的规模，建成了一些很有特色的，对今后发展产生积极影响的地下公共建筑，为城市地下空间的开发利用增添了新的内容。这种情况的出现，是为了适应城市改造、更新和发展的需要，有助于保存地面原有的城市和建筑风貌，同时有利于防护和安全，也为建筑节能提供了有利条件。

从总体上看，世界性的政治、经济形势对地下公共建筑的发展有一定的影响。例如，在20世纪60年代和70年代一度出现的国际紧张局势和能源危机，到20世纪80年代都有所缓和，使地下公共建筑的发展趋向也随之出现了一些变化，以节能为主要目的的研究和开发势头减弱，作为民防工程的大型地下公共建筑减少（在我国仍有所发展），而更多的注意力转到了使城市功能和城市环境的改善上。具体表现为地下空间更加开敞，与地面空间更加融合，充分利用现代科学技术，克服地下空间的消极因素；进一步改善地下建筑环境，提高抗灾能力。

各类公共建筑使用时间的比较 **表2–2**

公共建筑类型	建筑功能	多数使用者在其中停留时间（小时／日）				建筑物每周实际使用时间（小时／周）				
		1～2	2～4	4～8	24	<10	20	42	84	168
行政	办公			●				●		
商业	商店、餐馆	●							●	
文教	教室		●					●		
	实验室		●					●		
	图书馆		●						●	
展览	博物馆	●							●	
	信息中心	●							●	
文娱	剧院		●				●			
	礼堂	●					●			
体育	体育馆	●							●	
	游泳池	●							●	
	网球场	●							●	
医疗	医院	●								●
	手术室		●					●		
宗教	教堂	●				●				
特殊	监狱				●					●

● 表示该类建筑所属情况；人员周工作时间按40小时考虑。

2.2 地下文化、教育、办公建筑

2.2.1 美国哈佛大学普塞图书馆

（1）建设背景：哈佛大学图书馆保存着相当数量的珍贵图书（在我国称为善本书）、手稿和地图，亟需使用现代技术使这些文物得到妥善保存，地下环境为严格控制藏书的温、湿度条件提供了保障。此外，地下空间中良好的声环境，也为图书馆的全地下方案增加了竞争力。

（2）工程概况：普塞图书馆于1976年建成，总建筑面积8000m²，地下两层，局部三层。与场地形状相适应，建筑平面呈两个错开的长方形。地下一层主要为阅览室，二层为书库和通往三个原有图书馆的通道，三层也是书库。在平面的南半部，设置一个贯通两层的下沉式庭院，院内种一棵日本红枫树，在秋季树叶变色时十分美观，主要阅览室均围绕庭院布置。原有地形自南向北倾斜，工程覆土后恢复为平地，利用在西侧和北侧出现的地面高差，布置了主要出入口，水平进出，沿建筑周边还做了不深的连续采光井。由于地下水位很高，为了确保防水质量，在外墙周围回填了1m厚的砾石，覆盖了排水馆，集中到泵坑中的地下水由连续运转的水泵抽走，使建筑物处于人工形成的疏干漏斗中。此外还向钢筋混凝土外墙中注入了氯丁橡胶液，以加强混凝土结构自防水性能。工程造价560万美元，单位造价700美元/m²。

（3）设计意图与特点：普塞图书馆的设计，是在历史上早已形成的古典建筑群中增加新建筑，场地条件也很局限，还要求与原有的三座图书馆连通起来，是一个既敏感又困难的任务。普塞图书馆的设计采用尽可能隐蔽的全地下布置，较好地解决了这一难题。在外观隐蔽的同时，通过出入口布置，采光窗的设置和下沉式庭院的设置，使地下空间不完全封闭。需要天然光线的部分，如阅览室、办公室等，都围绕面积为140m²的庭院布置，而书库部分则充分利用了封闭的地下空间的特点，不但比在地面上安全，人工气候条件也易于控制。在技术上，善本书书库内要求温度20℃，相对湿度50%±2%，终年运行一套专门的空调系统；书库的防火也作了特殊的考虑，整个建筑都被一个液体灭火剂系统所保护，灭火剂使用时转化气体灭火。

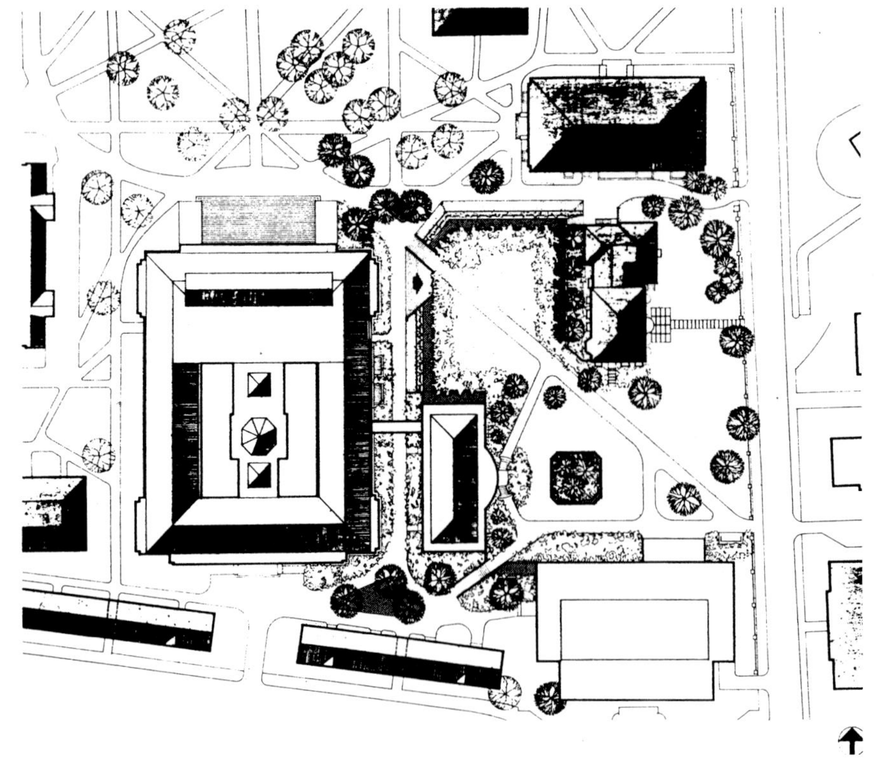

图 2-1 哈佛大学普塞图书馆总平面

（4）节能措施与效果：在20世纪70年代初期进行此项工程设计时，节能问题尚不突出，因此采用地下方案主要不是出自节能的考虑，除利用了地下空间天然的节能特性外，没有采取更多的节能措施。善本书书库要求较高精度空气调节，在封闭的地下空间中对节能是很有利的；其他部分的空调系统每日运行15h即可满足环境的需要，节能效果也比较明显。

（5）评价：哈佛大学地下图书馆设计在解决新旧建筑的统一，保存校园传统风貌和保留开敞空间和绿地等困难问题上是成功的，为在其他学校解决类似问题提供了经验；同时还解决了一系列技术难题，使完全处在地下的图书馆具有方便的使用功能和舒适的内部环境，使大量珍贵图书和文物得到妥善保存，因而受到哈佛师生的欢迎，也得到建筑界的充分肯定。

哈佛大学普塞地下图书馆的总平面、地下一层和二层平面、纵剖面见图2–1～图2–4。有关哈佛大学地下图书馆的彩色图片见图2–5～图2–7。

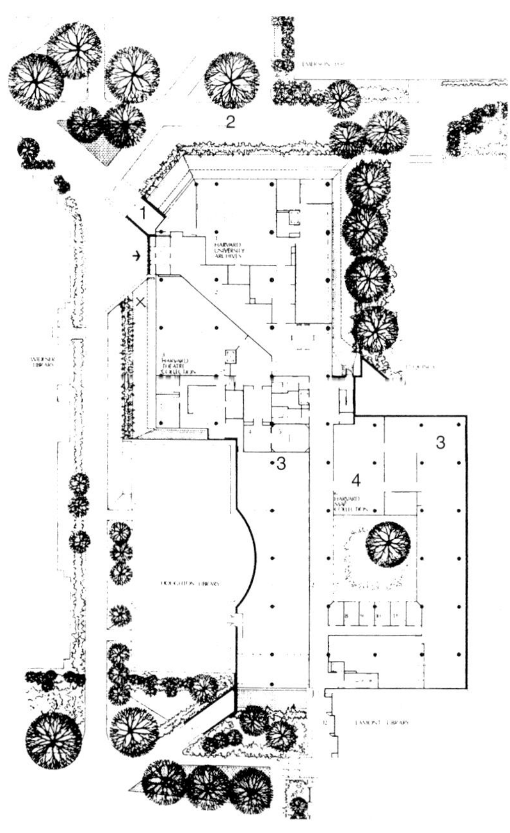

图2–2 哈佛大学普塞图书馆地下一层平面

1–主要出入口；2–档案馆；3–阅览室；4–下沉庭院

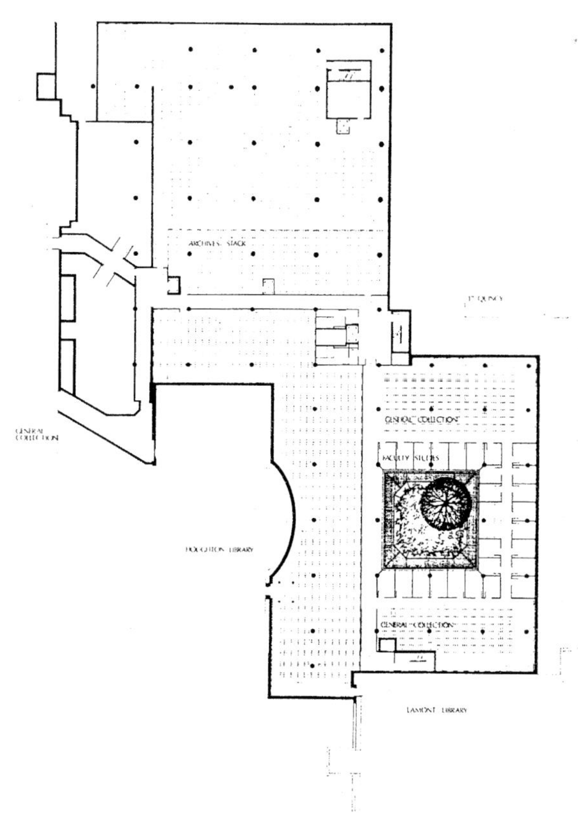

图2–3 哈佛大学普塞图书馆地下二层平面

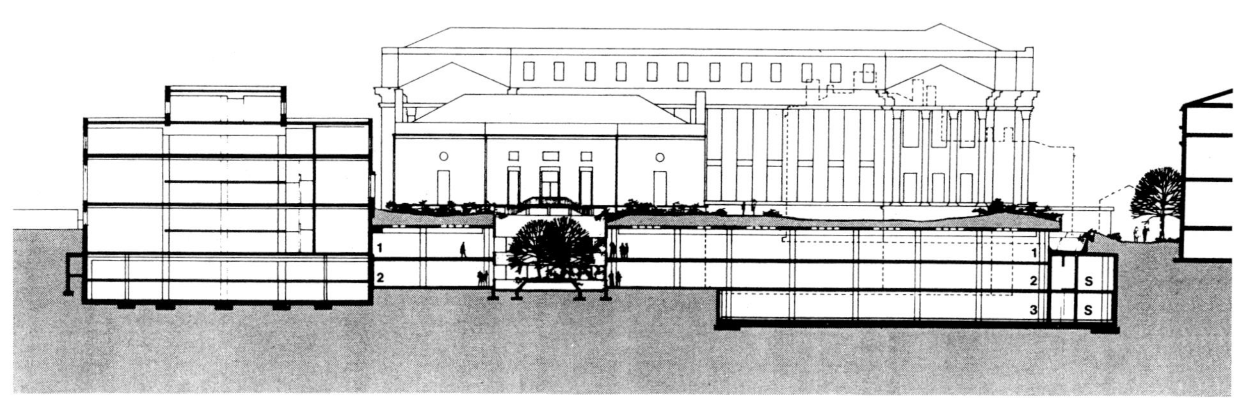

图2–4 哈佛大学普塞图书馆剖面

图 2–5 从哈佛大学普塞图书馆顶部远眺哈佛校园

图 2–6 哈佛大学普塞图书馆下沉庭院内景

图 2–7 哈佛大学普塞图书馆主要出入口和顶部步行道

2.2.2 美国明尼阿波利斯市沃克地下社区图书馆[19]

在美国明尼阿波利斯市南部商业中心的一个十字路口处，有一块面积约1hm²的空地。20世纪70年代后期，在这里准备建一座社区公共图书馆，并采用了建在地下的方案，主要是考虑了三个因素：第一，在这个位置交通噪声较强，在地面上建图书馆是不利的；第二，图书馆需要一定规模的停车场，如场地被建筑物所占满，停车场无处安排；第三，希望在这个重要的路口处保留开敞的空间。工程于1980年完成，地面恢复后，原有场地的一半作为露天停车场（可停放32台车）；另一半为图书馆的地面部分，与绿地组织在一起，形成一个规模适度的公共活动广场，在场地的一角，设一个小型下沉广场，从中可以水平进入地下阅览厅。经过这样的处理，不但噪声问题和停车问题均得到解决，更重要的是为城市保留了可贵的开敞空间，为居民提供了一个舒适的文化、休息活动场所。参见图2–8～图2–10。

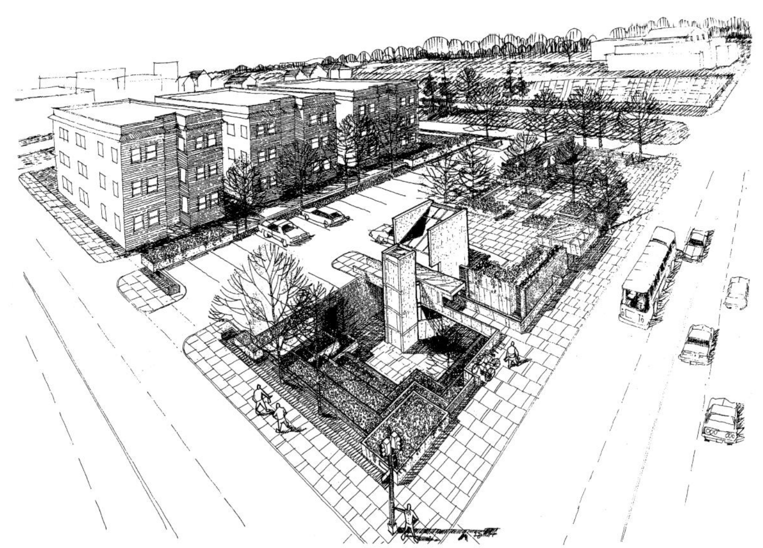

图2–8 明尼阿波利斯市沃克地下图书馆地面部分及下沉广场鸟瞰

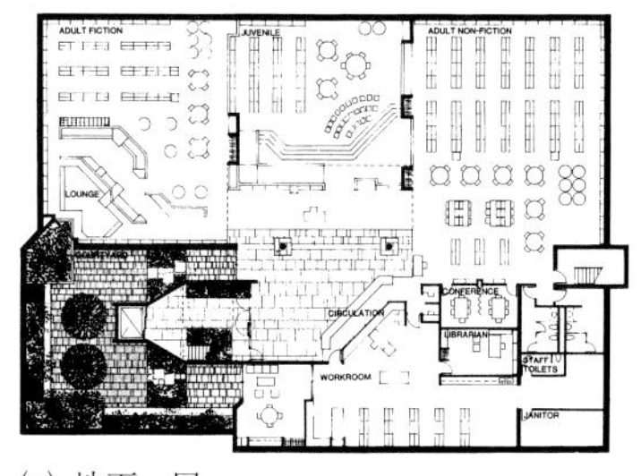

(*a*) 地下一层　　(*b*) 地下二层

图2–9 明尼阿波利斯市沃克地下图书馆地下一层及二层平面

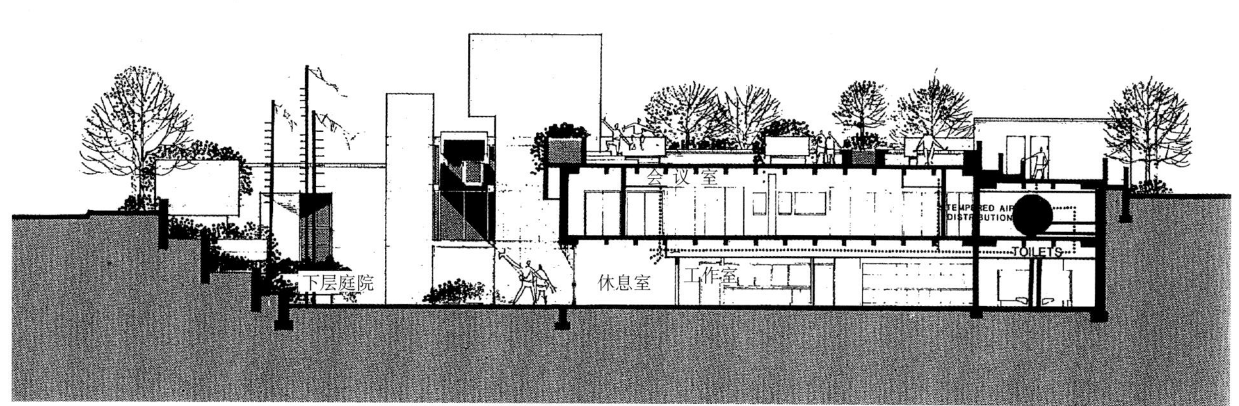

图2–10 明尼阿波利斯市沃克地下图书馆剖面

2.2.3 美国耶鲁大学珍本图书馆[7]

珍本图书馆是耶鲁大学专门为收藏珍贵图书和手稿而建的，建成于1963年。外墙框格中镶着能透过光线的薄大理石板，内部另有玻璃围封的套层，对保存珍贵书籍较为有利。另一部分珍品存于地下层中，在地下层还设有阅览室，图书馆剖面见图2－11，彩色图片见图2－12～图2－14。

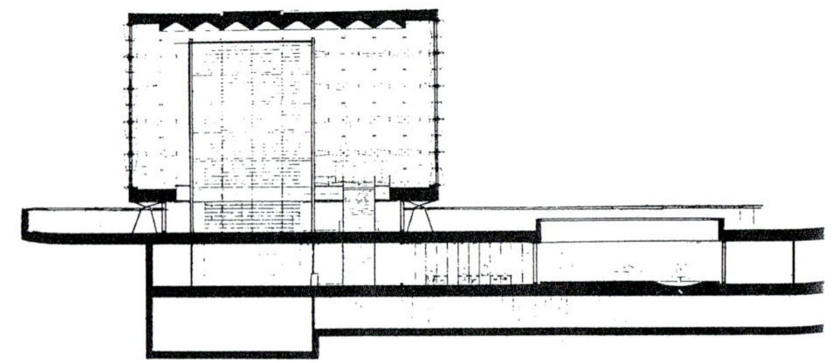

图2－11 耶鲁大学珍本图书馆剖面

图2－12 耶鲁大学珍本图书馆外景

图2－13 耶鲁大学珍本图书馆地下阅览室

图2－14 耶鲁大学珍本图书馆门厅及楼梯

2.2.4 法国国家图书馆[5][12]

法国国家图书馆是法国前总统弗郎索瓦·密特朗所主持的十大项目之一，投资与规模都很庞大，该项工程总占地7hm²，总面积36.5万m²。这个设计的特点是有一个很大的下沉式中心花园，周围是阅览室，而书库则位于地上的塔楼里。建筑师的设计意图是："给巴黎提供一处广场，为法国提供一座图书馆。"

法国国家图书馆原有环境并不很理想，基地位于塞纳河畔，其中大部分地区原为巴黎奥斯德立兹（Austerlitz）火车站的火车停车道。此设计有4幢用于藏书的塔楼，塔楼对称设置，围合出一个位于中心位置的下沉式花园，花园占地面积10782m²，其中种植了250棵大树。塔楼最初高度定为100m，后来根据一些藏书专家的意见，降为80m，下沉的中心花园处于图书馆地下层的水平位置，四周是层高13m的阅览室。将阅览室和花园同时降到地下和把它们同时放在地平面上在空间上也许没有太大的区别，不过在心理感觉上阅览室在地下较容易获得安静感，尤其在周围环境不好的情况下，下沉式花园改变了地下空间的不适感，最重要的一点是这个方案改变了地形地貌，利用地下创造了新的空间环境，这也是这个方案比较有特点的地方。

法国国家图书馆可藏书1200万册，设有3500个读者座位，图书馆的平剖面见图2–15，彩色图见图2–16～图2–20。

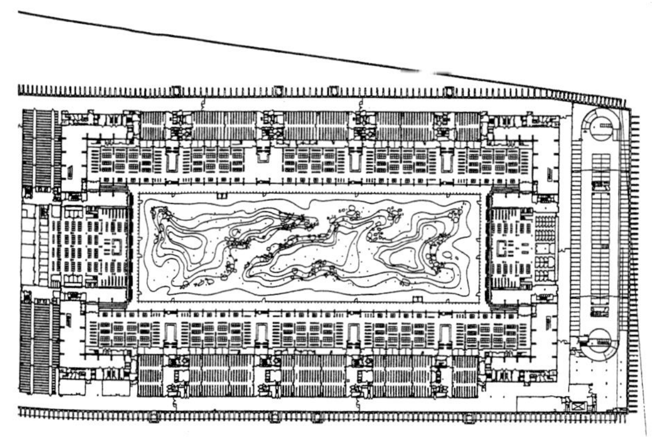

(a) 平面

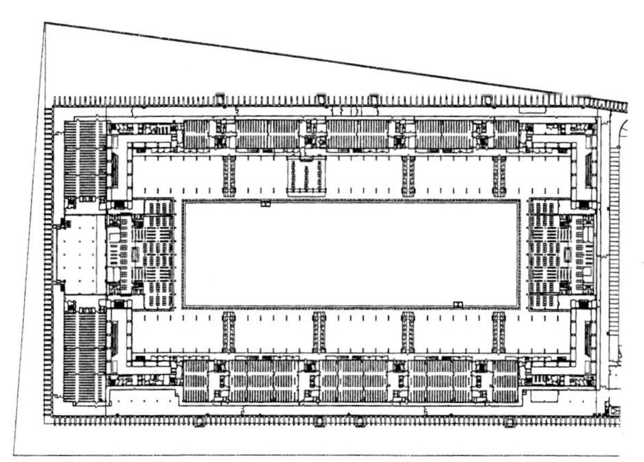

(b) 平面

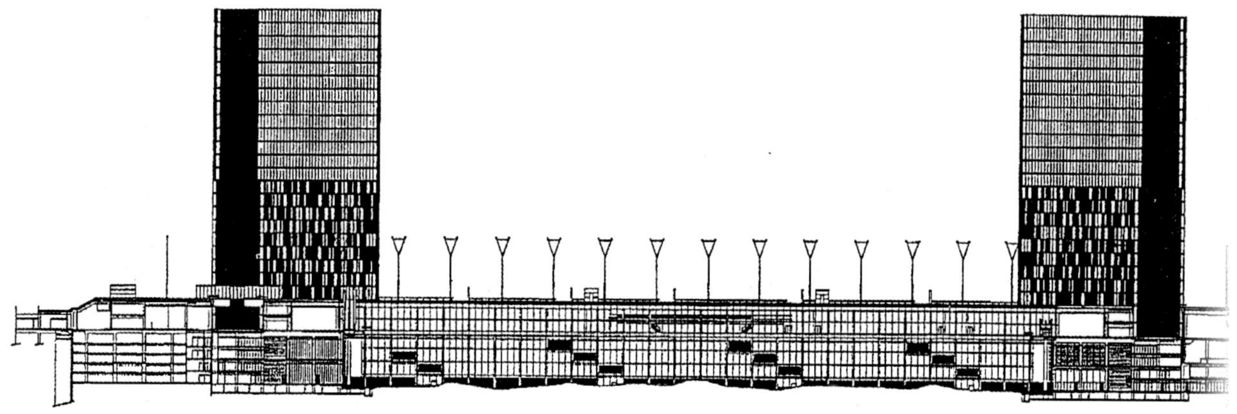

(c) 剖面

图2–15 法国国家图书馆平面、剖面

图 2–16 法国国家图书馆全景（吴焕加　摄）

图 2–18 从法国国家图书馆地下阅览室看窗外下沉广场

图 2–17 从法国国家图书馆主要出入口远眺（祝文君　摄）

图 2–19 法国国家图书馆下沉广场中种植的大树（祝文君　摄）

图 2–20 法国国家图书馆主要出入口内大厅（祝文君　摄）

2.2.5 美国明尼苏达大学土木与矿物工程系系馆

（1）建设背景：明尼苏达大学土木与矿物工程系原有系馆建于1912年，已属于应报废的建筑。1977年确定将理工学院北端一块空地作为建设用地，场地相当狭窄，周围布满过去各时期的建筑物，场地的一部分原为校内公共汽车终点站。在这样的条件下，如果在地面上建一座现代形式的大楼，不但在建筑风格上很不和谐，有限的一点开敞空间也将被占用。当时，正值石油危机开始，建筑节能问题引起高度重视，利用地下空间节能成为主要的研究方向；在这方面，土木与矿物工程系在全美处于领先地位，发起成立了“美国地下空间协会”（American Underground Space Association），在校内成立了“地下空间中心”（Underground Space Center）。因此，该系利用新建系馆的机会和自己在地下空间开发利用方面的优势，决定采用全地下方案（95%在地下），通过这一工程，在规划、设计，特别是在节能等各方面，全面进行研究、试验，综合展示地下空间开发的最新技术和揭示地下空间利用的巨大潜力。

（2）工程概况：地下系馆场地的工程地质条件良好，上部有15m厚土层，中间是一层9m厚的石灰岩层，下面为软质砂岩。整个建筑面积14100m^2，其中10000m^{2}建于土层中，掘开法施工，完工后回填并覆土；其余4100m^{2}建在砂岩层中，顶部紧靠石灰岩层；上下两部分之间由两个竖井（内设楼梯和电梯）联系。岩洞底最深处距地表34m。系馆的结构试验室因跨度较大，且需要从地面上进出设备和构件，故顶部露出地面。像地下系馆这样的一个建筑物，既有地上部分又有地下部分，既有在土层中也有在岩层中的情况，到目前为止还是惟一的先例。地下系馆主要由教室、实验室和行政办公室三大部分组成。教室区平面呈半圆形，分隔成几个大小不等的扇形平面教室和展览室，环绕在一个圆形休息厅周围，圆厅内有天然采光。实验室大部在主体建筑北侧，不需要天然光线；办公室则多数在南侧，面向一个下沉式庭院，以获得充足的阳光。岩层中的工程采用光面爆破，喷锚结构，内做两层的全衬套，其中主要为各种实验室和计算机房等。工程总造价1300万美元，单位造价920美元/m^2。工程完成于1982年，获美国土木工程学会1983年卓越工程成就奖。总平面、平面、剖面见图2-21～图2-25。

（3）设计意图与特点：为了探索地下空间开发利用的新方向和新途径，地下系馆的建筑设计在处理建筑与自然条件、环境、能源、新技术以及人的生理和心理活动之间的关系方面，作了多种方式和不同程度的尝试和试验。为了适应场地的形状和保留地面上的公共汽车终点站，将主体建筑布置在场地的东侧，向西北方向延伸，在场地西侧形成教室部分，经一条地下通道可与相邻的建筑学院大楼的地下室相通。在地下教室的顶部，形成一个从西向东逐级下降的下沉广场。系馆的主要出入口设在东、西两部分的过渡处，也正是下沉广场的最低点，使人们经广场从水平方向进入地下建筑，与进入一般的地面建筑并无区别。下沉广场大部处在原有的“空间科学中心”建筑物的阴影中，可减少日光对地下教室屋顶的直射。这样的总体布置，使本来相当狭窄的场地显得宽敞，在几座原有建筑之间，形成一个有较高绿化和美化水平的，又有一定现代建筑风格的新中心。对地下建筑及其地上部分，不是采取掩盖的方法，而是在保留开敞空间和原有校园风貌的前提下，充分显示由于采用新技术而产生的新建筑形象。建筑的内部布置，体现既满足功能要求又创造良好的内部环境的设计意图。为了减轻人们在地下深部容易产生的压抑感和与外界隔绝的孤独感（又称“幽闭恐惧症”，claustrophobia），建立了两套试验性的新系统，即日光传输光学系统(solar optical system)和遥视光学系统（remote view optics）。第一个系统分两部分：一个是在结构试验大厅北侧设置一排天窗，通过定向和导光装置，将光束传送到悬挑在试验大厅北墙上的走廊上，均匀照射，效果较好（图2-25*a*）；另一个是在试验大厅西部设置一个三角形天窗，通过自动跟踪日光的聚光镜和一系列传导装置，将天然光线一直传输到地下最底层（图2-25*b*），效果还不够理想。所谓遥视系统，就是通过一系列的反射镜和折射镜将室外景象传输到三十多米深的地下空间，反映在一块玻璃屏幕上。由于图像被缩小和不能变换视线角度，故效果并不是很好，还有待改进，但是这种努力和尝试

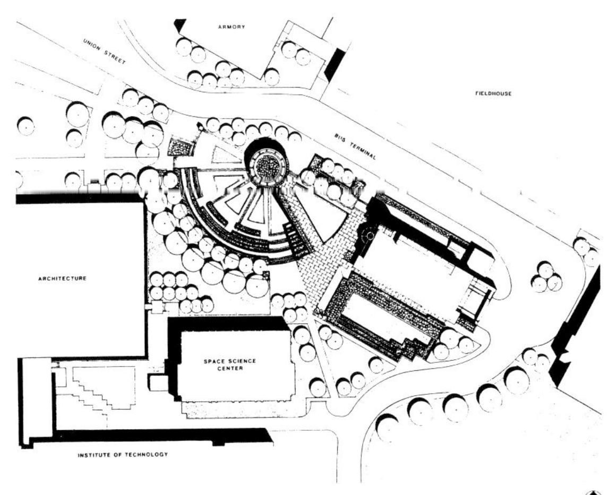

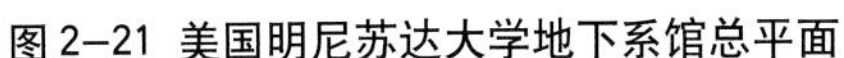
图 2–21 美国明尼苏达大学地下系馆总平面

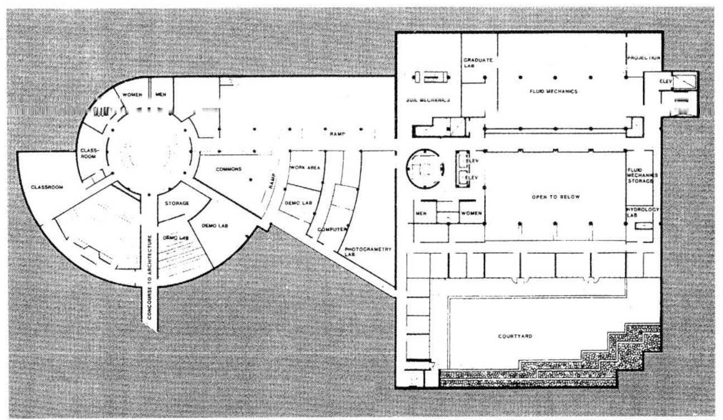

图 2–22 美国明尼苏达大学地下系馆地下一、二层平面

是值得肯定的。

(4) 节能措施与效果：CME 系馆的设计，把利用地下空间以节约能源和开发新能源作为主要研究和试验任务之一，把建筑能耗完全或基本上不依赖于常规能源作为追求的目标。主要内容有：太阳能供热，太阳能发电，天然冰和地下冷水供冷，日光传输照明（以上为主动系统），热稳定性的利用，南侧对外开窗以吸收太阳辐射热，小气候和植物的利用以阻挡夏季太阳辐射热等。这些节能措施在威廉逊楼建设经验的基础上，更加全面，更为综合，在技术上又有新的发展，例如在大厅南墙上部做了一排高窗，由充水的玻璃圆筒组成，既能进光线，又能吸收阳光的辐射热，通过水的循环，用于大厅内夜间供热。这种充水玻璃墙（water–filled trombe wall）作为集热器，同时具有窗的功能，是第一次在建筑中使用。由于采用了以上这些新技术和新系统，使CME系馆的节能效果达到 50% 以上。

(5) 评价：CME 系馆设计是成功的，比较好地体现了地下公共建筑设计的发展方向，在设计中力求解决建筑与环境、建筑与能源等重大问题，同时在建筑艺术上也创造了不同于常规地面建筑的全新形象，使地下建筑不是消极地隐蔽，而是创造了新的空间和新的环境。同时，作为一个地下建筑最新技术的全面试验，也是成功的，虽然有些还不够完善，但提供了一种思路和途径，其意义是深远的。系馆建成使用后，受到广泛的赞扬，在这样一个大型和复杂的地下公共建筑中，布置合理，使用方便，给人以宽敞、明亮、朴素、舒适的印象。在相当一个时期内，CME 建筑成为大型地下公共建筑设计的典范之一。

有关地下系馆的彩色图片见图2–26～图2–30。

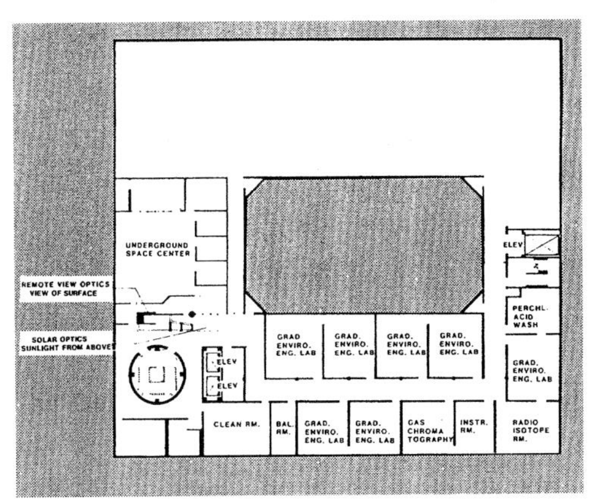

图 2–23 美国明尼苏达大学地下系馆地下七层平面

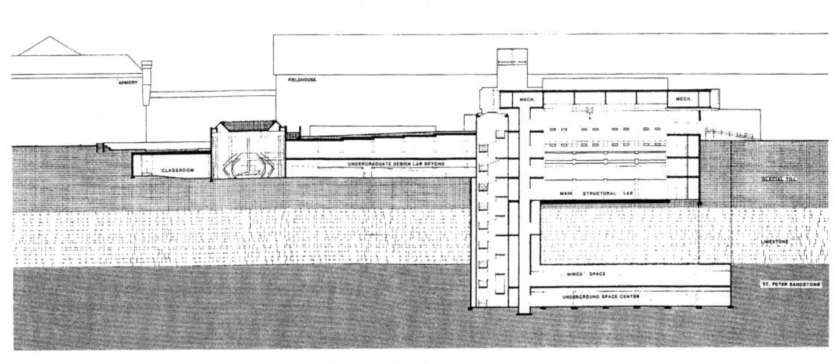

图 2–24 美国明尼苏达大学地下系馆剖面

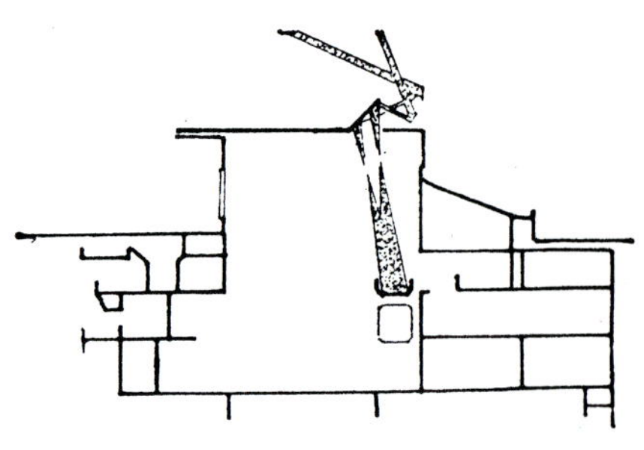

(a) 引入地下大厅

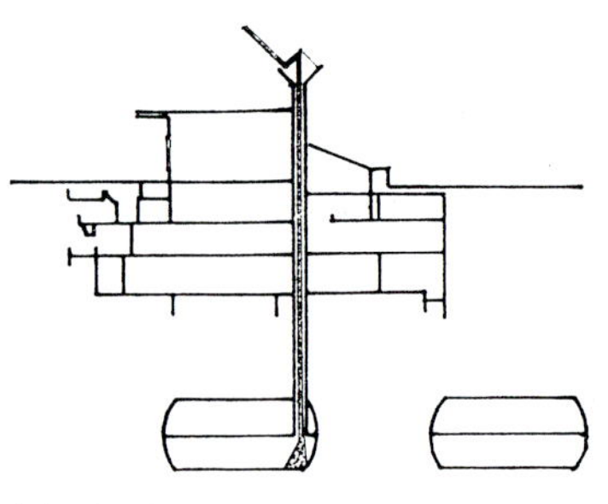

(b) 引入地下七层

图 2–25 美国明尼苏达大学地下系馆日光传输系统示意

图 2–26 美国明尼苏达大学地下系馆外观之一

图 2–27 美国明尼苏达大学地下系馆外观之二

图2–28 美国明尼苏达大学地下系馆试验大厅上部及日光传输装置外观

图2–29 从美国明尼苏达大学地下系馆门厅看下沉广场

图2–30 美国明尼苏达大学地下系馆阅览室

2.2.6 德国科隆美术馆与音乐厅[7]

在古老的科隆大教堂旁边，1987年建成了一座现代化的新文化中心，包括美术馆和音乐厅两大部分，美术馆在地面层，音乐厅则全在地下，有2000个座位。音乐厅放在地下，顶部做成步行广场，将大教堂与莱茵河连接起来，同时可避免附近铁路噪声的干扰。美术馆与音乐厅的平、剖面见图2–31，彩色图见图2–32及图2–33。

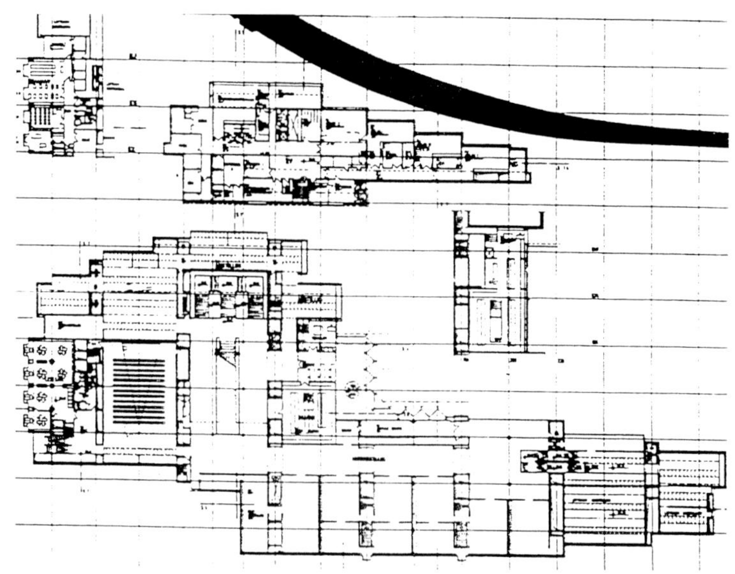

(a) 美术馆展览层平面

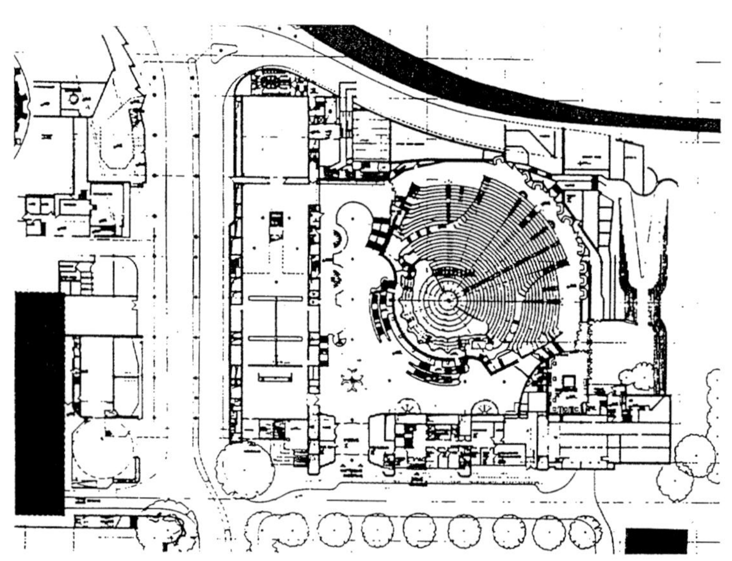

(b) 地下音乐厅平面

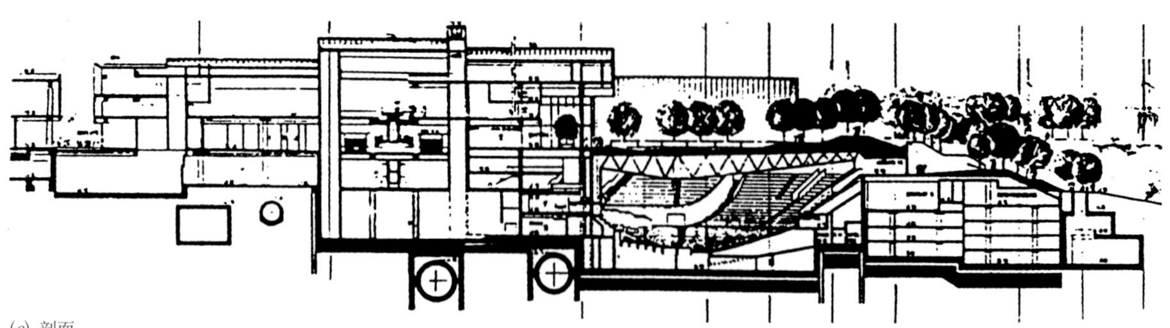

(c) 剖面

图2–31 科隆美术馆与音乐厅平、剖面

图 2–32 科隆美术馆与音乐厅外观（远处为科隆大教堂）

图 2–33 科隆地下音乐厅内景

2.2.7 瑞典斯德哥尔摩伯尔瓦尔德地下音乐厅

伯尔瓦尔德音乐厅是瑞典国家广播电视台的一座音乐演播厅，可供大型交响乐队演奏，观众席围绕舞台布置，共1306个座位，其中486个可为合唱团使用。总建筑面积9000m²，舞台面积275m²，1979年建成。总平面和平面、剖面图见图2−34，彩色图见图2−35～图2−37。

音乐厅位于斯德哥尔摩内城与郊区一个大面积绿化带之间，有一块建设场地已用于建造广播电视台及其附属建筑，体量很大的演播厅只能建在绿化带中，这对于一个在树林中以独户住宅为主的高级居住区来说，是很不适宜的，对宁静优美的居住环境和景观将产生不良的影响。设计者采用将音乐厅建成2/3建在地下，其余露出地面的半地下方式，解决了这一难题，利用路边一个隆起的山丘，挖一个深7m的岩石坑，将整个音乐厅建筑下沉到坑底标高。观众厅部分有10m高露出地面，但由于周围的休息厅和其他辅助房间只有4m高，故从地面上看建筑体量并不很大，完全不同于常规的音乐厅或影剧院的建筑形象，与周围的公园式环境较为协调。

音乐厅设备完善，音质良好，设有两层休息厅，主要出入口在底层，观众通过一个宽敞的楼梯可上至二层休息厅，并从此进入楼座。二层休息厅朝向室外部分均开满落地窗，厅内十分明亮，沿大楼梯的一侧外墙为完全裸露的花岗石（坑壁），与光洁的楼梯和柱形成强烈对比，产生一种特有的建筑艺术效果。

音乐厅的乐器仓库设在广播电视台建筑中，由一条地下通道互相联系。

伯乐瓦尔德音乐厅的设计，成功地解决了建筑与环境的关系问题，显示出地下空间在解决这类问题中的重要作用；同时在隔绝外界噪声和控制室内音响效果等方面，地下空间也提供了有利条件。这种建在岩层上的半地下大型公共建筑，很有特色，到目前为止尚属首例。

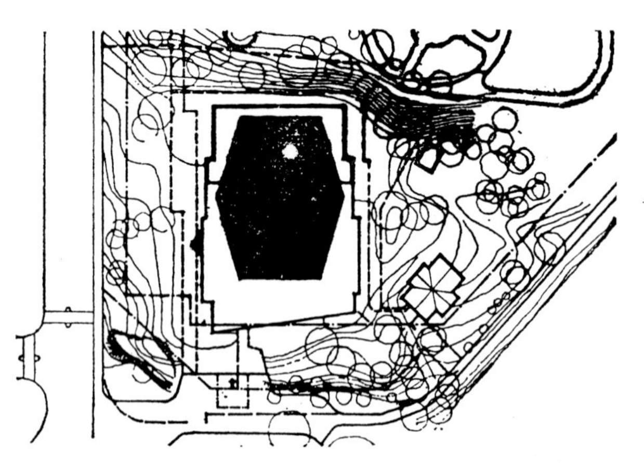

(a) 总平面

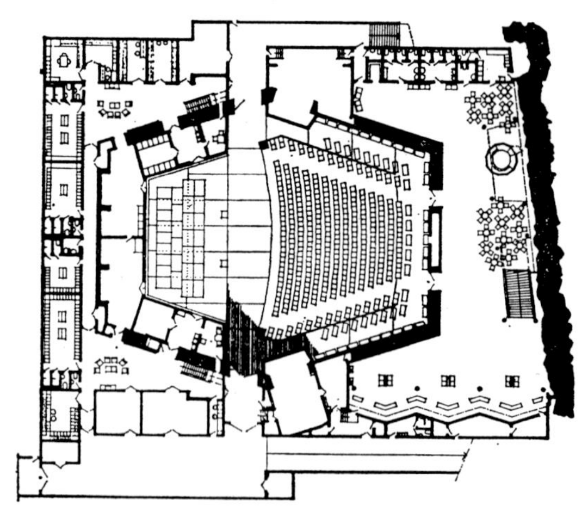

(b) 底层平面

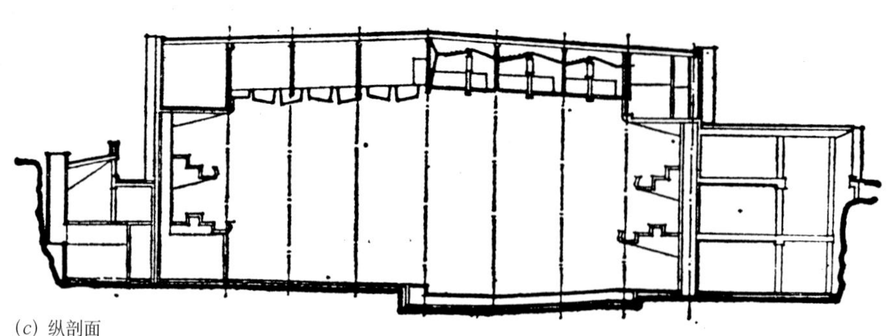

(c) 纵剖面

图2−34 斯德哥尔摩伯尔瓦尔德地下音乐厅

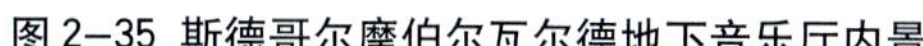

图 2–35 斯德哥尔摩伯尔瓦尔德地下音乐厅内景

图2–36 斯德哥尔摩伯尔瓦尔德地下音乐厅大楼梯

图 2–37 斯德哥尔摩伯尔瓦尔德地下音乐厅地面出入口

2.2.8 美国加利福尼亚州州政府大楼[19]

(1) 建设背景：加利福尼亚州首府萨克拉门托(Sacramento)市中心区有一块1.5个街区的空地，20世纪70年代后期准备在这里新建一座州政府办公大楼，设计要求除满足办公功能外，节能是一个主要要求，因此在全国举办了设计竞赛。中选方案采用了地上与地下建筑结合的方式，在节能和内外空间处理上也很有特色，因此被采纳作为工程设计的基础，见图2−38～图2−41。

(2) 工程概况：建设场地南北长180m，东西宽100m，在东、南、西三个方向为街道所包围；北侧有一条街道通过，将场地分割成两部分，北部占1/3，南侧占2/3。除南边有一幢16层的办公楼外，周围建筑层数以4～6层的较多。在北侧较小场地上，布置一座6层办公楼，建筑面积17500m²；南侧各地下办公部分，面积7000m²，屋顶覆土后，东半部恢复成一个街心公园，西半部暂时铺草皮，将来准备建若干幢低层住宅。在地下建筑的中部，从南向北做一个长80m，宽15m的下沉广场，南端有一个150个座位的地下小礼堂，顶部做成阶梯形的草坪。工程建成于1982年，造价1850万美元，每平方米建筑面积造价755美元，包括太阳能设施的投资。建筑的周使用时间为40h。

(3) 设计意图与特点：建设场地面积比较宽裕，如果按常规的设计手法，做一个高层的办公楼，周围仍可能保留较多的开敞空间；但中选方案利用地下空间布置一部分办公面积，使地面上的办公楼仅为6层，从高度上并不突出，而是通过对称的布置，体现出政府办公建筑既庄严又使群众容易接近的双重性格。地面办公楼的南立面为45°倾斜面，除采光部分外，其余墙面均架设太阳能集热器，体现了现代技术与建筑的结合；同时由于立面向南倾斜，从功能上，接受阳光的面积增大，从空间上，加强了地面建筑与地下建筑和地面广场间的内在联系，使两部分成为一个统一的整体。下沉式广场的处理也很有特色，狭长的广场加强了对称轴线的作用，同时将地面上的广场和地下的办公部分分为两半，在下沉广场中布置了花坛和水池，既是一条南北联系的露天通道，又是在地下部分工作的人员获得阳光和休息的场所。此外，地下部分实际上是一个半地下覆土和堆土建筑，有一半的高度是在街道路面标高以上，形成一个平台，从空间上与周围的街道分开，也可以提高地下建筑的底板标高，减少开挖工程量。

(4) 节能措施与效果：萨克拉门托的气候特点是昼夜温差较大，地下环境对于缓和室内昼夜温度的波动是有利的。节能设计的原则是最大限度地利用天然能源，常规能源仅作为一种补充。因此，装置了面积达2300m²的太阳能集热器，作为空调系统的主要能源，另有备用的蒸汽系统。同时，收集各种余热作为热源，并利用夜间较低的气温冷却热水和制冰。据计算，用于太阳能利用等设备的投资，在4～6年内可通过运行费用的节省全部回收。

(5) 评价：加利福尼亚州政府办公楼的设计，通过地面建筑与地下建筑和地面空间与地下空间的有机组合，较好地解决了行政办公建筑的开敞性要求与节能要求的矛盾，同时为城市保留了完整的开敞空间和公共绿地。大面积的太阳能集热器架设在地

图2−38 加利福尼亚州政府大楼下沉广场透视（远处为地面办公楼）

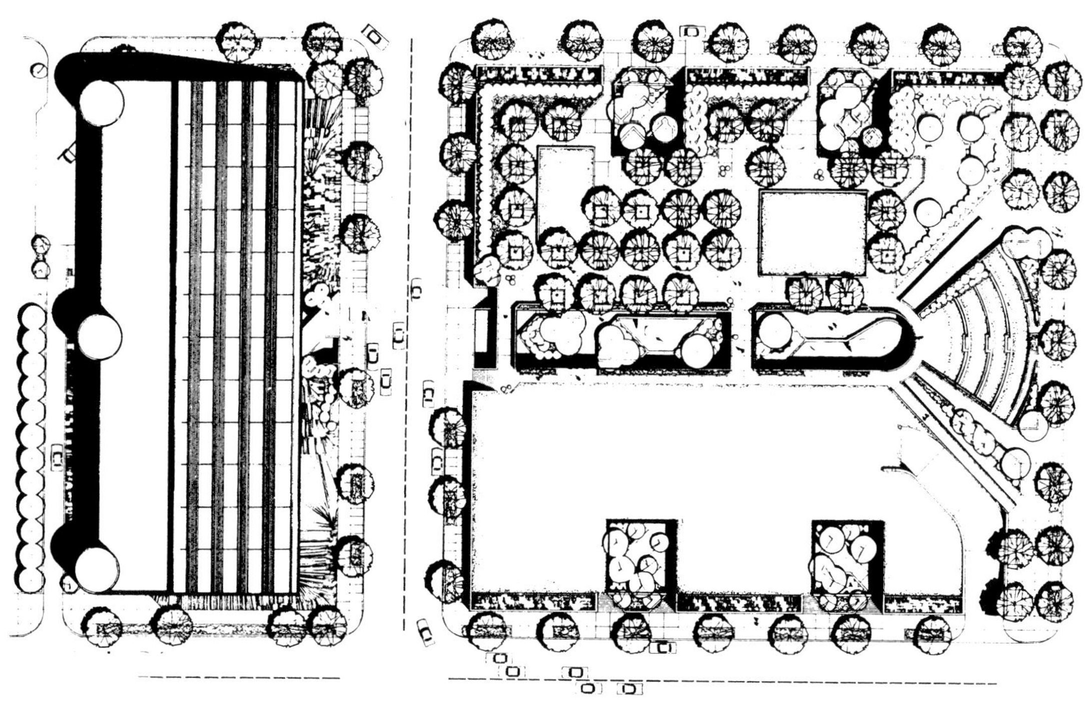

图 2-39 加利福尼亚州政府大楼总平面

面建筑的南墙上，既满足了朝向要求，又不占用场地，还加强了建筑物的现代风貌，是很有特色的。此外，地下办公部分沿下沉广场和东西两侧 4 个下沉庭院均设置了带形窗，使天然采光面积与地面面积之比与地面建筑已很接近，在办公空间内的任何一点都有接触天然光线的机会，对于在其中工作时间较长的人员，也不存在环境上的缺陷。当然，像现在这样的布置，不如集中在一个建筑物中使用更方便，南北两端距离较长，但是如果在地下部分安排一些相对独立的政府工作部门，这个缺点也并不明显。

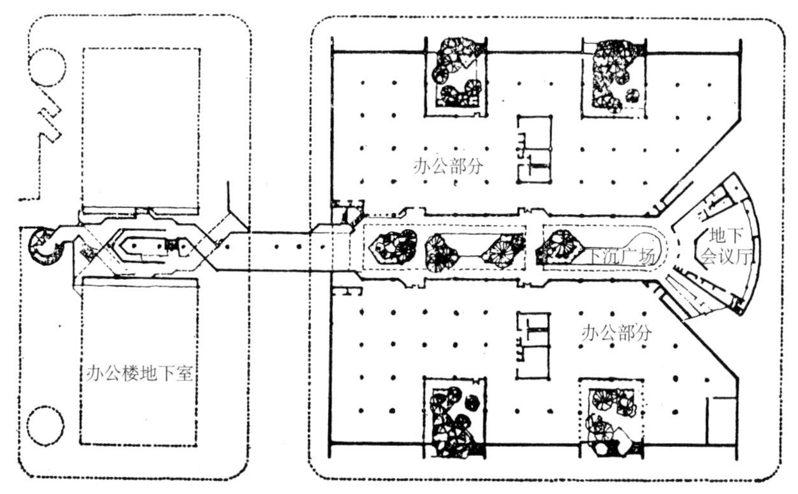

图 2-40 加利福尼亚州政府大楼地下一层平面

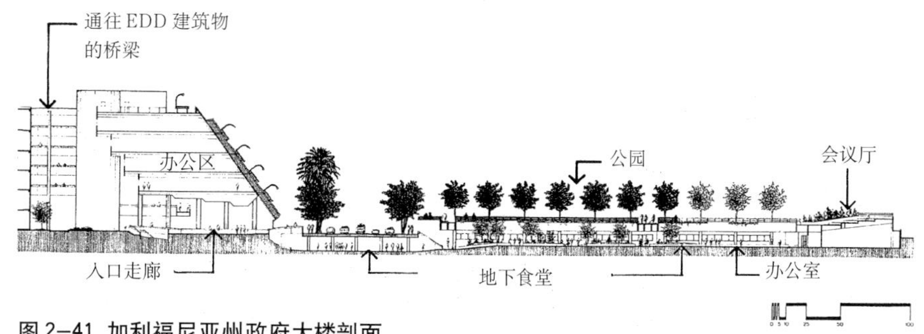

图 2-41 加利福尼亚州政府大楼剖面

2.2.9 美国明尼苏达大学威廉逊楼[19]

(1) 建设背景：明尼苏达大学是一所历史较久，规模较大的大学，现有学生五万余人。校园很大，地跨密西西比河，但经过多年的发展，校内建筑物已趋于饱和，用地紧张，已没有发展余地。因此，只有将新建或扩建的较大型建筑物布置在地下空间中，才有可能保持原有校园空间的完整和建筑风格的统一。在1973年石油危机以后提出的这个建设项目，又突出了节能要求，因而很自然地采取了全地下方案，见图2−42～图2−45。

(2) 工程概况：威廉逊楼建成于1977年，是一个办公与商业的综合建筑，总建筑面积约8000m^2，地下两层，其中一半左右用于大学的行政办公和档案贮存，工作人员220人；另一半为面对大学生的营业性书店，建筑物的周使用时间为60h。建设场地尺寸约为80m × 120m，周围有几幢2～4层的旧建筑，在对角线方向有一条校内主要的步行道路通过。建筑为现浇钢筋混凝土结构，明挖施工，只有7%的屋顶面积覆土0.7m，其余直接作为路面。建筑总造价为347万美元，不包括太阳能设备的投资，单位面积造价为445.7美元／m^2。

(3) 设计意图与特点：在已经确定采用全地下方案的前提下，设计者面临几个需要综合解决的难题，即：原有斜向步行道必须保持通行；地面上的开敞空间应当保留；原有建筑物不能被遮挡；既要节能又要使内部空间适当开放；从外观到室内都应有较好的建筑表现力；造价不能太高。这些问题在总体布置和平面布置中得到了较为妥善的解决。平面为方形，与场地形状和大小一致，但内部沿对角线划分成两个三角形，方向与地面上保留的步行道一致。在一个三角形中，主要布置办公室，共两层，沿一个三角形的下沉式庭院两侧布置；另一半三角形平面为贯通两层的大空间，作为书店的营业大厅，两边做有夹层，上面仍为办公室。除少数负责人的办公室为封闭房间外，其余大部分用半隔断围成，使多数办公部分能接触到自然光线和室外景色。在书店一侧，沿步行道开了一条采光窗井，可使自然光线直照到书店大厅内。由于在西方国家办公楼中的普通工作人员多数是在大空间中工作，具体的工作地点也是用人工照明，所以威廉逊楼这种通过下沉式庭院和天井得到自然光线的处理手法，使之与地面上办公楼中的工作条件和环境标准相差无几。

(4) 节能措施与效果：明尼苏达州位于美国中北部，为大陆性气候，夏季最高气温为38℃，冬季

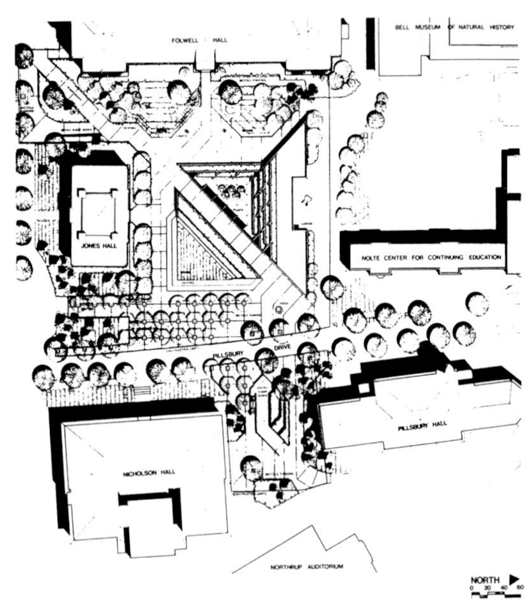

图2−42 明尼苏达大学威廉逊楼总平面

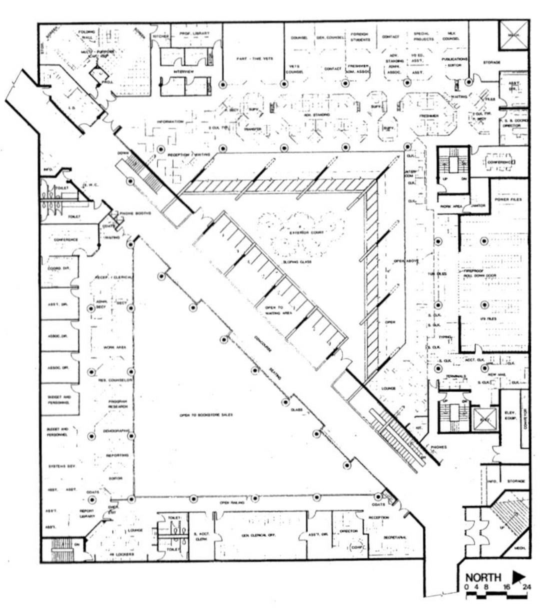

图2−43 明尼苏达大学威廉逊楼地下一层平面

最低达 −35℃，在地表以下 8m 的土层中，温度常年保持在10℃左右。建筑节能措施分三个方面。首先，由于大部分围护结构处于地下土层中，热损失仅为地面上同样大小的建筑物的22%。因此当冬季气温不低于 −18℃时，建筑内部的各种余热，如人体、设备、电灯等，即可保持室温为20℃，供热所需蒸汽量仅为地面建筑的1/4。其次，使用了主动太阳能系统，在北侧地面上建立起一套面积为613m^{2}的太阳能转动式镜面集热器，用乙二醇为热媒，转换成热水用于供热和供冷。可担负总空调量的一半；在地下还建一个容量为30m^{3}的贮水罐，贮存白天生产的热水供夜间使用。第三个措施是充分利用被动式太阳能，冬季利用下沉式庭院和窗井，通过倾斜成45°角的双层玻璃窗可获得大量热能；夏季则在玻璃窗上方的花坛内种上爬藤植物，使之下垂将窗遮挡以减少进热；在一般生长情况下可遮挡日光热辐射的50%，最茂盛时可达75%，既起节能作用，又对建筑物外观的美化产生很好的效果。

(5) 评价：威廉逊楼是建造较早的地下公共建筑，相当成功地利用地下空间解决了在特定的社会背景和场地条件下所提出的设计任务，在利用地下环境节能以及充分利用新能源等方面进行了有益的探索；同时，在外观上保存了原有校园的风貌，又通过出入口、下沉庭院和太阳能集热器等的布置，增加了现代建筑的艺术表现力。在室内设计上，为解决长时间在地下环境中工作人员的生理和心理的不良反应问题，也作了较成功的尝试。由于室内大部分为高大的开敞空间，加上很多暴露的大截面结构构件，室内缺少一些静谧和亲切感。

威廉逊楼有关彩色图片见图 2−46、图 2−47。

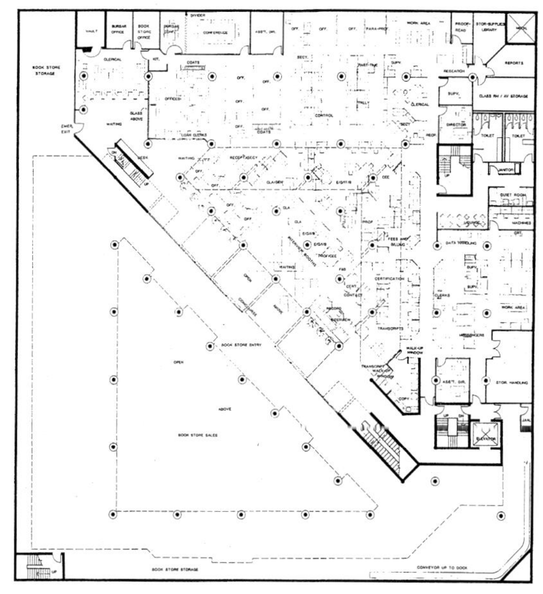

图 2−44 明尼苏达大学威廉逊楼地下二层平面

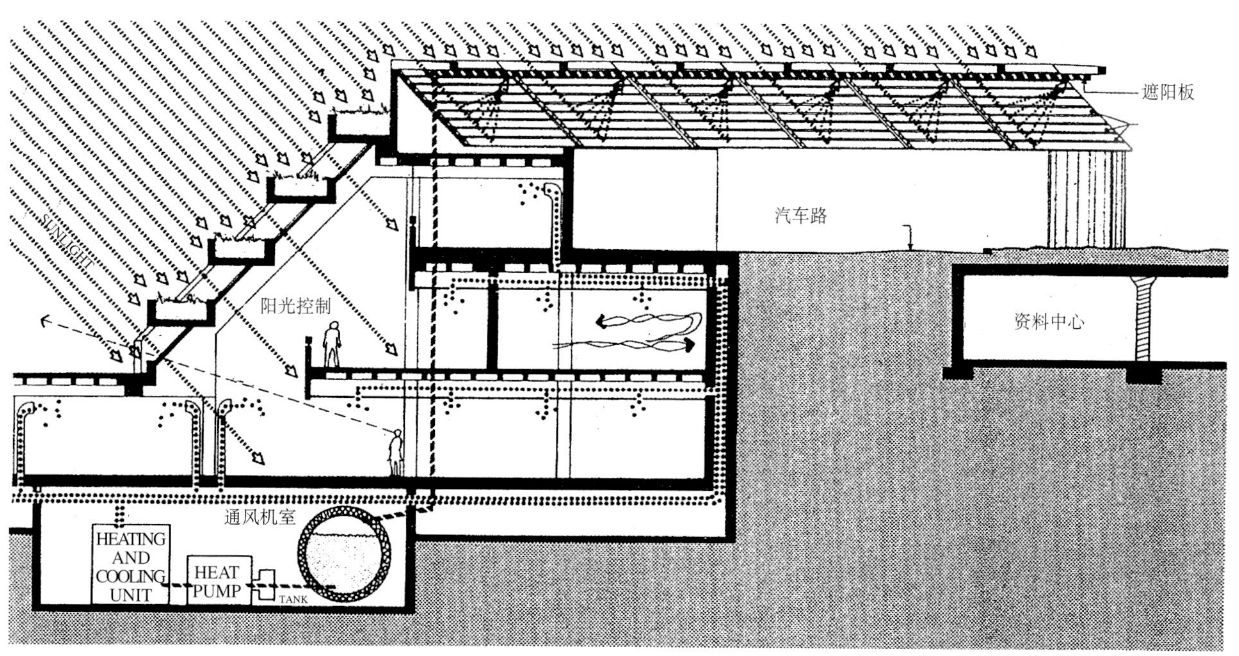

图 2−45 明尼苏达大学威廉逊楼局部剖面（将阳光引入地下空间）

图 2-46 明尼苏达大学威廉逊楼地面出入口

图 2-47 明尼苏达大学威廉逊楼下沉广场上的 45° 角采光窗

2.3 地下体育建筑

2.3.1 美国乔治城大学雅特斯体育馆[19]

美国华盛顿特区的乔治城大学，历史较久，校园内已没有增加新建筑的用地，但又急需扩充体育设施，因此决定在一个原有的足球场下，建一座全地下的浅埋体育馆，建成于1979年，屋顶不覆土，仍恢复为足球场（图2–48～图2–49）。

建筑面积共13200m²，其中运动大厅8000m²（80m × 100m），内有12个多功能球场和200m室内跑道；在大厅以外，有一个25m室内游泳池，容纳2000人的更衣室和一个面积1000m²的舞厅，8个壁球室和一些辅助设施。为了在地下获得足够大的运动空间，采用了大跨度双曲壳体结构，每个壳尺寸为20m × 42m。壳体最高点距地面11m，最低点为6m。壳体厚度仅8～9cm，上铺混凝土板，将屋顶垫平，中间可以走管线。

工程造价720万美元，单位造价540美元/m²，还略低于地面上常规体育馆的造价。由于热损失小，可节能20%，运行费仅相当于地面体育馆的1/3。

雅特斯地下体育馆的兴建，解决了学校建筑用地不足的矛盾，同时使原来一个简单的足球场成为一个综合的文化娱乐体育活动中心，充分发挥了地下空间在扩大空间容量和节省土地等方面的无法替代的作用。

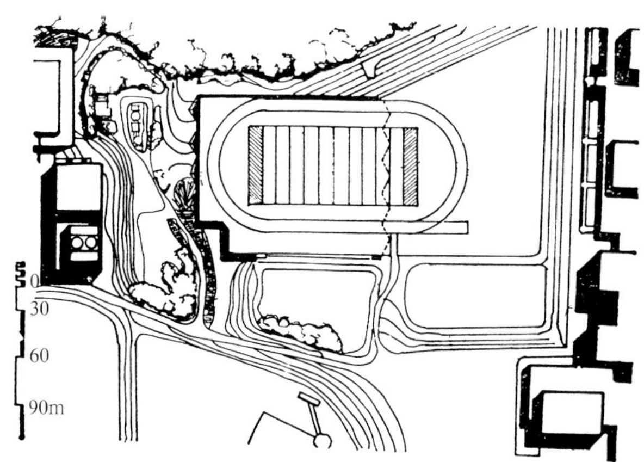

图2–48 乔治城大学雅特斯体育馆总平面

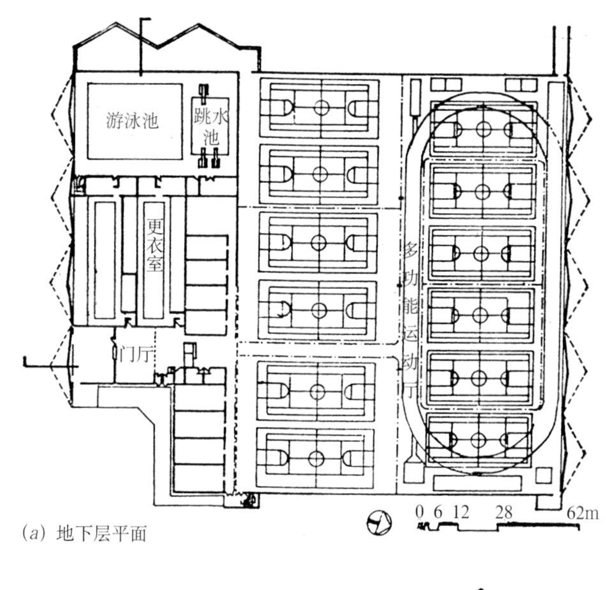

(a) 地下层平面

(b) 剖面

图2–49 乔治城大学雅特斯体育馆平剖面

2.3.2 挪威季奥维克游泳池

北欧国家挪威的地质条件优越，国土的70%为坚硬的岩石覆盖，有着开发利用岩石中地下空间的传统。从20世纪70年代开始，在一些城市郊区的山体中，结合民防工程建设的需要和考虑到在严冬季节开展户外体育活动的困难，修建了一些地下体育设施。起初的规模还比较小，多用于单项运动，例如最早的一个是1972年建成的，为国际比赛用的地下手球场，只有一个25m×60m的场地。在这以后，逐渐向多功能化发展，规模也相当大，仅1978～1982年，就陆续建成了五座综合性的地下体育馆。挪威的地下体育建筑，除很好地满足了城市居民的公共体育活动需求外，都具有平战两用功能，战时可作为人员掩蔽所，最大的可容纳7500人；同时，漫长的冬季使地下建筑的节能优点十分突出，相对在地面上建同样的体育馆，节能效果可达到40%～50%。

在挪威的一个小城市季奥维克的中心区，已经没有建造露天游泳池的用地，但地下岩石质量中等，适于开发，故决定建在地下。这是挪威第一个地下游泳池，规模较小，只有一个25m长的6线游泳池和一个供初学用的小池，还有一个面积为140m²的健身房以及男女更衣室等，见图2–50。主洞室跨度18m，长40m，由壁柱支承拱顶，柱间岩石露在室内，作为自然的装修。工程开挖出来的石碴，用于建造一个新的城市港口。岩洞内的自然温度为6～8℃，全年稳定，适合于游泳的温度，因此节能效果良好。

有关季奥维克地下游泳池的彩色图片见图2–51～图2–53。

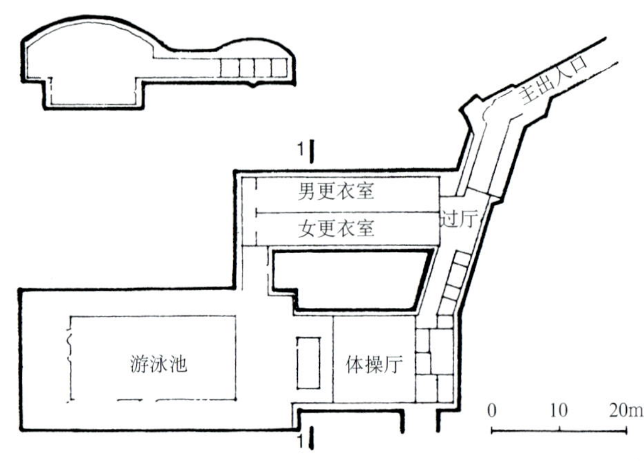

图2–50 挪威季奥维克地下游泳池平、剖面

图2–51 挪威季奥维克地下游泳池内景

图 2–52 挪威季奥维克地下游泳池地面出入口

图 2–53 挪威季奥维克地下游泳池过厅

2.3.3 挪威霍姆利亚运动厅和游泳池

在挪威首都奥斯陆(Oslo)以南10km处的霍姆利亚地区，有一个15000人的居住区，但因地形起伏较大，在居住区内难以找到地面上修建体育场、馆的地点，而这一地区地质情况良好，地下为坚硬均质的花岗岩，故体育馆决定采取地下方案；同时还可满足居住区的民防要求。开挖出的石碴还可用于修筑道路和停车场。工程于1983年建成，总建筑面积6500m²(图2−54)，主要内容有运动厅(长45m，宽25m，包括可容纳300人的看台，厅内可用于各种球类活动)和游泳厅，长38m，宽20m，内有一个25m长的6线游泳池；此外，还有更衣室、浴室、蒸汽浴室、商店、办公室、水净化器室、热交换器室备用电站等辅助设施，是一个较大规模的综合性体育设施，从建筑布置到设备均按平战两用考虑，可为7000人提供战时掩蔽位置；平时除体育活动外，还有体育俱乐部和训练班活动的场所。洞室全部采用喷锚结构，在最大的洞室(跨度25m)，顶部每隔5m设一个钢筋混凝土拱圈。侧墙在喷射混凝土后，直接暴露在室内，与地面、水池等形成对比。

有关霍姆利亚地下运动厅和游泳池的彩色图片见图2−55～图2−58。

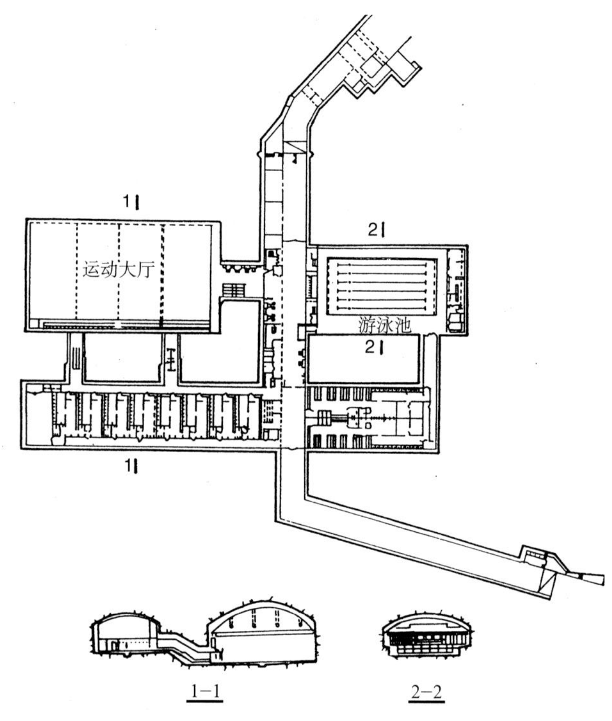

(a) 平面、剖面

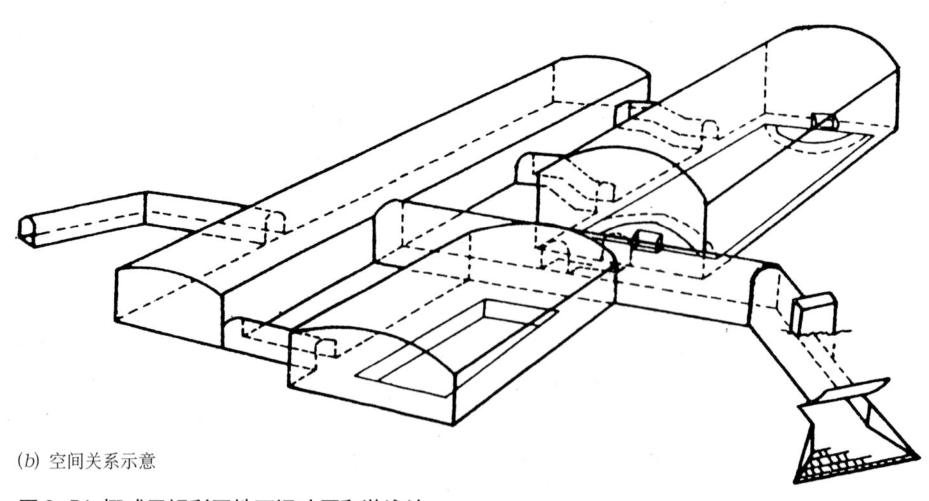
(b) 空间关系示意

图2−54 挪威霍姆利亚地下运动厅和游泳池

图 2–55 挪威霍姆利亚地下运动厅内景

图2–56 挪威霍姆利亚地下游泳池内景

图2–57 挪威霍姆利亚地下运动厅和游泳池地面出入口夜景

图2–58 挪威霍姆利亚地下运动厅和游泳池岩洞施工

2.3.4 芬兰坦帕拉地下冰球场和游泳池

芬兰与其他北欧国家一样，有良好的岩石地层，因此也在岩层中修建了一些地下体育设施和文娱设施，坦帕拉地下冰球场的游泳池就是其中的一个。透视示意图见图 2–59，地下游泳池内景见图 2–60。

图 2–59 芬兰坦帕拉地下冰球场和游泳池总体布置示意

图 2–60 芬兰坦帕拉地下游泳池内景

2.4 地下商业建筑

2.4.1 北京西单文化广场地下商场[13]

位于北京长安街与西单北大街交叉口处的西单文化休息广场，面积1.5hm^2，占据路口东北角重要地段，在改造规划初期就确定在此留出一块空地，而且一直坚持到建成文化广场，未遭侵占，是十分不易的。广场还开发地下空间四层，面积共约4万m^2，除商业外，还有游泳、滑冰、壁球、攀岩、乒乓球等体育设施，弥补了这一地区体育设施的不足。广场地面空间设计虽力求突出其文化氛围，但还有改进的余地；绿化虽占一定比例，但能遮阳的大树较少，且方格状的草坪使广场上难以组织较大规模的活动，人们只能穿行，不便停留。

西单文化广场是北京中心地区迄今惟一经正式规划设计而建设的文化休息广场，社会效益较为明显。近年花费很高代价建成的皇城根开放式公园，也具有文化休息和改善环境的功能，虽不能称为广场，但作为旧城中心难得的一块绿地，起着很好的作用；在规划设计之初也曾预留了今后适当开发地下空间的可能性，是应当力促其实现的。

西单文化广场的总平面图和剖面图见图2-61、图2-62，彩色图片见图2-63～图2-69。

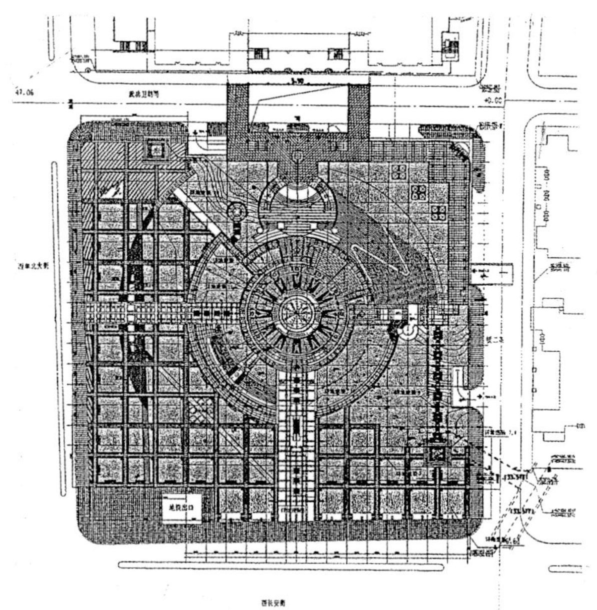

地面层平面

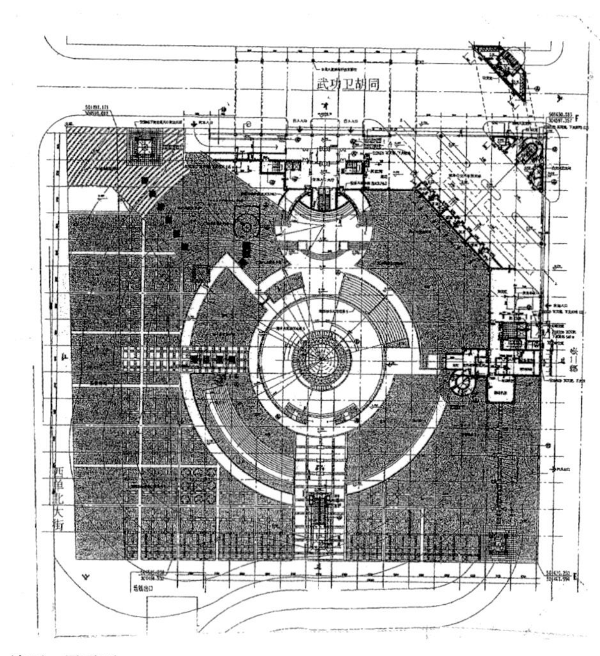

地下一层平面

图2-61 北京西单文化广场地下商场平面

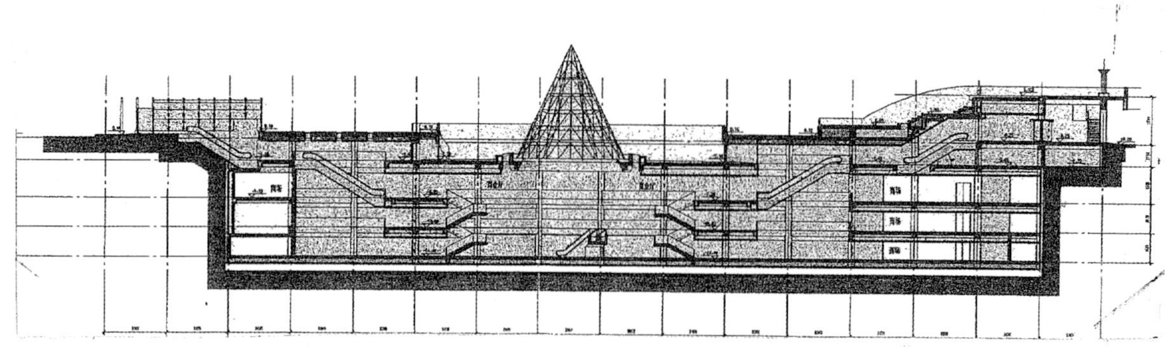

图2-62 北京西单地下商场剖面

图 2–63 北京西单文化广场鸟瞰（刘力　摄）

图 2–64 北京西单文化广场地下商场地面出入口

图 2-65 北京西单地下商场中庭玻璃顶

图 2-66 北京西单地下商场下沉广场

图 2-67 北京西单文化广场北侧小型露天舞台

图 2-68 北京西单地下商场内部中庭

图 2-69 北京西单地下商场出入口内通向地下空间的自动扶梯

2.4.2 徐州古彭地下商场

徐州市结合城市广场的开发建设了一座古彭地下商场，是国内较早期的平战结合工程，也是比较早地用下沉式广场作为地下商场主要出入口的做法，有关彩色图片见图 2–70～图 2–72。

图 2–70 徐州古彭广场全景

图 2–71 徐州古彭下沉广场及地下商场出入口

图 2–72 徐州古彭地下商场内部

2.4.3 日本神户三宫地下街

三宫地下街位于神户火车站前花之街，地下仅一层，总建筑面积19000m²，建成于1967年。内有各类店铺149家，没有地下停车场，有地铁和城铁的换乘站。地下街内主通道范围，商店布置整齐，购物环境较好。

地下街位置图见图2–73，平面见图2–74，彩色图见图2–75～图2–78。

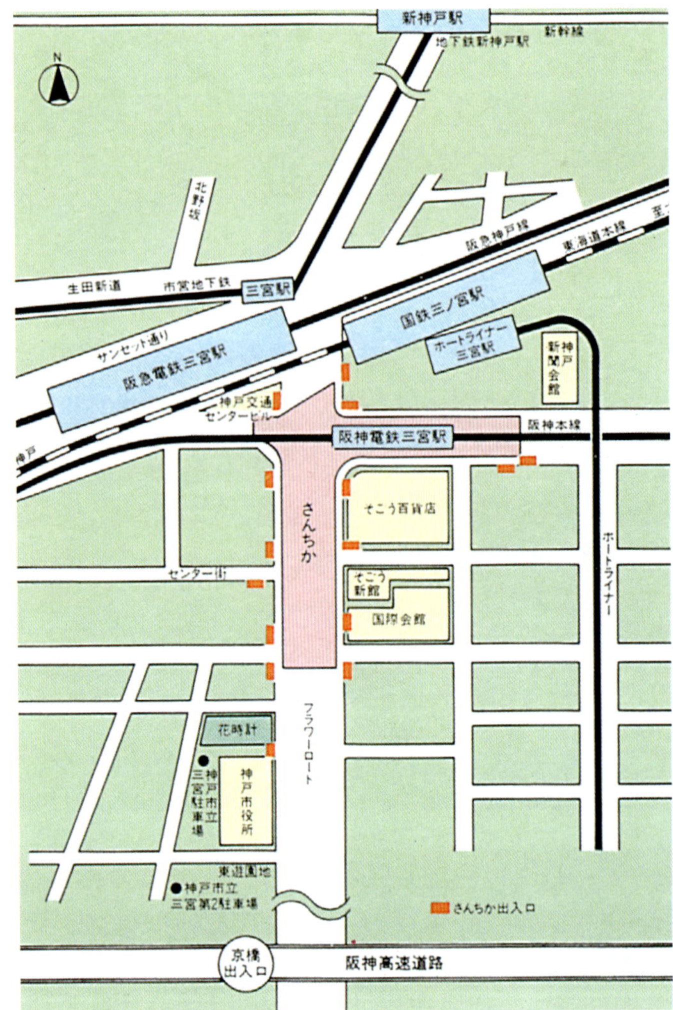

图2–73 神户三宫地下街位置图

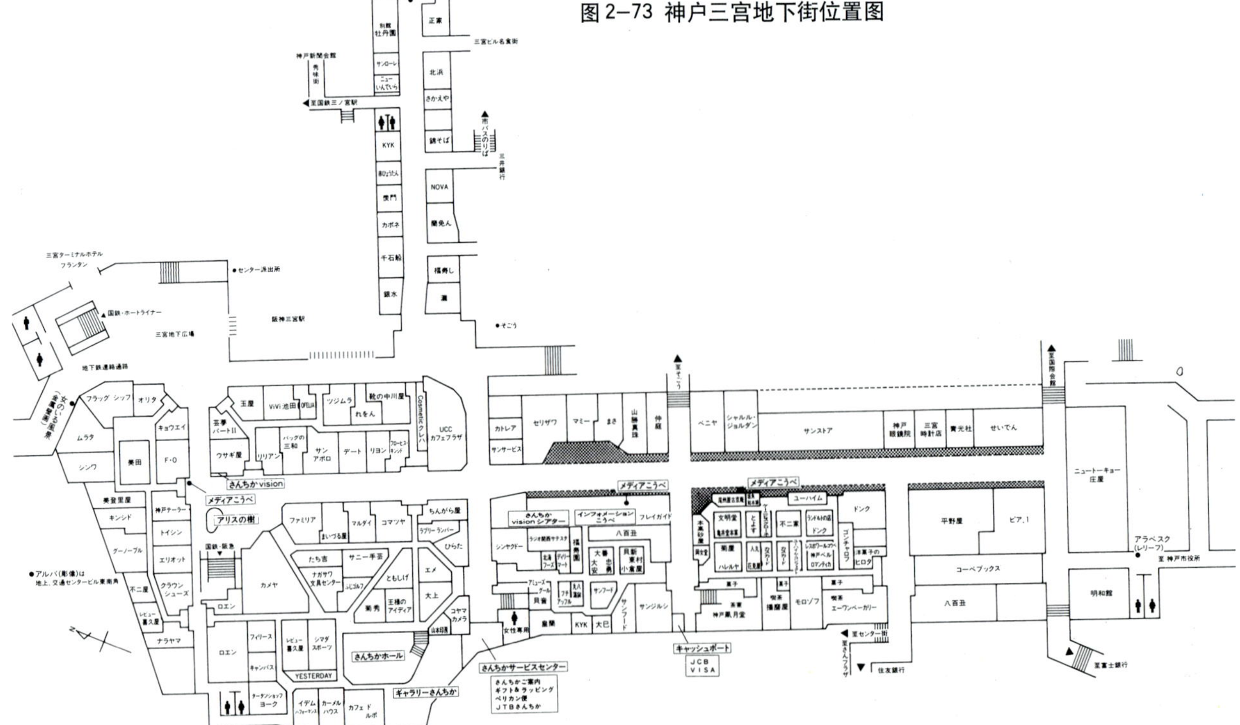

图2–74 神户三宫地下街平面

图 2–75 神户三宫地下街入口处树形雕塑

图 2–76 神户三宫地下街主通道两侧商店

图 2–77 神户三宫地下街次通道两侧商店

图 2–78 神户三宫地下街艺术品小型展厅

2.4.4 日本神户阳光地下城

神户阳光地下街位于神户高速路和神户铁路两车站之间，在地下将两车站联系起来。商业规模不大，包括名品街、饮食街和中国街（专卖中国商品和工艺品），共40家店铺，没有地下停车场。

阳光地下街有一个很大的地下广场，上为玻璃穹顶，广场内阳光充足，空气流通，绿化丰富，为市民提供了一处良好的休憩场所。平面示意图见图2-79，彩色图见图2-80～图2-82。

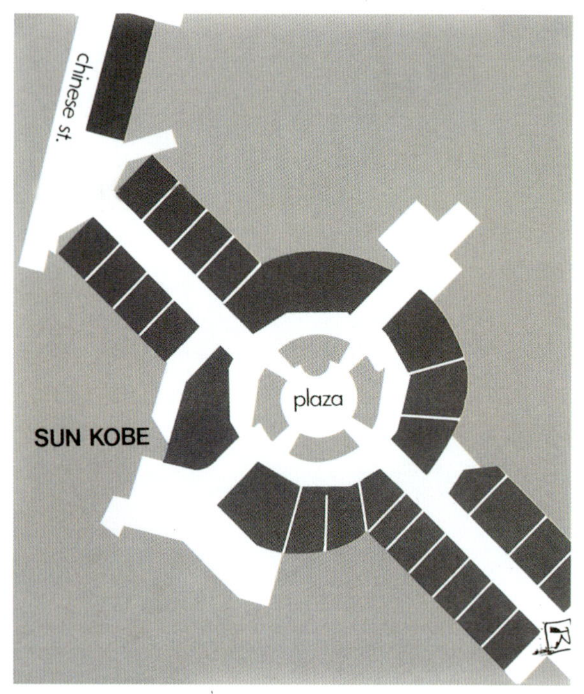

图2-79 神户阳光地下城平面示意图

图2-80 神户阳光地下城阳光广场之一

图 2–81 神户阳光地下城阳光广场之二

图 2–82 神户阳光地下城内景

2.4.5 加拿大多伦多伊顿中心[5]

加拿大的城市地下空间利用有很强的本国特色，像蒙特利尔市、多伦多市等的中心地区，都在几十平方公里的范围内开发利用地下空间，即由地铁和大量步行道路将高层建筑地下室和地下综合体连接起来的，四通八达的地下空间网络，故常称为“地下城”。对于地下综合体来说，由于与多条步行道连通，而步行道两侧多数都有商店，因此成为以商业和交通为主的大型地下综合体。蒙特利尔市的维力·玛丽地下综合体，多伦多市的伊顿中心地下综合体和多米尼中心地下综合体等，都是其中规模最大和最著名的。这里选择多伦多伊顿中心地下综合体，作一简要评介。

多伦多市拥有北美最为完善的地下步道系统，它几乎覆盖了市中心区的所有地块。地下环城铁路线在中心区设有6个地铁站，地下步道将这些换乘点连接起来，并通过中心区的重要公共建筑、广场、综合体与城市地面系统相连接，同时这些重要建筑、下沉广场和综合体深入地下，构成地下步行系统所必备的空间定位标志和人群活动节点。

伊顿中心位于市中心东北部，与市政厅广场相邻，是多伦多市最大的商业综合体，其内部空间组织综合运用室内中庭和步行商业街相结合的手法，其南北两端分别连接着杨格(Yonge)街下部的两个地铁站。中庭与步行街完成了该地区的地面上、下部空间的转换。在地面层，伊顿中心选择了与邻近街坊相对应的尺度系统，并通过地面步行道将伊顿中心与临近的翠尼帝（Trinity）教堂、贝尔公司大厦及老市政厅整合起来。

伊顿中心是一个地上、地下空间综合开发的大型购物中心，共有商业面积56万 m^2。商场中部是一个贯通三层的大型中庭，供采光和购物人流集散之用，从地面一直到地下，从地下通往地铁车站或其他地下综合体。

伊顿中心的总平面、地下一层平面及剖面见图2-83，彩色图见图2-84～图2-87。

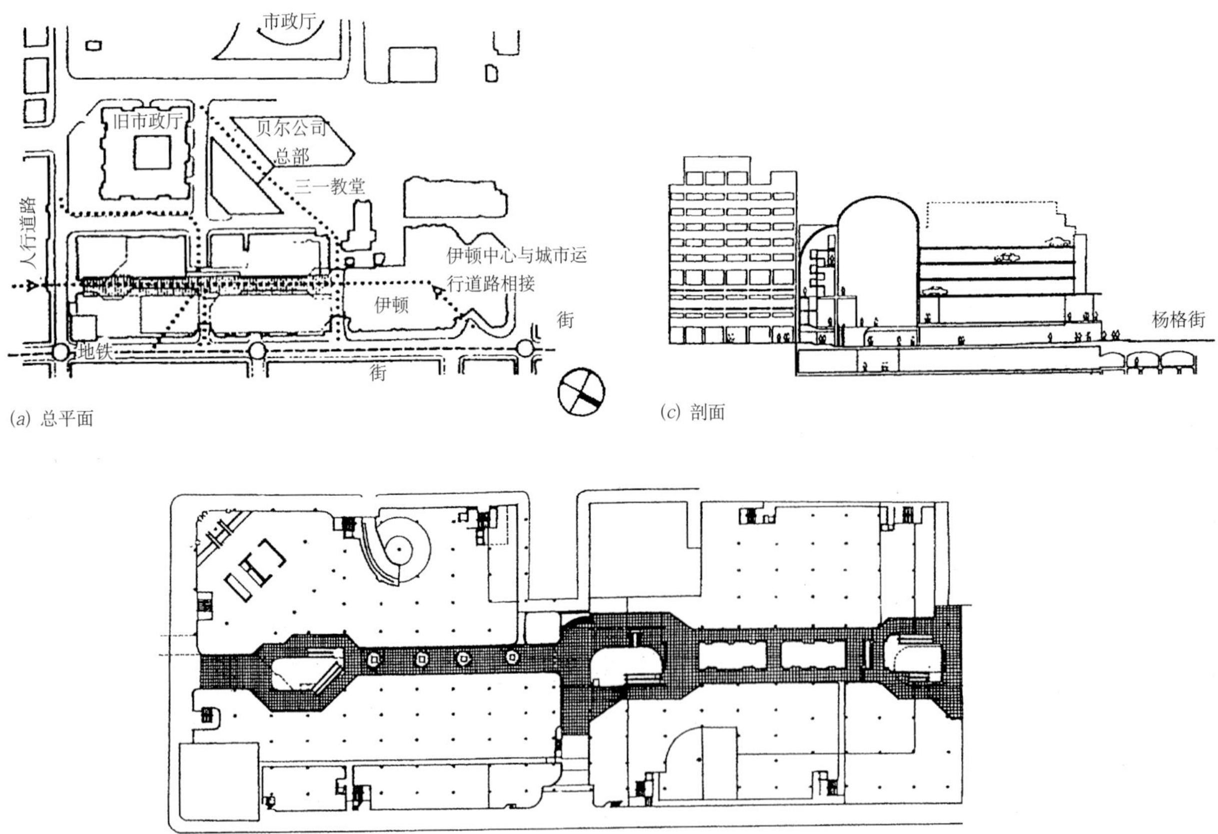

(a) 总平面　(c) 剖面　(b) 地下一层平面

图2-83 多伦多伊顿中心

图 2-84 多伦多伊顿中心地上厅与地下厅内景之一

图 2-85 多伦多伊顿中心地上厅与地下厅内景之二（吴焕加 摄）

图 2-86 多伦多伊顿中心地上厅与地下厅内景之三

图 2-87 多伦多伊顿中心地上厅与地下厅内景之四

2.5 地下展示建筑

2.5.1 法国巴黎卢浮宫

(1) 卢浮宫概况：卢浮宫是世界著名的宫殿之一，已有700年的历史。1793年开始对公众开放，成为艺术博物馆至今。馆中收藏并展示大量文艺复兴以来的法国、意大利等国的雕塑和油画作品，吸引国内外大量游客前往参观。但是，原有宫殿的厅、堂空间容量虽很大，但只适于艺术品的展示，而作为一个大型艺术博物馆所必须具备的其他功能则很不完善，以致参观路线过长，迂回曲折，休息条件较差，缺少餐饮等服务设施，内部管理所需要的库房、研究用房等也不足，与现代博物馆的差距越来越大，因此很自然地出现了适当扩建的需要。但是，卢浮宫周围没有发展用地，不可能易地扩建，而原有宫殿规则的布局和完美的造型，又不允许在地面上增建任何建筑物，因此设计的难度是很大的。法国政府委托国际著名建筑师贝聿铭先生主持了这项设计，利用地下空间成功地解决了保留原有古典建筑整体格局又同时满足现代博物馆使用要求的问题，成为现代建筑史上的一项杰作。

(2) 扩建总体构思：按照博物馆增加的各种功能，扩建面积需要数万平方米。在地面上不可能增建任何新建筑的情况下，地下空间提供了难得的机遇。贝聿铭先生决定充分开发卢浮宫前原有广场的地下空间，获得了几万平方米的建筑空间，足以满足扩建所增加的休息、服务、餐饮、贮藏、研究、停车等功能，同时把参观路线在地下中心大厅分成东、西、北三个方向从地下通道进入原展厅，中心大厅则成为博物馆总的出入口。这样，为了突出总出入口的形象和使地下中心大厅获得天然采光，在广场正中原宫殿两条主要轴线的交叉点上，设计一座金字塔形的玻璃天窗兼主入口。形式上是比卢浮宫古老得多的金字塔，同时又是金属结构和玻璃组成的现代建筑，二者的统一使之矗立于卢浮宫广场上与原有宫殿建筑取得了一定程度的和谐。这一大胆创意尽管曾引起不少争议，但随着时间的推移，已渐为世人所接受。贝聿铭先生为此而获得了普利茨克奖，也表明了国际建筑界对这一设计的肯定。

(3) 地下空间的总体布置：卢浮宫原有的宫殿建筑的正面，由建筑围合成一个大广场，称为拿破仑广场。原广场均为硬质地面，没有绿地，地下空间资源量较大，而且容易开发，足以容纳博物馆扩建的全部新增功能。

地下建筑总面积6.2万m^2，地下一层（－5.5m）和二层（－0.9m）充满广场下部，局部有地下三层(−14.0m)。在拿破仑广场以南的空地，另建一座大型地下停车场，地面恢复绿化。

中心大厅名“拿破仑大厅”，位于地下建筑的中部，作为博物馆的主要出入口和观众的问询集散之地。博物馆的展示部分仍保留在原宫殿内，仅在正面进馆的通道两侧增加了几个展厅。在中心大厅周围，布置有报告厅、图书室、餐厅和咖啡厅，向南有一条宽敞的商业街，两侧为精品商店。库房和研究用房、办公用房、技术用房、设备用房分散布置在通道两侧，其中库房的数量和面积都比较大。

扩建工程从1984年开始，1989年建成使用。在保护卢浮宫整体形象的前提下，扩大了作为博物馆的使用功能，改善了参观流线，增加了服务设施，完全达到现代化博物馆的水平，使巴黎拥有的这一珍贵历史文化遗产，更好地为世界人民服务。

卢浮宫扩建工程地面层平面见图2−88；地下一层平面及剖面图见图2−89，彩色图见图2−90～图2−95。

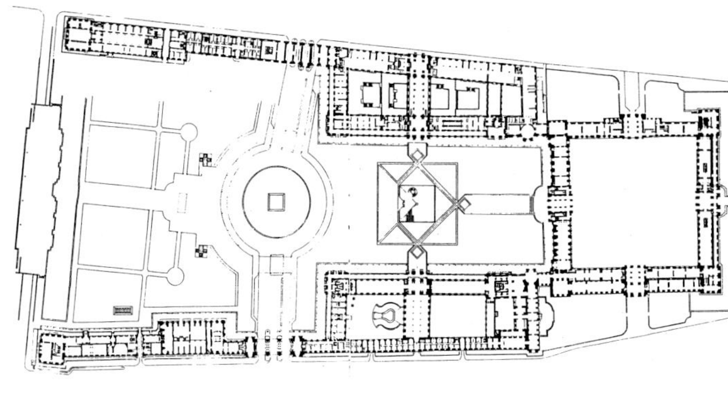

图2−88 巴黎卢浮宫扩建部分地面层平面图

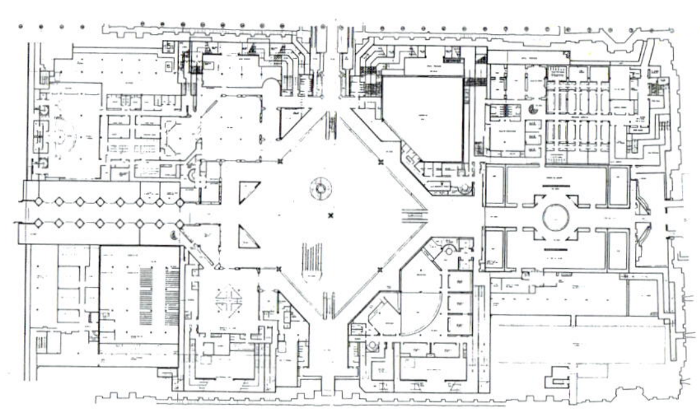

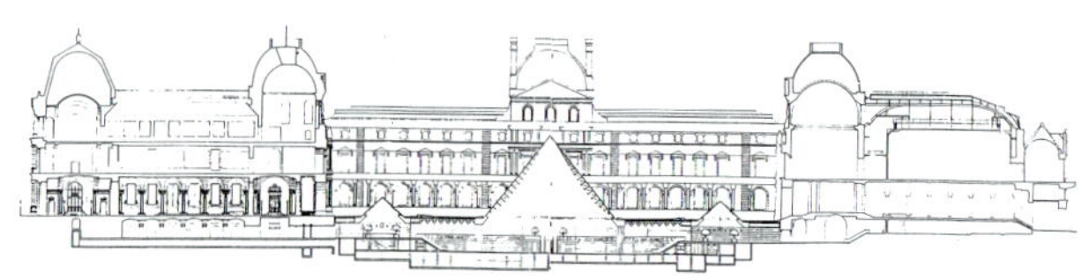

图 2–89 巴黎卢浮宫扩建部分地下一层平面图、剖面图

图 2–90 巴黎卢浮宫外景

图 2–91 巴黎卢浮宫主要出入口

图 2-93 巴黎卢浮宫主要出入口下部集散大厅

图 2-94 巴黎卢浮宫主要出入口下部大厅内楼梯

图 2-92 巴黎卢浮宫展品

图 2-95 巴黎卢浮宫地下空间中的商业街

2.5.2 日本滋贺县美浦博物馆[14]

(1) 概况：美浦博物馆坐落在日本关西滋贺县甲贺郡的信乐国家自然公园内，基地地处公园的一个山丘上，周围山峦起伏，丛林密布。该馆专门用来陈列家族收藏的古代中、远东的珍贵工艺品，内容包括各种器皿、雕像、青铜器、珠宝、织物和一批罕见的日本茶道用具。整个建筑规模逾 2 万 m^2，由国际著名建筑师贝聿铭设计。

(2) 设计理念：穿行在这座自然公园优美、宁静的山林中，贝聿铭不禁想起了中国晋代诗人陶渊明所作的《桃花源记》，一位渔夫碰巧穿过一个山洞而发现了一个与世隔绝的、天堂般的山村的故事。美术馆的设计意念便建立在对这个东方故土“世外桃源”特有意境的探寻上。此外，像贝聿铭所设计的其他一些博物馆一样，美浦博物馆的设计也试图体现“博物馆为其艺术品而存在”的意图。

(3) 场地布置：日本政府及滋贺县对国家自然公园有严格的保护法规，不允许破坏自然生态。因此，贝聿铭将3/4的建筑面积埋于地下。在总体布局上，博物馆与地形之间的关系受到中国和日本山水画的影响，建筑以小体量、分散化的方式，融合在它所处的环境中。美术馆的布局也借鉴了日本建筑传统的院落结构，恰当地运用轴线将零散的体量统合起来。美术馆的主入口设在东面的斜坡上，有大台阶作引导。一座轻巧的斜拉桥将台阶下的入口广场与上山的道路联系起来。

(4) 平面组合：整个博物馆地上一层，地下一至二层。入口大厅位于东、西向轴线的端部，在其南北方向，通过一条长廊连接着两个功能组团。北翼以一个方形的枯山水庭园为核心布局，周边的展厅陈列着日本艺术品，在它下面的地下层中安排修复室、机房、库房等辅助用房。南翼用来陈列“丝绸之路”上的艺术品，着重表现中、远东文明的起源与发展，曲折的廊道组接了这部分的主要功能。在该组团中，入口层安排有埃及展厅和一些管理用房，地下一层中是近东、中国、伊斯兰、亚洲其他地区展区和一个讲演厅以及一个贯通上、下层的茶室。地下二层是办公用房和机房，它与北翼的地下层之间有廊道连接。此外，从入口广场还分别设置了一个坡道通向南、北翼的地下层。

(5) 参观流线组织：贝聿铭精心地安排了上山参观的线路，以创造一种发现“世外桃源”的体验。参观者首先到达位于一片柏树林中的接待休息处，从这

图 2–96 日本滋贺县美浦博物馆鸟瞰

里可以散步或乘电动四轮车前往博物馆。当穿过小山丘内弯曲的隧道时，顿时豁然开朗，一座悬在山谷之上的梦幻般的斜拉桥展现在眼前。桥上的斜拉钢索仿佛是一个取景框，框中是不远处的掩映在绿树丛中的博物馆的轮廓。斜拉桥的末端与入口广场相连，花岗石台阶将人们引向入口大厅。由大厅的镂空处可以看到下层的展厅。大厅的屋顶是一个钢构架的玻璃采光顶。在这里，最震撼人心的是自然与人造世界之间的界线的消失，北侧的透明玻璃和与之相连的玻璃长廊将自然风景“借”入室内，犹如一幅水彩画长卷呈现在人们的面前。从大厅一侧的楼梯可以下至地下展厅，这些展厅的设计渲染了特殊的艺术气氛，如陈列释迦牟尼雕像的展室让人联想到它被发现的那个山洞。在玻璃长廊的北面尽端，一座明亮、开敞的楼梯间通向日本展厅，在参观中，人们还可以观赏到正方形的枯山水庭院。这类“取景框”的手法在整个博物馆中随处可见，它使人们不断地感受到自然美与人工美的交融。

美浦博物馆鸟瞰见图2–96，平面和剖面见图2–97，彩色图见图2–98～图2–104（黄蔚欣提供）。

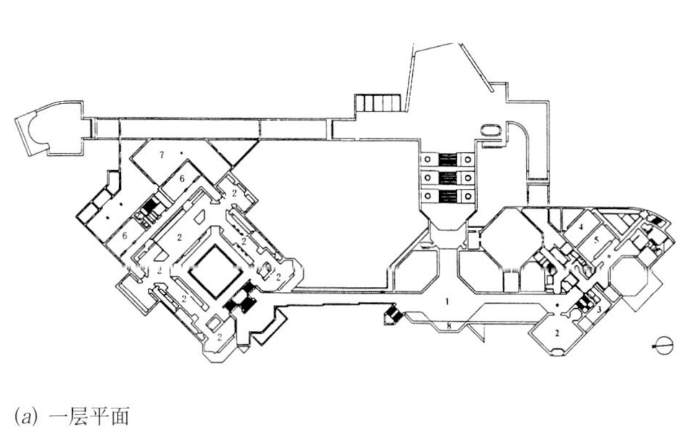

(*a*) 一层平面

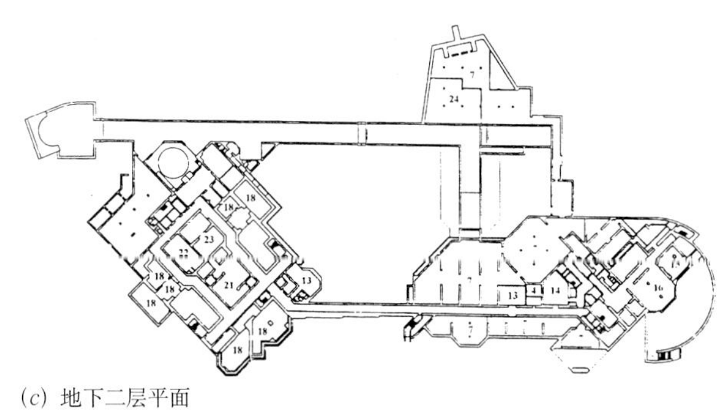

(*c*) 地下二层平面

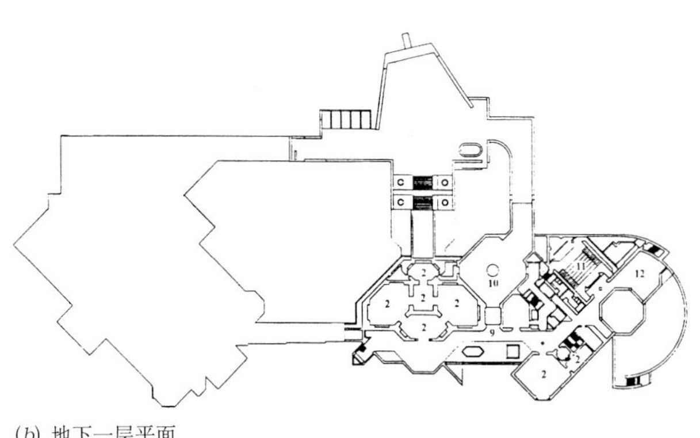

(*b*) 地下一层平面

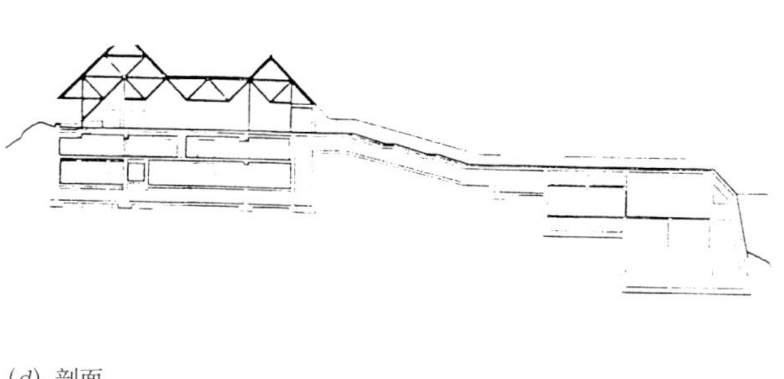

(*d*) 剖面

1–门厅	7–机房	13–工作室	19–艺术品入口
2–展厅	8–平台	14–研究室	20–装卸室
3–馆长室	9–休息厅	15–阅览室	21–摄影室
4–书库	10–广场	16–办公室	22–修复室
5–会议室	11–报告厅	17–露台	23–保管室
6–准备室	12–茶室	18–收藏库	24–电气室

图2–97 日本滋贺县美浦博物馆平面、剖面

图 2–98 日本滋贺县美浦博物馆主要出入口正面（韩孟臻 摄）

图 2–99 日本滋贺县美浦博物馆西入口正面（韩孟臻 摄）

图 2–100 日本滋贺县通向美浦博物馆主入口的穿山隧道口外（韩孟臻 摄）

图 2–103 日本滋贺县美浦博物馆两个功能组团间的长廊（韩孟臻 摄）

图 2–101 日本滋贺县美浦博物馆内部庭院（韩孟臻 摄）

图 2–102 日本滋贺县美浦博物馆地下展厅中的展品（韩孟臻 摄）

图 2–104 日本滋贺县美浦博物馆主入口内的弧形门厅（韩孟臻 摄）

2.5.3 美国华盛顿国家美术馆东馆[7]

华盛顿国家美术馆老馆建于1941年，与美国国会大厦相邻，是一座新古典主义建筑。在老馆东面白宫前最后一块梯形空地上，国际著名建筑师贝聿铭设计了东馆，于1978年落成。东馆建筑体形由多个棱柱体和三角体组成，内部几乎全是六角形或三角形的空间，在其中参观，有步移景异的效果。因为东馆是整个美术馆的一部分，所以它的大门必须面向旧馆，并以东馆主体部分等腰三角形的底边与之呼应，与旧馆构成轴线，很好地确立了两者的主从关系。由于用地范围仅限于“梯形”内，无法在地面上直接通过建筑物表达新老建筑之间的关系，故采用开发地下空间的方式，直接交通联系移置到地下，通过地下大厅，既不影响地面的交通和人的活动，又恰当地将两馆联系起来。一方面保证了参观路线的连续性，另一方面也给观众创造了一处良好的休憩交流空间。而且，这个2.7万m^2的新馆与旧馆只有通过地下空间的利用才能达到体量上的均衡，又满足面积上的要求。地面上两者之间的大型铺装广场通过中央不对称的喷泉、瀑布和散落的晶体状玻璃天窗，营造出一种内敛的空间氛围。

东馆平面图见图2−105，彩色图见图2−106～图2−111。

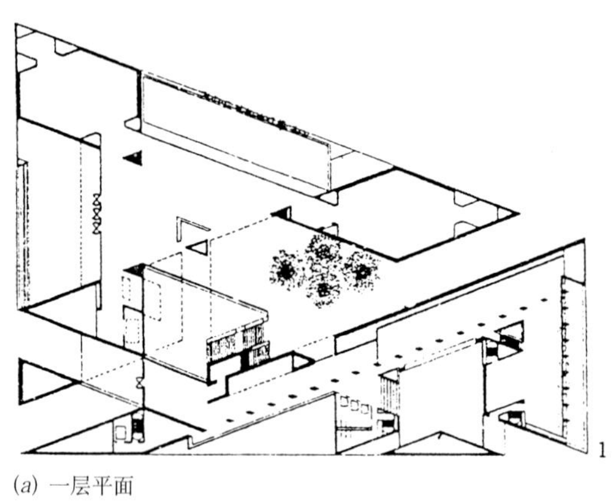

(a) 一层平面

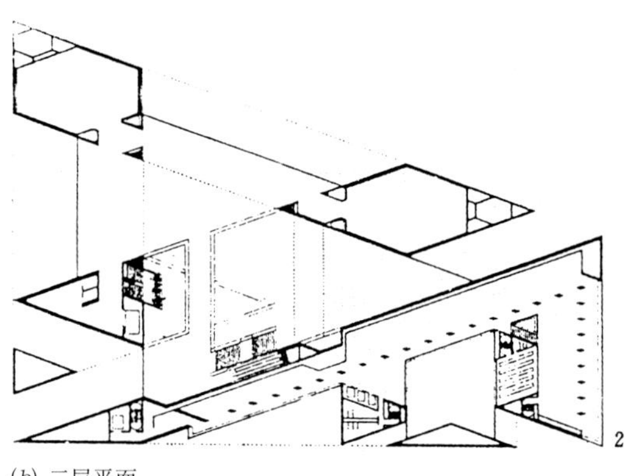

(b) 二层平面

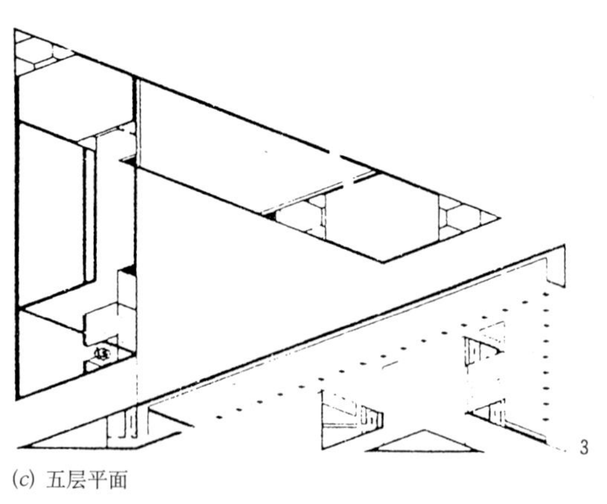

(c) 五层平面

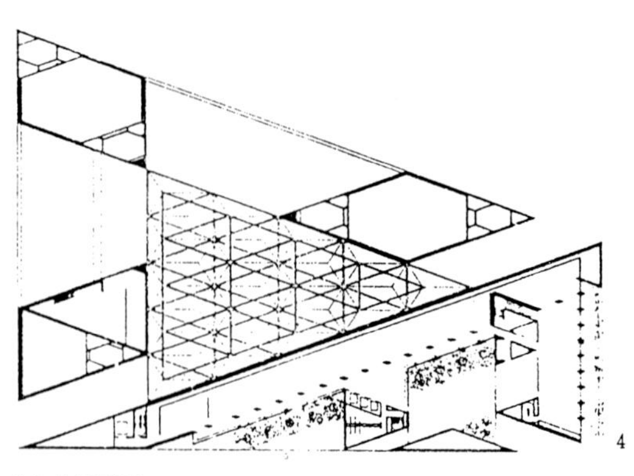

(d) 七层平面

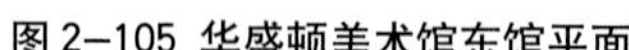
图 2−105 华盛顿美术馆东馆平面

图 2-106 华盛顿国家美术馆东馆鸟瞰（远处为国会大厦 吴焕加 摄）

图 2-107 华盛顿国家美术馆东馆外景（吴焕加 摄）

图 2-108 华盛顿国家美术馆老馆（吴焕加 摄）

图 2–109 华盛顿国家美术馆东馆中心大厅内景（吴焕加 摄）

图 2–110 华盛顿国家美术馆东馆展厅之一（吴焕加 摄）

图 2–111 华盛顿国家美术馆东馆展厅之二（吴焕加 摄）

2.5.4 上海博物馆新馆[14]

上海博物馆新馆建成于1993年，位于人民广场中轴线南端，建筑面积38000m²，地上4层，地下2层。因用地和建筑高度均受到限制，故开发利用地下空间20000m²，占到总面积的52.6%。

上海博物馆的管理、办公、研究等空间，全部位于地下。办公空间整洁而且光线明亮，温湿度、通风量等指标由空调控制在人体的舒适标准，博物馆还特意安排每天的上午和下午各有一次工作人员休息时间。

上海博物馆平面图见图2–112，彩色图见图2–113～图2–115。

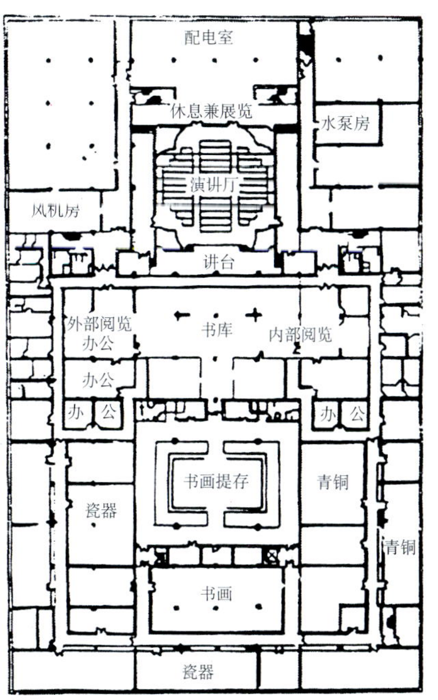

(a) 地下层平面

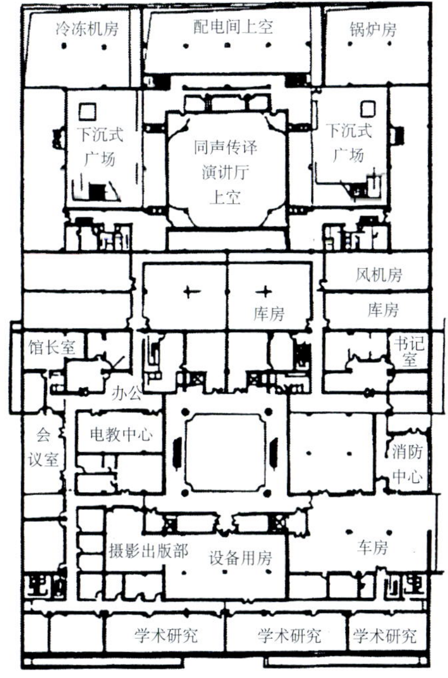

(b) 地下夹层平面

图2–112 上海博物馆新馆地下层和地下夹层平面

图2–113 上海博物馆外观之一（黄蔚欣 摄）

图2–114 上海博物馆外观之二（黄蔚欣 摄）

图2–115 上海博物馆职工进入地下层通道口（黄蔚欣 摄）

2.5.5 美国旧金山莫斯康尼会展中心

(1) 建设背景：莫斯康尼会议中心的建设背景和确定全地下方案的过程，除城市空间和环境等因素外，建筑的性质和功能也使得地下方案比在地面上更为有利，因为会议和展览都需要在人工环境中进行，而且人在其中活动的时间较短。所以，会议和展览建筑属于最适于建在地下的公共建筑类型之一。

(2) 工程概况：会展中心的总平面图见图2–116，总建筑面积45000m²，包括展览大厅(23000m²)；供50～600人使用的会议室共31个，最大的面积2800m²，如用作舞厅可容纳4000人；还有供6000人用餐的餐厅和机房、卫生间等辅助用房。展览大厅占整个平面的3/5，长255m，宽90m，结构为8对后张拉预应力钢筋混凝土落地拱，跨度83.8m，拱下皮最高点距地11.3m，形成一个无柱的大空间，当厅内没有展品时，最多可容纳24000人。会议室和一些辅助用房集中布置在另外2/5的空间内，分为两层，大会议室为一层，占有两层的高度。在大会议室的上部，有一个完全建在地面上的门厅，面积2800m²，结构为四个钢管空间桁架，跨度27.4m，挑出9.1m；门厅四周全为玻璃幕墙，有三组宽敞的楼梯和自动扶梯直通地下展览大厅。此外，地下水位在展览大厅地面以上3.5m，故在建筑周围布置了环形排水系统，以局部降低地下水位。工程总造价1.26亿美元，1981年建成。

(3) 设计意图与特点：旧金山是滨海城市，游艇和赛艇等贸易十分发达，展览大厅的无柱高大空间主要是为了满足各类船只展销活动的需要。即使在地面上，取得这样大的无柱建筑空间也并非易事，因此展览大厅的结构设计成为这座大型地下公

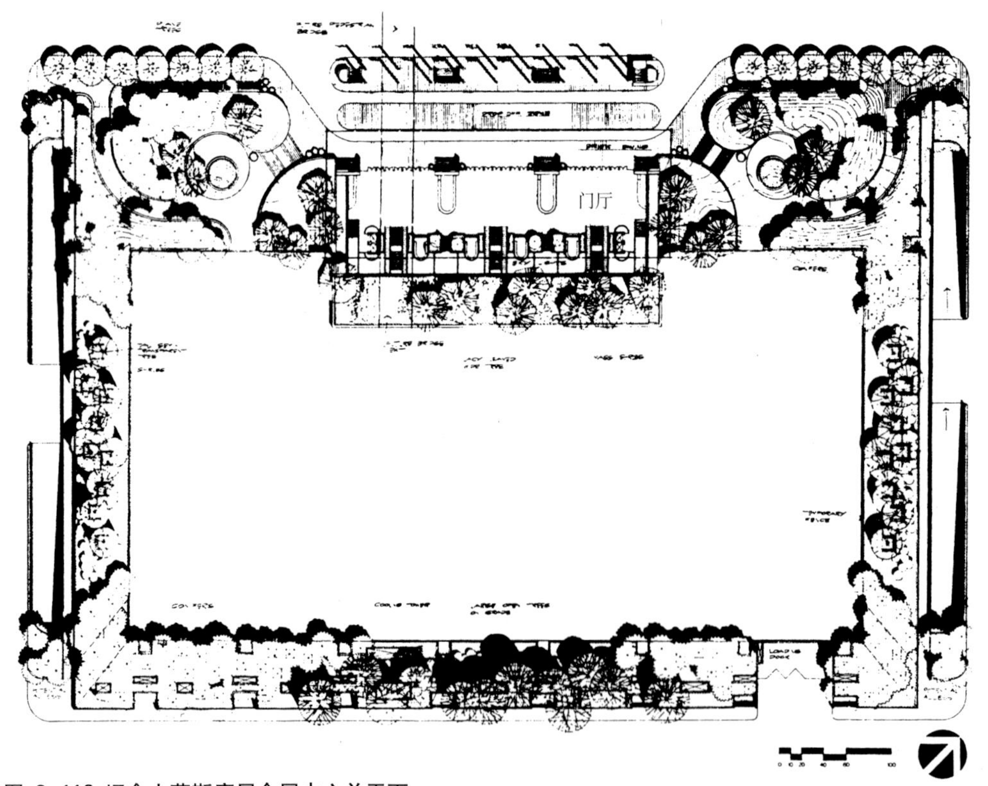

图 2–116 旧金山莫斯康尼会展中心总平面

共建筑成败的关键。经过多种方案比较，才确定为现在的方案。由于荷载大，又考虑了抗震要求（比现有规范要求提高25%，以确保安全），为了形成这一目前世界上最大跨度的地下空间，付出了高昂的代价，用钢1.5万t，每平方米建筑面积平均用钢量高达333kg；混凝土工程量17万m^3，单位面积混凝土用量达3.7m^3，均为常规钢筋混凝土结构的5～8倍。设计中需要解决的第二个重要问题是防灾，因为在展览和会议期间，展品很多，人员也相当集中。防灾疏散按最多人数2.5万考虑，保证了足够数量和宽度的安全出口，并使之均匀分布。除门厅外，在地下建筑的四角，各有一个宽9.7m的坡道，沿周边还有18个宽7m的安全楼梯。此外，还有大面积自动喷淋系统、排烟系统、报警系统等消防设施。

(4) 节能措施与效果：莫斯康尼中心采用地下方案，节能并不是主要目的，但由于建筑物的使用时间和人数经常变动，地下环境对于保持内部人工气候条件的稳定比较有利，空调费用比在地面上可节省约25%。

(5) 评价：莫斯康尼中心的设计，成功地解决了保留城市开敞空间和在地下创造一个无柱展览大厅的难题，在结构上有所创新，在建筑设计中也较好地满足了会议和展览的使用要求；同时创造出一个新的地下建筑艺术形象，具有较强的吸引力，对于大城市中心区地下空间的开发利用，提供了一个范例。如果设想，将占建设场地近一半的露天停车场改为地下停车，顶部则充分绿化，这样虽要增加投资，但是在改善地面环境和景观方面可能产生的效益，恐难以用金钱加以衡量。

会展中心的平面、剖面见图2-116～图2-119。彩色图片见图2-120～图2-122。

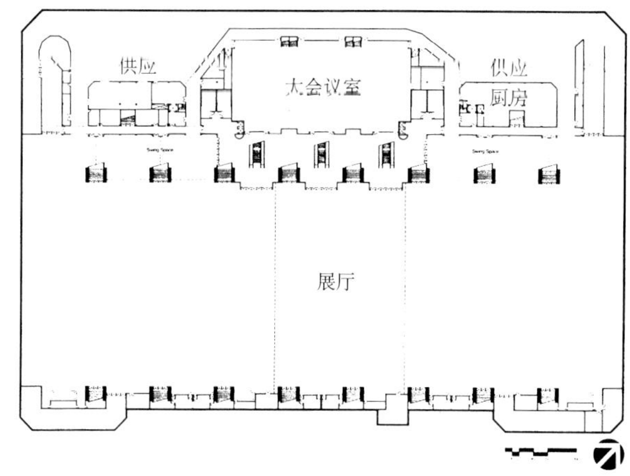

图2-117 旧金山莫斯康尼会展中心地下一层平面

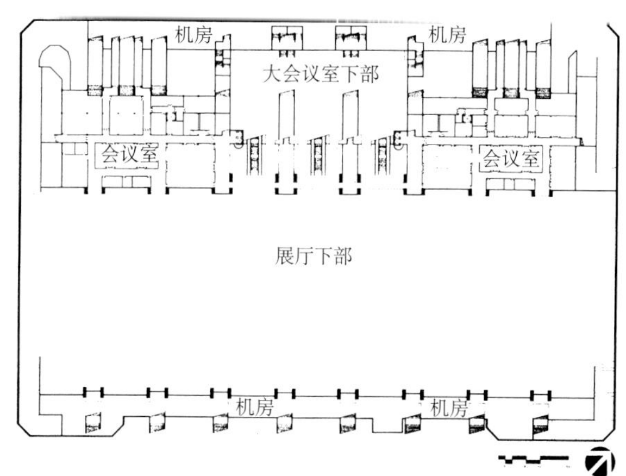

图2-118 旧金山莫斯康尼会展中心地下二层平面

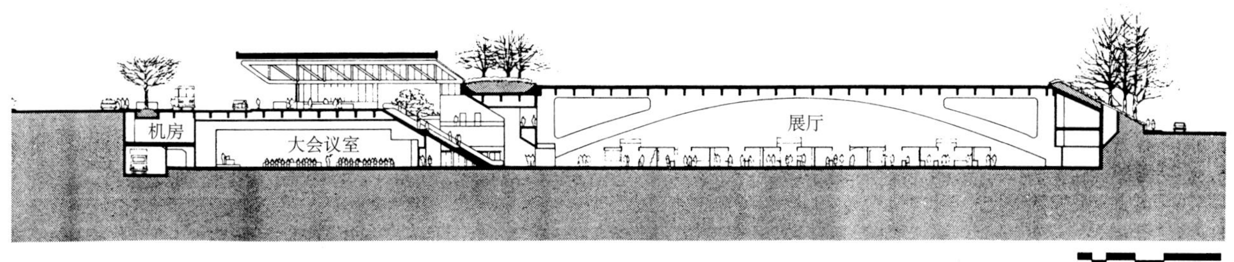

图2-119 旧金山莫斯康尼会展中心剖面

图 2–120 旧金山莫斯康尼会展中心鸟瞰

图 2–121 旧金山莫斯康尼会展中心地面出入口建筑

图 2–122 旧金山莫斯康尼会展中心地下展览大厅

3 地下交通建筑

3.1 地下交通建筑概说

3.2 地下铁道车站

3.3 地下停车设施

3.1 地下交通建筑概说

3.1.1 地下铁道车站

地下铁道车站是供旅客乘降、换乘和候车的一种静态交通设施，也是乘客在地铁线路上能直接接触到的建筑空间，在使用上和观感上对乘客有直接的影响。车站的建筑组成和内容比较复杂，一般包括乘客使用、运营管理、技术设备和生活辅助等四大部分，其中供乘客使用的部分为主要部分，包括地面出入口和站厅，地下中间站厅和售票厅，站台和隧道，楼梯和自动扶梯等。

(1) 地铁车站的类型有：终始站、中间站和换乘站。

终始站位于线路的两端，由于客流的集中乘降和需要列车折返设备，故规模都较大。在终始站上能否以最快速度改变列车运行方向，是影响整个线路运载能力的重要因素。

中间站比较简单，仅供乘客在一条线路上中途乘降。在线路上客流量分布不够均匀的情况下，可在客流量最集中的线段两端的中间站设置折返线，在客流高峰区段内增开区间列车，故又名区间站或区域站。

换乘站是位于线路交叉点的车站，简单的只有两条线路互相换乘，如果几条线路在同一车站上换乘，布置上就相当复杂。换乘站的布置与线路相交的方式有关。当两条线路垂直相交时，上下距离又较小，多采用垂直换乘方式，乘客通过楼梯或自动扶梯即可换乘，路程最短。如果两条线路成锐角相交，可使两线在站台部分保持平行，然后通过天桥、地道或楼梯实现换乘。当上、下两车站在投影范围内不相交，不重合时，只能经楼梯和一段地下连接通道才能换乘。相交线路在两条以上时，空间关系比较复杂，可将其中一两个车站适当拉开距离，采取垂直与平行换乘结合的方式，以简化换乘过程。

(2) 地铁车站的主要组成部分有出入口，中间站厅和站台。

出入口是乘客从地面上进入地铁车站的主要渠道，故首先应使乘客在地面上容易找到，然后能比较直接地进入站厅和站台；尽量减少转折次数，扩大通视距离。出入口的数量和宽度除保证客流通畅外，还应满足防灾疏散的要求，因此从站台到达中间站厅的楼梯不能少于两个，每个车站直接通向地面的出入口也不应少于两个，以保证在规定时间内(例如法国规定为5min)，能将车站内的全部人员疏散出去。日本地铁车站地面出入口一般有3～6个，少数大型车站的出入口多达十余个。实际上，地铁车站出入口是由门、厅、水平通道、楼梯(包括自动扶梯)等所组成，因此这几个部分应具有相等的通过能力。

中间站厅是用于把乘客从出入口引向站台的过渡性大厅，其高程一般介于地面和站台面之间，厅的净高一般较小。中间站厅的位置可设在站台中部(一个厅)，也可设在站台的两端(两个厅)，有的侧式车站则将中间站厅与跨线天桥组织在一起。乘客在中间站厅内的主要活动是购票和检票，一般不在其中候车和休息，因此不需很大的面积，其大小主要取决于客流数量、售票方式和检票方式。有些车站为统一上下层结构，使上层站厅与下面站台的面积相同，这时可在站厅的多余空间内布置一些商业和服务设施以及某些设备和管理用房等。

站台是地铁车站的最主要部分，对线路的运载能力和车站的造价都有直接影响，因此站台的长度、宽度和高度，都需要确定一个合理的尺寸，使之既与本站的客流量、位置和功能相协调，又为一定时期内的发展留有足够的余地。在长、宽、高三个因素中，主要的是站台的长度。

一些国家在确定站台长度时，按列车编组的最大长度加适当余量考虑。日本规定为列车长度加10m，例如8辆车编组时，以每节车长平均20m计，站台总长170m。东京的5号、8号、9号线地铁的多数车站站台长度为210～220m(即10节车编组)，最长的为大手町站，长230m。我国北京地铁一期工程的多数车站是按最多4节车编组考虑，余量取3～4m，站台长度多为125m。

(3) 地铁车站与城市其他交通系统的衔接和换乘：地铁车站首先应与城市和城郊的地面（或高架）铁路和轻轨铁路实现换乘，形成统一的城市快速轨道交通系统；扩大这个系统的覆盖面积，充分发挥轨道交通快速、准时、舒适和运量大的优势，加强城市郊区及卫星城与市区及市中心区的联系，抑制私人小汽车的盲目发展。

地铁与地面铁路的换乘要求，使车站的出入口、地面站厅和地下中间站厅的布置复杂化，因为已不仅是一个地铁车站的设计问题，需要综合规划，统一实施，才能取得较好的效果，否则可能造成车站的拥挤和客流的混乱。东京山手线上的几个大型车站，在20世纪60～70年代中，所在地区都进行了立体化再开发，车站随之形成一个交通换乘枢纽，有的每日乘降人数多达百万，仍秩序井然。

地铁车站与地面铁路的换乘有多种方式，如地面换乘，地下换乘等。东京地铁四号线池袋站在铁路两侧均有出入口，共联结4条地铁线路和几条地面铁路，站厅内为地铁和地面铁路服务的部分约各占一半，由中间的大厅互相联系，在地下即可互相换乘，从站厅还可直接进入位于两端的两个大百货公司的地下商场。东京站是东京市内最大的车站，共有6条地铁线和多条地面铁路在此交汇，这样多的线路若在一个交叉点上换乘是相当困难的，故只有地铁"丸之内"线和"银座"线可在站厅内与其他线路换乘，其他几条线的车站则分设在东京站周围几百米范围内的"大手町"地区，与东京站可以从地面上换乘，也可经地下连接通道换乘，相当方便。我国的城市铁路和城郊铁路都很不发达，与地铁线路的联系也欠考虑。例如北京一期地铁虽在北京火车站设了站，但旅客下火车后，要步行到地面后再下到地铁站，对于携带行李的旅客十分不便。二期环线地铁的西直门站距北京北站仅300余米，也没有考虑任何方式的衔接，地铁乘客出站后，很难找到火车站的位置。

地面上的公共电、汽车线路，在快速轨道交通还不很发达时，是城市公共交通的主要组成部分。但是随着快速轨道交通的发展，公共电、汽车所承担的客运量比重逐渐下降，所起的作用也逐渐从主导变为辅助和补充，有些原来沿主要客流方向的线路，因轨道交通对客流的吸引而需要改线，在适当地点与轨道交通系统相衔接，向地铁路网覆盖不到的方向延伸，只有在客流量特别大的线段才需保持与地铁平行运行以互相调剂客流。因此，应当组织好有轨与无轨两种交通方式在地面或地下实现方便的换乘，才能使城市交通形成一个立体化的有机整体。

地铁中间站与其他轨道交通车站换乘的可能性较小，而主要与地面上的公共电、汽车线路换乘，故电、汽车站应尽可能靠近地铁站出入口。设在十字交叉路口的地铁车站，如果在四个方向都有出入口，应在站台出口处设置指示通往不同线路电、汽车站的地铁车站与个人交通方式的衔接，也应在车站总体布置中加以考虑。这种换乘的主要问题是需要相当规模的停车场，例如北京地铁车站开始时均未考虑停车问题，近年来在许多车站(特别是郊区站)周围，都停放了大量自行车，不得不开辟停车场，有的车站周围用地紧张，自行车已停放到距出入口100～200m以外。私人小汽车与地铁的换乘，如处理得当，可起到限制小汽车进入市中心区的作用，但需要大面积的停车场地。结合车站地区的立体化再开发和地下综合体的建设兴建地下公共停车场，是解决这一问题的有效途径。

(4) 地铁车站的建筑艺术处理：地铁车站是否需要进行适当的建筑处理，是否应具有一定的建筑艺术水平，对于这个问题，长期以来有着两种不同的观点和做法。一种观点是，车站纯属功能单一的交通建筑物，只要满足了使用要求，对于来去匆匆的旅客，并无建筑艺术可言；早年建造的地铁车站，除莫斯科地铁外，多为这种情况，车站空间窄小，建筑处理简单。另一种观点是，把地铁车站看作是一种新型的城市空间，是人们在地面空间活动的延伸，因此应赋予一定的建筑艺术表现力，突出人对建筑环境的要求，成为整个城市物质与精神文明统一体的组成部分，使人置身其中，能感到是生活在一个有高度文化和高度文明的城市。后一种观点随着一些国家经济实力的增强，在20世纪60年代以后逐渐被接受，在新的地铁车站设计中，力求把传统的建筑处理手法与现代技术、结构、材料结合起来，反映出时代的特点。前苏联在20世纪30～50年代建造的地铁车站，特别强调建筑艺术上的民族风格。在20世纪60年代以后设计的地铁车站，处理手法趋于简洁，但总的风格仍继承了过去的传统，并有一定的创新。

建筑艺术处理有较广泛的内涵，从合理的建筑布置，丰富的空间组织，良好的内部环境，适当的装修，方便的服务设施，一直到醒目的指示牌，所有这些因素的综合效果，绝不是繁琐装饰的堆砌所能代替。许多近年建成的地铁车站，很少用昂贵的大理石或花岗石做饰面材料，而是通过使用一些新型建筑材料(如铝合金和不锈钢制品)和多种手法的细致处理，表现出现代的建筑艺术风格。

国外新建地铁车站一些成功的建筑处理，很重要的一点就是突出每一个车站的特色，即所谓“个性”，不但可以克服各站千篇一律的单调感，还增强了识别性，有其实用价值。例如加拿大蒙特利尔地铁车站，设计每个站的建筑师都不相同，使每个车站的建筑处理都各有特点。瑞典斯德哥尔摩的三期地铁车站，完全建在岩石中，由于介质条件的限制，车站的布置和结构形式比较一致，空间处理上很难有所变化。但是设计者充分利用了岩石结构的特殊表现力，在喷射混凝土结构表面上，用简单经济的方法画出各种颜色的图案，每一个车站由一位艺术家进行创作，结果装修手法虽然相同，但每个车站在壁画的纹样、色调和所表现的内容上都不相同，不但本线路各站有很强的识别性，在全世界现有的上千个地铁车站中，也是独树一帜的。

在现代地铁车站设计中，常常通过在适当位置上的一些绘画、雕塑等美术作品，加强车站的文化气氛。例如在较长的步行通道的两侧墙上，宜增加一些具有较强装饰性的艺术品。日本名古屋地铁鹤舞车站内，有一幅以鹤为题材的装饰性壁画，既有装饰效果，又与站名有一定联系。北京地铁二期环线上的几个重点车站，在站台两侧墙上有一些不同风格的壁画，其中装饰性较强又表现一定内容的作品效果较好。

在站厅内和站台上适当位置布置一些方便而舒适的商业、服务和休息设施也是建筑处理的重要内容之一。日本人习惯于在乘车时阅读书报，所以许多地铁车站站台上都设有书报摊、亭。巴黎里昂地铁站在地下站厅内组织了一个小的休息区，自由曲线的矮墙，草绿色的座椅，深蓝色的柱贴面和小酒吧的柜台，加上放射形的闪烁光点，创造出一个优雅、静谧的休息环境。

3.1.2 地下停车设施

地下停车设施(underground parking facilities)是指在地下环境中停放各种内燃机驱动车辆的建筑物，在国外一般称停车场(parking)，在我国，为了区别于露天停车场，多称为停车库。单纯为贮存车辆用的储备车库不属于停车库。

地下停车库由停车设备、服务、管理、生活辅助等几部分组成，其中停车部分是主体，包括停车间及其交通运输设施。

(1) 单建式和附建式地下停车库：从地下建筑与地面建筑的关系上看，地下停车库可分为单建式和附建式两种。单建式地下停车库一般建于城市广场、公园、道路、绿地或空地之下，主要特点是不论其规模大小，对地面上的城市空间和建筑物基本上没有影响，除少量出入口和通风口外，顶部覆土后可以为城市保留开敞空间。而且，单建式地下停车库可以建造在城市中那些根本不可能布置地面多层停车库的位置，如广场、街道，或建筑物非常密集的地段；甚至可以利用一些沟、坑、旧河道等对城市建设不利的因素，修建地下停车库后填平，为城市提供新的平坦用地。

单建式地下停车库的柱网尺寸和外形轮廓不受地面上建筑物使用条件的限制，故在结构合理的前提下，可以完全按照车辆行驶和停放的技术要求确定，以提高停车库的面积利用率。当然，单建式地下停车库在施工期间需占用一定面积的场地，在用地紧张的城市中心区，有时要受到一些限制，因此选择城市广场作为单建式地下停车库的库址是比较适宜的，受到的限制少，建筑拆迁量小，地面恢复也比较容易。

当一些大型公共建筑需要就近兴建专用停车库，附近又没有足够的空地建设单建式车库时，可利用地面上高层建筑及其裙房的地下室布置地下专用停车库，称为附建式停车库。这种类型的地下停车库使用方便，节省用地，规模适中，很适于作专用停车库，但设计中最大的困难在于选择合适的柱网，同时满足地下停车和地面建筑使用功能的要求。为了解决这一矛盾，常利用大型公共建筑多采用高低层组合的特点，将地下停车库布置在低层部分的地下室中，由于低层部分的功能一般需要较大的柱网尺寸(如餐厅、舞厅、商店等)，比较容易与停车的技术要求取得一致。我国近年兴建的一些高层旅馆.多采用这种方法建造附建式地下专用停车库，有的还利用地面上的露天停车场，在下面再增建一部分单建式停车库。

(2) 地下停车库的规模：地下停车库的规模，即停车库的合理容量的确定，涉及到使用、经济、用地、施工等许多方面。假定在城市的某一地区存在1000台停车需求量，可以建一座大型停车库，容量1000

台；也可以建多座，其总容量为1000台；究竟哪一种方案最合理，应作综合的分析比较。

欧、美的几个大城市，在20世纪50年代建造了一批大型地下公共停车库，容量都在1000台左右，最大的为美国洛杉矶市的波星广场地下停车库（容量2150台）和芝加哥市的格兰特公园地下停车库(2359台)。这些大型车库多位于中心区的广场或公园地下，规模大，利用率高，服务设施比较齐全，建成后地面上仍恢复为公园或广场，对在保留中心区开敞空间的条件下解决停车问题起了积极的作用。

当城市中心区的大型广场、公园的地下空间已被充分开发利用后，地下公共停车库的单库规模日渐缩小，20世纪60年代以后，容量超过1000台的大型地下停车库已不多见。日本的大城市用地紧张，很少有大面积的广场和公园，因此在20世纪60年代发展起来的地下公共停车库，规模多在容量400台以下，除1978年在东京建成一座西巢鸭地下公共停车库容量为1650台外，在93座地下停车库中，容量为100～400台的占70%，其中100～200台的最多，占34%。日本根据自己的实践，认为在城市中(特别是中心区)的地下公共停车库，规模以容量300台较为适当。因为，当容量为300台时，以每台车平均需要建筑面积35～40m^{2}计，停车库面积为10500～12000m^2，如分为两层，则每层约6000m^2，需要一块短边为60m，长边为100m的场地；如建成3层，则一块60m×60m的场地即可容纳。比较典型的实例是日本神户市三宫车站附近的三座地下公共停车库。这3座停车库与其他城市不同，都是与地下街分开单建在三块空地之下，地面恢复为绿地，其中三宫地下停车场占地5400m^2，地下2层，容量250台；三限车场占地3300m^2，地下3层，容量280台；三宫第二停车场的场地较大，地下2层，总容量达到550台。

地下专用停车库的规模，主要决定于使用者的停车需求和建设停车库的条件，如场地大小，地下室面积等。大型旅馆的停车需求量较大，一般需要拥有一容量为100～200台的地下停车库，从场地和地下室情况看，也有这种可能。对于高层办公楼，以30～50台的地下专用停车库较为适用。

(3) 停车间的柱网选择：停车间是地下停车库的主要组成部分，其柱网选择受到停车的各种技术要求的限制。如果完全服从于这些要求，可能使柱网尺寸复杂，给结构造成不利的影响；若不考虑这些要求，或留有很大的余地，则可能导致面积利用率低，造成经济上的不合理。因此，综合分析影响柱网选择的各种因素，确定一个最经济合理的方案，是地下停车库总体布置的重要内容，一般以停放一台车平均需要的建筑面积作为衡量柱网是否合理的综合指标。

按照两柱间停二台小汽车的技术要求，柱距最小尺寸为5.3m。首先，固定柱距尺寸B=5.3m，车位跨定为L=5.0m，这时每台车平均需要停车间面积27.8m^2；当改变车位跨尺寸时，面积指标随之提高，加到6.0m时，达到30.5m^2／台，而减小到4.0m时，面积指标减到最小(25.2m^2／台)。然后，将车位跨尺寸固定为5.0m和4.0m，将柱距尺寸从5.3m增大到6.5m，则停车面积指标分别从27.2m^2／台增至31.8m^2／台以及从24.7m^2／台增至27.7m^2／台。

在选择停车间柱网时，除满足停车技术要求和使面积指标达到最优外，还必须考虑结构上是否经济合理，包括结构跨度尺寸不应过大，材料消耗量要小，结构构件尺寸合理，在平面和高度上不过多占用室内空间，跨度与柱距的比例适当并与一定的结构形式相适应，以及柱网单元种类不应过多等几方面。从国外情况看，比较早期的单建式地下公共停车库多采用较大的柱网，尺寸在8.9m的较多，有的甚至超过10m，跨度最大的有15m，柱距最大的为13m(即两柱间停4台车)。这种大尺寸柱网使停车间内柱子数量少，行车通畅，对不同车型的适应性强，但结构构件尺寸很大，用钢量高，空间利用上不合理。例如东京新宿西口地下街的停车库，采用10.5×7.8m柱网，结果梁高达1.4m。近年日本结合地下街建造的地下停车库，柱网尺寸有所缩小，并渐趋统一，例如当两柱间停两台小汽车时，采用(6m＋7m＋6m)×6m的柱网单元；停三台车时，用(6m＋7m＋6m) ×8m的柱网单元较多。结合我国情况，建议柱网尺寸以6～8m为宜。还应指出，我国有些建设单位，常提出在一个停车库内同时能停放小型车和大型车的要求，以致柱网尺寸加大，不但在结构上不经济，而且在面积和空间的使用上都会造成浪费，因此这种要求是不合理的。对于相差较大的车型，只能采用不同的柱网，如在同一库内有困难，则应分库建设，不应勉强放在一起。

3.2 地下铁道车站

3.2.1 北京和上海地铁车站

北京的两条地铁线车站，内部空间组织手法比较单一，基本上都是在站台两端设置中间站厅和一些设备、管理用房，站厅空间较小，在高峰时间内比较拥挤，然而站台部分却因保持车站结构的统一而相当高，使人在其中感到空旷，也增加了通风量，见图3-1。上海地铁一号线的车站设计多采用两层箱形结构，地下站厅和一些辅助房间占整个一层，可充分发挥上层站厅空间的作用，也使下面的站台空间不致过大，典型的布置见图3-2。像图3-1和图3-2的明挖浅埋或盖挖浅埋的地铁车站结构，外形简单，便于施工，但是几个主要组成部分在空间上的关系比较定型，难于作出较大的变化。对于暗挖深埋地铁车站，如全线采用统一的结构，也会出现同样情况，因此勉强求得空间上的变化是无益的，只能结合每个车站的具体情况适当处理。例如上海地铁一号线新闸路车站，在车站结构上部还建有8层的楼房，下面2层为商店，上面6层为办公室。在设计中，利用地面建筑的低层部分，为地下站厅创建了顶部开天窗的条件，使楼梯、自动扶梯和站台的局部有了天然采光，打破了地下空间的封闭感。

彩图3-3～图3-5为北京几个地铁车站站台；图3-6～图3-8为上海地铁几个车站站台；图3-9～图3-11是上海地铁的几个地面出入口。

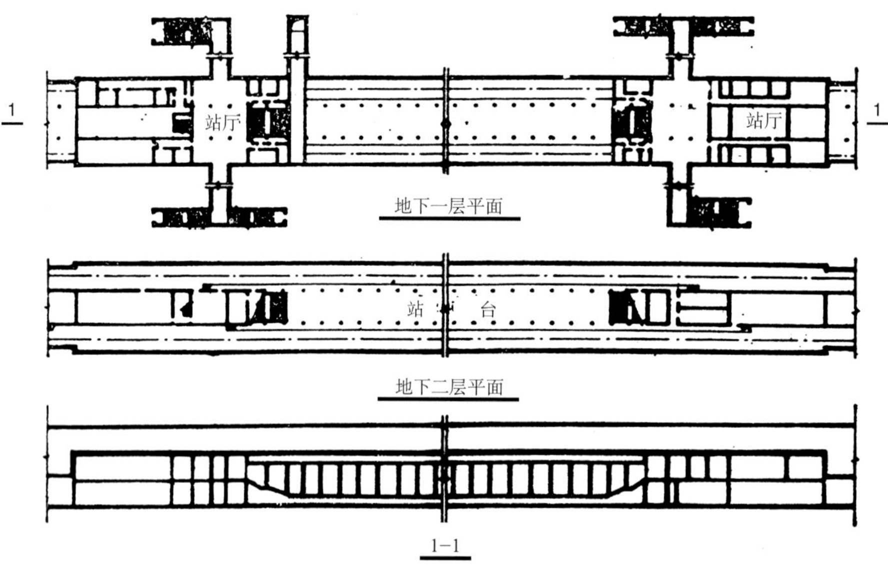

图3-1 北京市第一、二期地铁车站的典型平、剖面布置

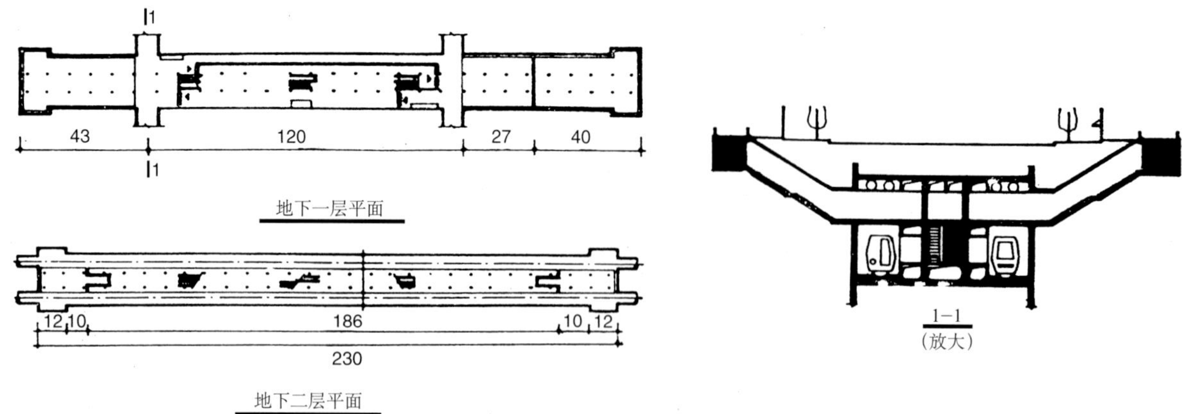

图3-2 上海市地铁一号线车站的典型平、剖面布置

图 3–3 北京地铁东四十条站

图 3–4 北京地铁复兴门站

图 3–5 北京地铁雍和宫站

图 3–6 上海地铁人民广场站

图 3–7 上海地铁人民广场站通往地铁 1、2 号线的地面出入口

图 3–8 上海地铁河南中路站

图 3–9 上海地铁人民广场站通往地铁 2 号线的地面出入口

图 3–10 上海地铁火车站地面出入口

图 3–11 上海地铁扬高南路站地面出入口（远处为上海科技馆）

3.2.2 加拿大蒙特利尔地铁车站

在加拿大，对于地铁车站的设计，比较强调突出每一个车站建筑的个性，根据车站类型和所在位置的不同，几乎每个车站的地面出入口、地面站厅、地下站厅和站台等几个主要部分，从平面布置到结构形式，从上下空间到内外空间的组织，都有各自的特点。以蒙特利尔市地铁车站为例，该市有3条地铁线，总长33.3km，共有35个车站，各站在建筑处理上很少有相同之处。下面介绍5个很有特色的车站。

图3–12是蒙特利尔的格奥尔基—瓦涅(Georges-Vanier)地铁车站，规模不大，地面上只有一个出入口，由于站台部分为暗挖深埋，故将地下站厅与地面出入口结合，另做一小型浅埋结构。乘客从出入口建筑（标高为21.3m）下降至标高为16.8m的地下中间站厅，通过检票口后再下降到标高为7.5m的一个平台，经楼梯和跨线桥到达站台（标高3.8m）。在站台中部，上下两部分空间连通起来，形成一个高13m的大厅，中间有一根粗柱支撑，在结构上和装璜上都起到很好的作用，再加上平台和楼梯，使大厅空间很丰富，给人以“站小空间大”的感觉。在顶部设有天窗，天然光线可一直照到20米深的站台上，减轻人们深处地下环境中的幽闭感。

图3–13是维欧（Vlau）车站，埋深很小，完全取消了地下中间站厅，扩大了地面站厅的功能，乘客在地面厅检票后经楼梯直接下至站台。地面站厅的屋顶为3个大跨幕式结构，上开天窗，在站台中部开了一个同样形式的天窗，既解决了地下站台的天然采光问题，从地面上看也很富有表现力，改变了一般地铁地面出入口矮小的棚式建筑给人的简陋印象。

图3–14是普列方代（Prefontaine）车站，有两个出入口，站厅在站台的一端，也是将出入口、中间站厅和站台组织在一个高大空间中，厅的顶部高出地面，上面开一片三角形天窗，与出入口建筑同高，增加了地铁地面出入口的吸引力。中间站厅实际上是一个大平台，顶上排列着漆成红色的圆孔钢屋架，上有天窗，使站厅内普遍受到阳光的照射，加强了对站台上出站人流向大厅的导向作用。

图3–15是贝希—蒙第尼(Berre–de Motigny)车站，处在3条地铁线路的交汇点，是一个大型换乘站。地面标高为28.4m，二号线在最上层，标高为17.4m；一号线在中层，与二号线垂直相交，站台标高12.2m；四号线与二号线平行，位于最底层，标高0.6m，结构与一、二号线脱开。一号和二号线的地下站厅位于两线的交叉点上，从5个方向上的出入口来的客流，汇集到中间站厅，经4个角上的楼梯分散到一号线站台上去，再经左下角的一组楼梯和自动扶梯，可到达标高为12.2m的二号线站台上去换乘。整个车站空间关系相当复杂，但通过合理布置，空间层次虽多但不紊乱。

图3–16中的毕尔（Peel）车站是一个中间站，中间站厅做成开敞的平台，由弧形柱和变截面的大梁承托，使平台显得轻巧，富于结构表现力。

蒙特利尔地铁10个车站站厅和站台的彩色图片见图3–17～图3–26。

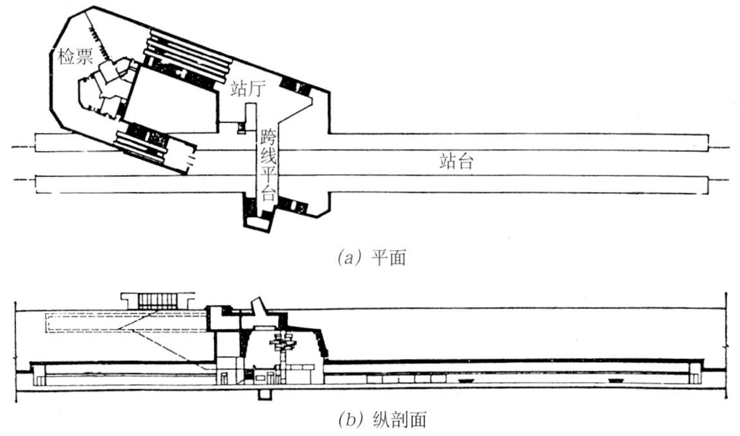

(a) 平面

(b) 纵剖面

图3–12 蒙特利尔市格奥尔基—瓦涅地铁车站的平、剖面布置

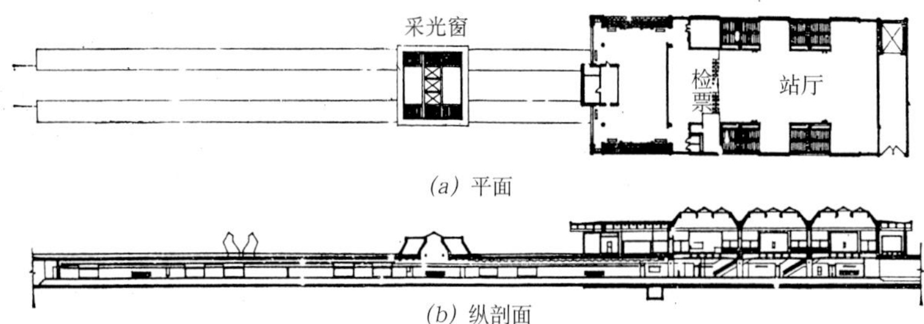

(a) 平面

(b) 纵剖面

图3–13 蒙特利尔市维欧地铁车站的平、剖面布置

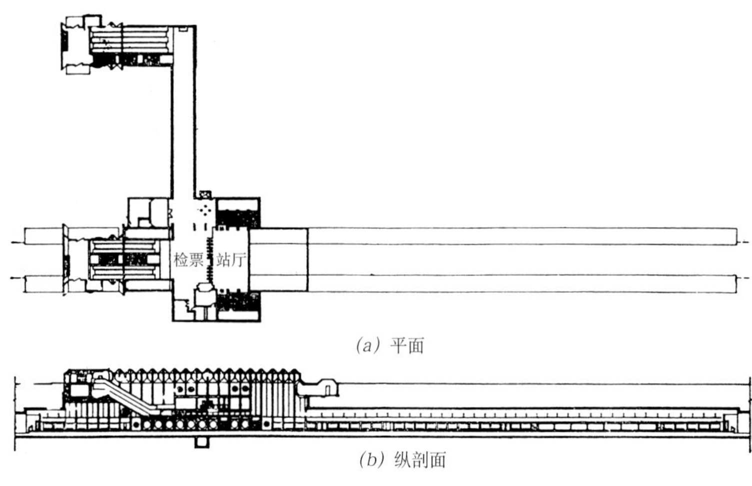

(a) 平面

(b) 纵剖面

图3–14 蒙特利尔市普列方代地铁车站的平、剖面布置

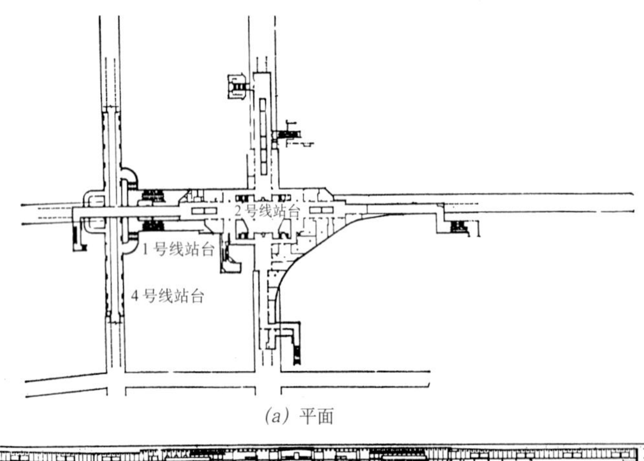

(a) 平面

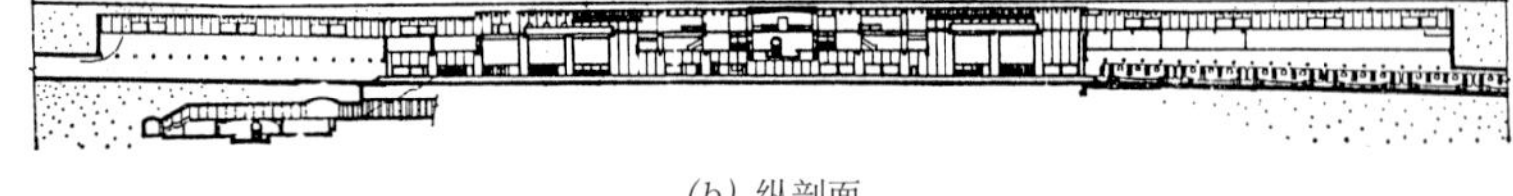

(b) 纵剖面

图3–15 蒙特利尔市贝希—蒙第尼地铁车站的平、剖面布置

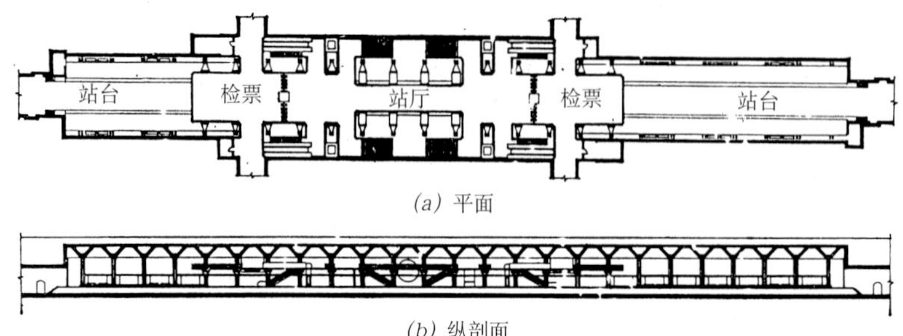

(a) 平面

(b) 纵剖面

图3–16 蒙特利尔市毕尔地铁车站的平、剖面布置

图 3–17 蒙特利尔拉赛利车站

图 3–19 蒙特利尔卢森阿利尔车站

图 3–20 蒙特利尔毕尔车站

图 3–18 蒙特利尔凯瑟林车站

图 3–21 蒙特利尔派克斯车站

图 3–22 蒙特利尔普列方坦地铁车站

图 3–23 蒙特利尔阿桑普申车站

图 3–24 蒙特利尔亨利——毕格兰德车站

图 3–25 蒙特利尔艺术城站

图 3–26 蒙特利尔凯蓬沃克斯车站

3.2.3 瑞典斯德哥尔摩地铁车站

在世界上已建成运营的地铁车站中，绝大多数是建在土层中。到目前为止，只有瑞典的斯德哥尔摩市第三期地铁，芬兰赫尔辛基市地铁，美国亚特兰大市的一条地铁线路是建在岩层中。由于岩石与土两种介质在工程特性上的差异，使得岩层中的地铁车站在平面布置、空间关系、结构处理、施工方法、建筑装修等许多方面，与在土层中的车站都有明显的不同。为了避免使车站所在的岩石洞室跨度过大，以及在洞室相交部位出现大面积的悬岩，车站的站台不可能形成连续的空间，故多采用在两条平行隧道之间挖开若干缺口的方法形成站台，缺口之间则保留巨大的岩柱；为了保证站台的必要宽度，在站台范围内的区间隧道需适当加大跨度。瑞典比较典型的岩层中地铁车站的平、剖面见图3–27。

斯德哥尔摩地铁的4个车站站厅和站台的彩色图片见图3–28～图3–31。

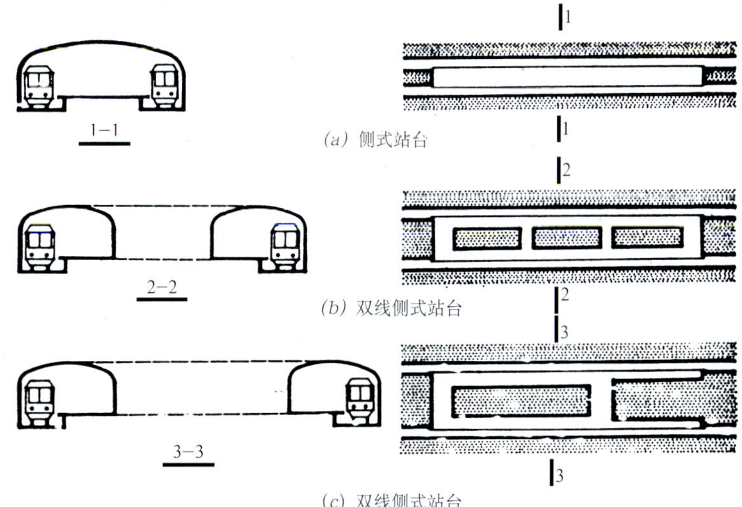

图3–27 瑞典建在岩层中的地铁车站的典型平、剖面

图3–28 斯德哥尔摩地铁车站之一

图3–29 斯德哥尔摩地铁车站之二

图 3–30 斯德哥尔摩地铁车站之三

图 3–31 斯德哥尔摩地铁车站之四

3.2.4 其他一些城市地铁车站

欧洲、美洲、日本城市和中国香港的一些地铁车站彩色图片见图 3-32～图 3-38。

图 3-32 中国香港地铁站

图 3-33 莫斯科地铁站之一

图 3-34 莫斯科地铁站之二

图 3–35 华盛顿地铁站

图 3–36 巴黎地铁站

图 3–37 布拉格地铁站

图 3–38 东京地铁站

3.3 地下停车设施

3.3.1 建在土层中的地下公用停车库

在平原地区城市，在土层中建造地下停车库是合适的。在一些特殊情况下，例如城市地下土层很厚，土质很好，地下水位不高，或浅埋工程与原有的浅层地下设施有较大矛盾时，可以考虑用暗挖施工方法在土层中建造深埋地下停车库的可能性，而且最好与城市地下交通系统一起建设，否则在结构、施工、垂直运输等方面将需付出很高代价，使用也不如浅层工程方便。英国伦敦市中心区建设了地下高速公路，在公路两侧同时建造了地下停车库。公路采用圆形截面，分上下两层，两侧分别与六层的停车库相连，在连接处设垂直升降机。

公用停车库的需要量大，分布面广，是城市停车设施的主体，既要有一定的容量，又要保持适当的充满度和较高的周转率；既要使车辆进出和停放方便，又要尽可能提高单位面积的利用率，以保证公共停车库发挥较高的社会和经济效益。

从20世纪50年代后期起，许多发达国家大城市开始大规模发展地下公共停车库。法国巴黎市从1954年即着手研究建立城市深层地下交通网的问题，在这个综合规划中，包括建设41座地下公共停车库，总容量54000台。到1985年，已有80座地下公共停车库在巴黎市内建成，至今仍在继续发展。日本在1979年底，在全国几个特大城市中共有公共停车库2111座，总容量44208台，其中有75座为地下停车库，容量共21281台，数量占30%，容量占48%。从1979～1984年又建造了75座，计划还要建81座。

近年来我国若干大城市的停车问题日益尖锐，大量道路路面被用于停车，加重了动态交通的混乱，对有组织的公共停车的需求已十分迫切。据北京市的调查资料（1988年），在市中心区的约1万辆停车中，停在步行道上的占34.9%，停在非机动车道上的占32.3%，机动车道上占5.6%，停在巷口的有6.6%，这些非停车场停车共占79.4%，而停车场停车仅为20.6%，其中没有停车库。从停车目的来看，通勤（上下班）占9.8%，购物占27.9%，业务活动占28.4%，娱乐占3.4%，装卸占11.5%，其他为19%。以上数字说明，尽管我国在停车目的上与国外有较大差别，例如美国大城市通勤停车占41%，购物占10%，为了改善城市交通，在适当地点建造一定数量的以停放小型机动车为主的公共停车库，是完全必要的。近几年在长沙、上海、沈阳等城市，建造了几座地面多层停车库，但由于规划不当和体制、管理等多方面原因，效果都不理想，综合效益较差。因此，鉴于我国城市用地十分紧张，跨越在地面上大量建设多层停车库的发展阶段（国外在20世纪60年代曾经历过这一阶段），结合城市的再开发和地下空间的综合利用，直接进入以发展地下公共停车库为主的阶段，是合理和可行的。目前，沈阳、上海、北京等大城市结合地下综合体的建设，正在建造和准备建造地下公共停车库，容量从几十辆到600辆不等，说明这样一种发展方向已渐为人们认识和接受。

图3-39～图3-46是国内外地下合用停车场的8个实例，基本情况均注明在图上。

地下公用汽车库
所在城市——上海
容　　量——600台
面积指标——36.3m²/台
特　　点——单建式地下汽车库，停小型车，地下2层，一层为商场

人民公园
地铁车站
人民广场
总平面

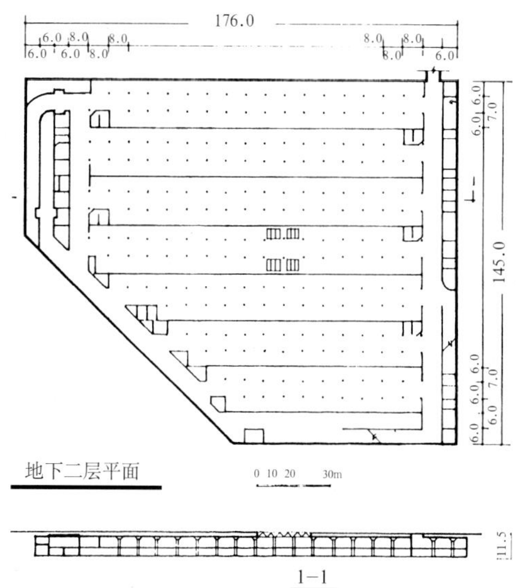

图 3-39 上海人民广场地下停车库

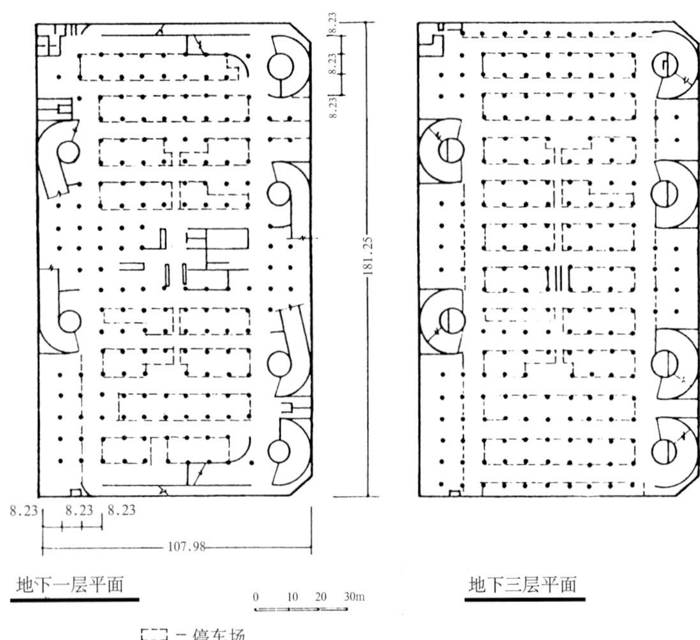

地下公用汽车库
所在国，城市——美国，洛杉矶
容　　量——2150台
面积指标——27.5m²/台
特　　点——单建式地下汽车库，地下3层，停小型车，位于"波星"广场下，地面恢复后为绿地和水池，战时做公共人员掩蔽所

图3–40 美国洛杉矶投星广场地下停车库

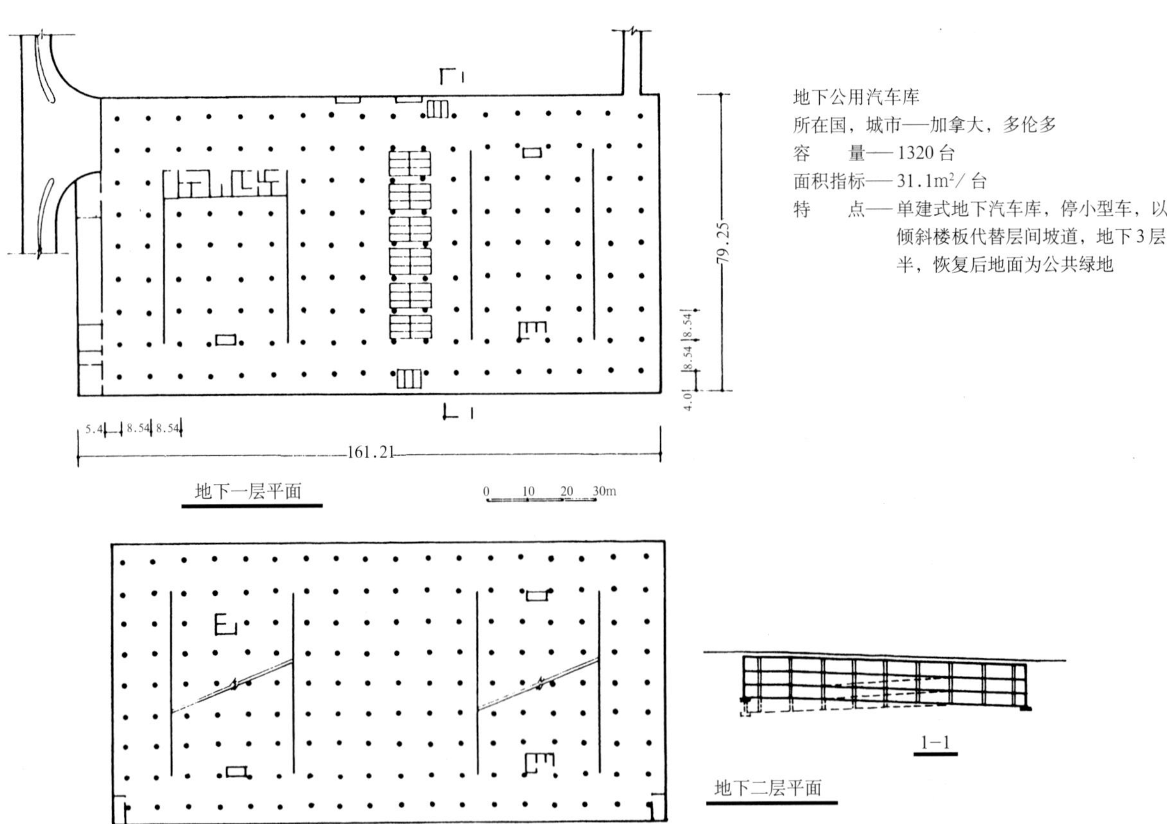

地下公用汽车库
所在国，城市——加拿大，多伦多
容　　量——1320台
面积指标——31.1m²/台
特　　点——单建式地下汽车库，停小型车，以倾斜楼板代替层间坡道，地下3层半，恢复后地面为公共绿地

图3–41 加拿大多伦多地下停车库

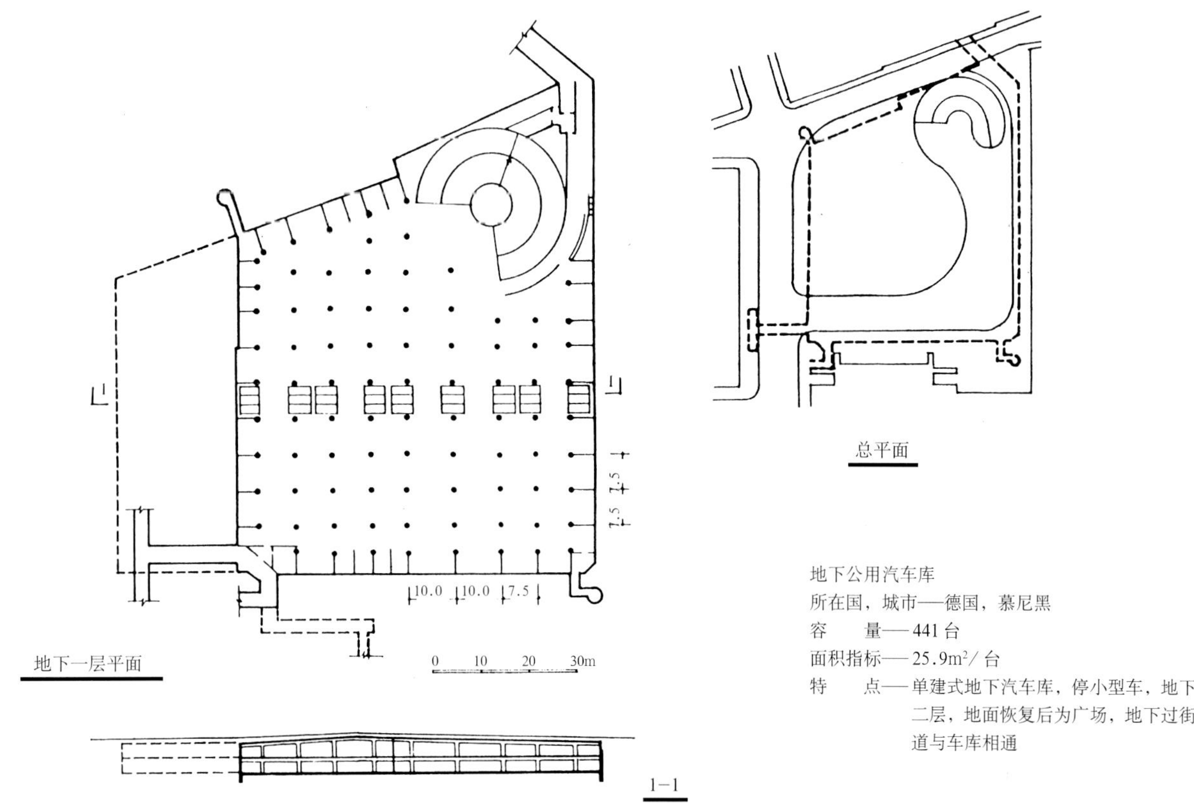

地下公用汽车库
所在国，城市——德国，慕尼黑
容　　量——441台
面积指标——25.9m²/台
特　　点——单建式地下汽车库，停小型车，地下二层，地面恢复后为广场，地下过街道与车库相通

图 3-42 德国慕尼黑地下停车库

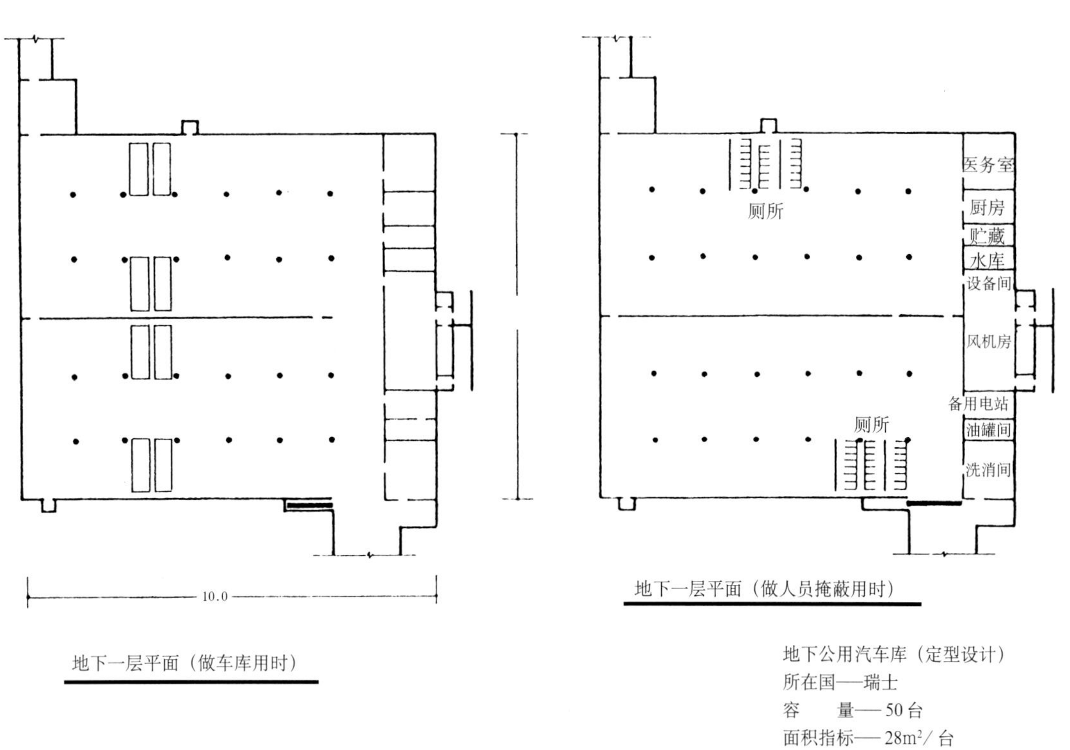

地下公用汽车库（定型设计）
所在国——瑞士
容　　量——50台
面积指标——28m²/台
特　　点——单建式地下汽车库,停小型车,地下1层,战时做公共人员掩蔽所,容纳1000人,每个防护单元放三层床170张

图 3-43 瑞士地下停车库

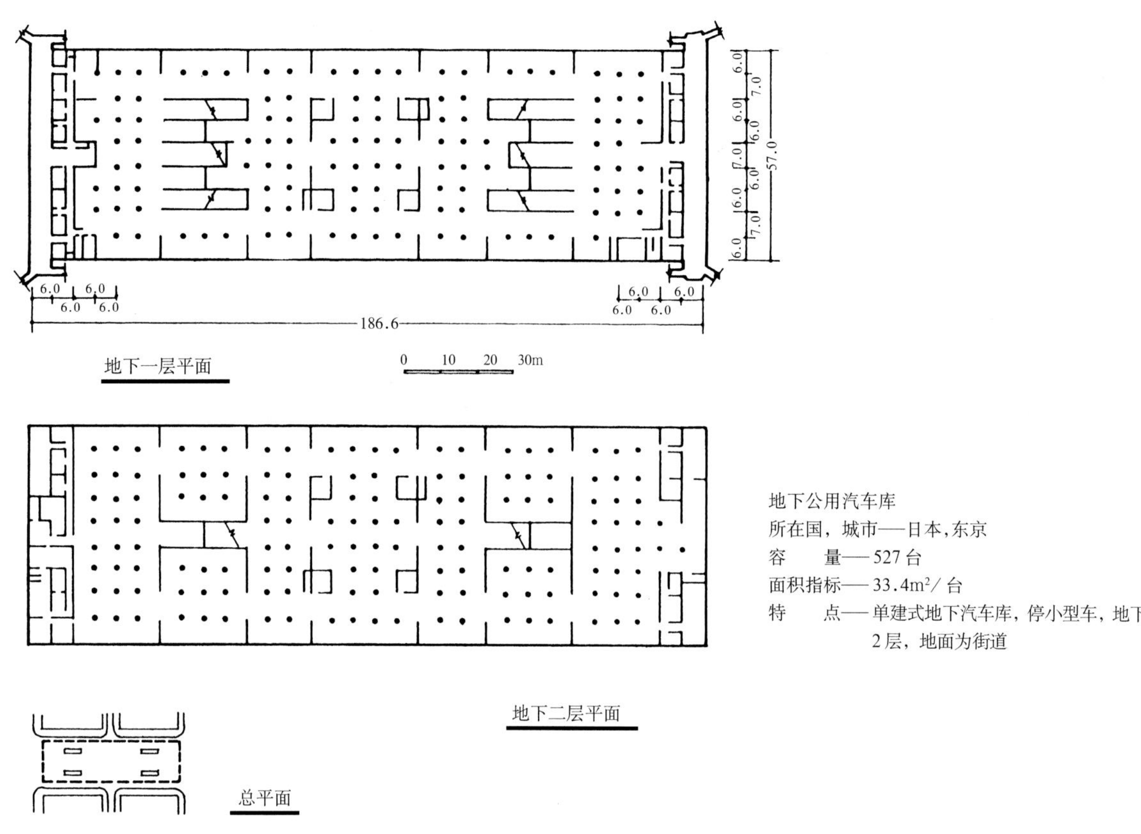

地下公用汽车库
所在国，城市——日本，东京
容　　量——527台
面积指标——33.4m²/台
特　　点——单建式地下汽车库，停小型车，地下2层，地面为街道

图3-44 日本东京地下停车库

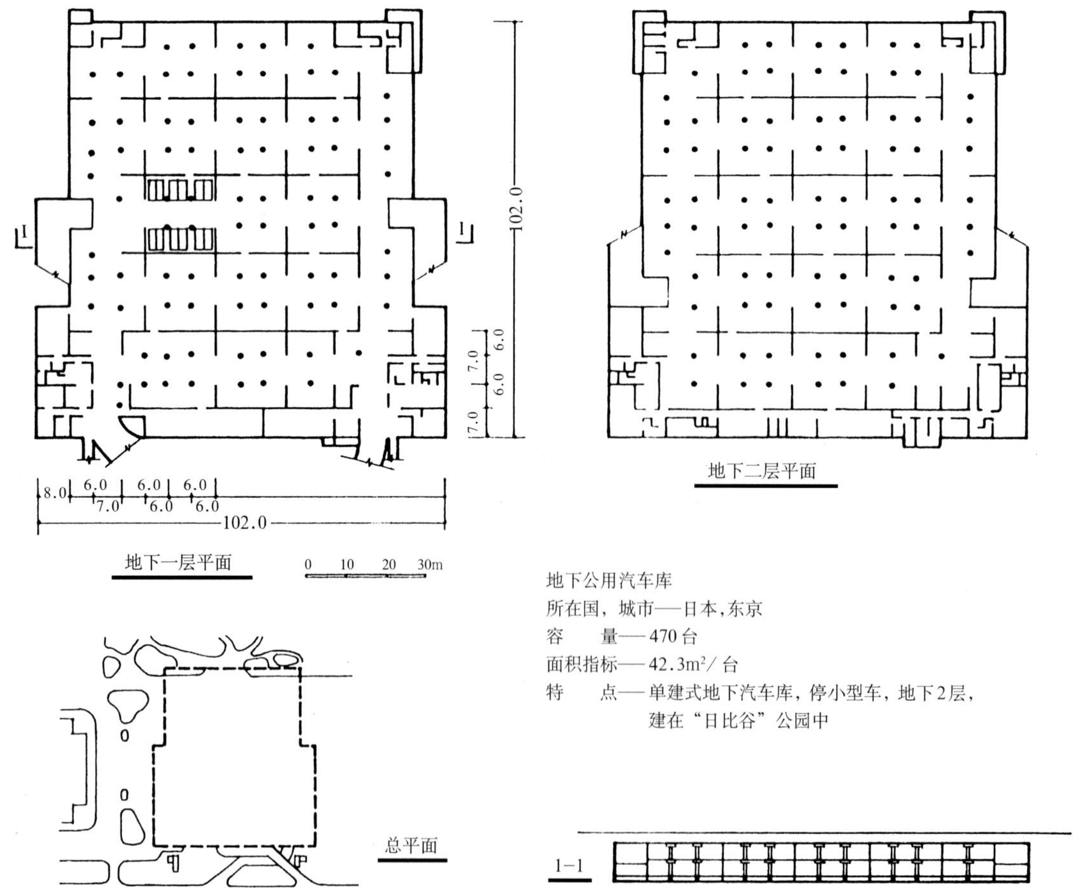

地下公用汽车库
所在国，城市——日本，东京
容　　量——470台
面积指标——42.3m²/台
特　　点——单建式地下汽车库，停小型车，地下2层，建在“日比谷”公园中

图3-45 日本东京日比谷公园地下停车库

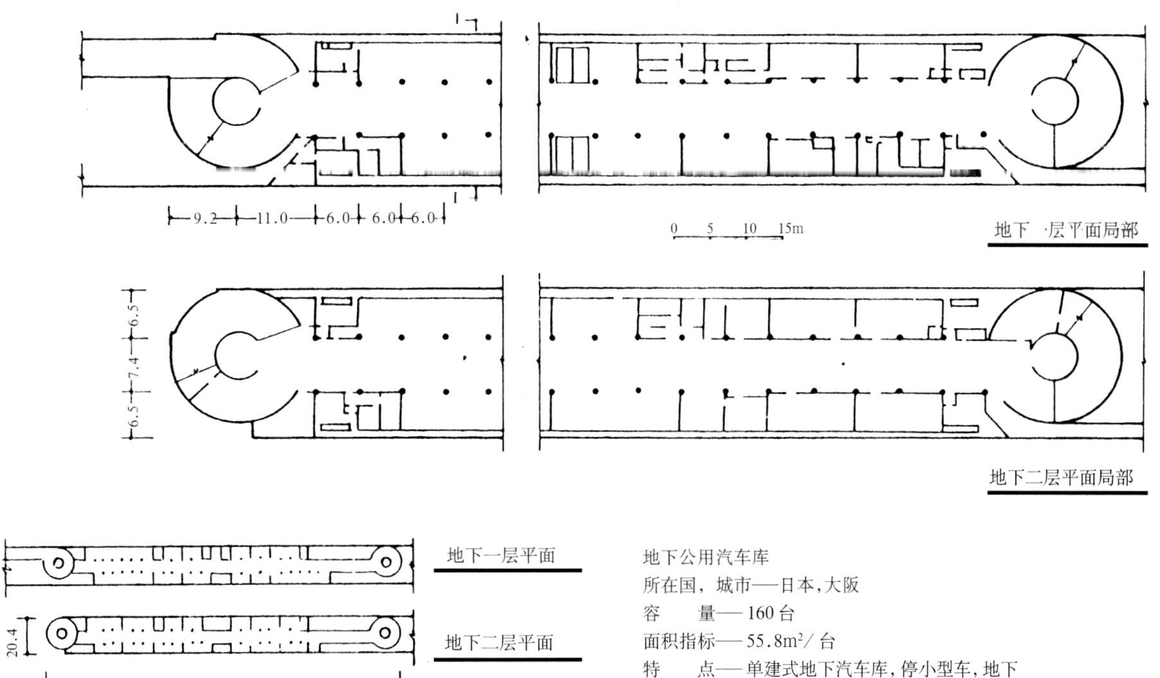

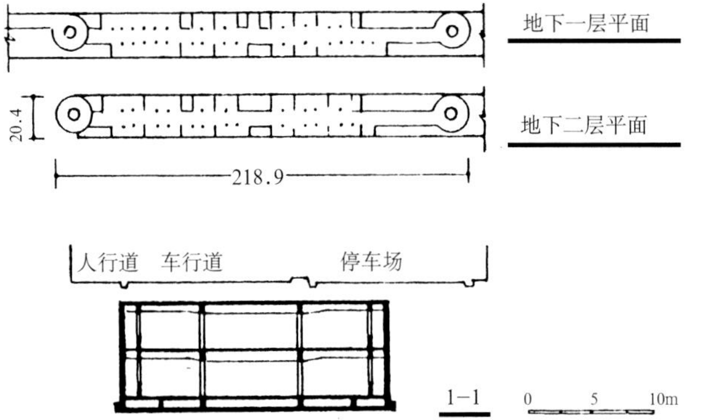

地下公用汽车库
所在国，城市——日本，大阪
容　　量——160台
面积指标——55.8m²/台
特　　点——单建式地下汽车库，停小型车，地下2层，利用旧河道，填平筑路，下设4座地下汽车库，总长1104m，此图为第3号车库

图 3-46 日本大阪长堀地下停车库

3.3.2 建在岩层中的地下停车库

我国有些大城市依山筑城，也有的城市土层很薄，地下不深处即为基岩，如青岛、大连、厦门、重庆等。在这样一些城市中，有条件在岩层中建造地下停车库，在北欧一些国家中也存在类似情况。

在岩层中建造的地下停车库，与在土中浅埋的车库有很大不同，主要特点是布置比较灵活，一般不需要垂直运输，当地形、地质条件比较有利时，规模几乎可不受限制，对地面上和地下的其他工程基本上没有影响，节省用地的效果明显。如地质条件允许，停车间可做成跨度较大的洞室，由于没有柱子对行车的遮挡，面积利用率比土中浅埋的停车库要高。但是，因岩石中的洞室作为停车间只能是单跨，当车库规模较大时，要由多个单独的停车间组成，使工程平面狭长，车辆在库内水平行驶的距离较长，行车通道面积在停车间面积所占比重较高。因此，在停车洞室布置合理的前提下，应组织好库内的水平交通，使车辆顺进，顺出，避免交叉和逆行。

图3-47是我国一座建在岩层中的地下停车库，有两条大型洞室作为停车间，跨度分别为18m和13m，可停放公共汽车30台和载重车70台，附有修理车间和各种战时防护设施，两个主要出入口之间的距离约400m。图3-48和图3-49是中国山东省和湖南省的两座岩层中地下停车库。图3-50是芬兰的一个岩石中地下停车库，战时可作为人员掩蔽所。车库由两个停车间组成，跨度为16.5m和10.5m，布置比较紧凑，功能分区明确，库内水平交通也较方便，共可停小型车138台，各种管、线都吊装在拱顶空间内。

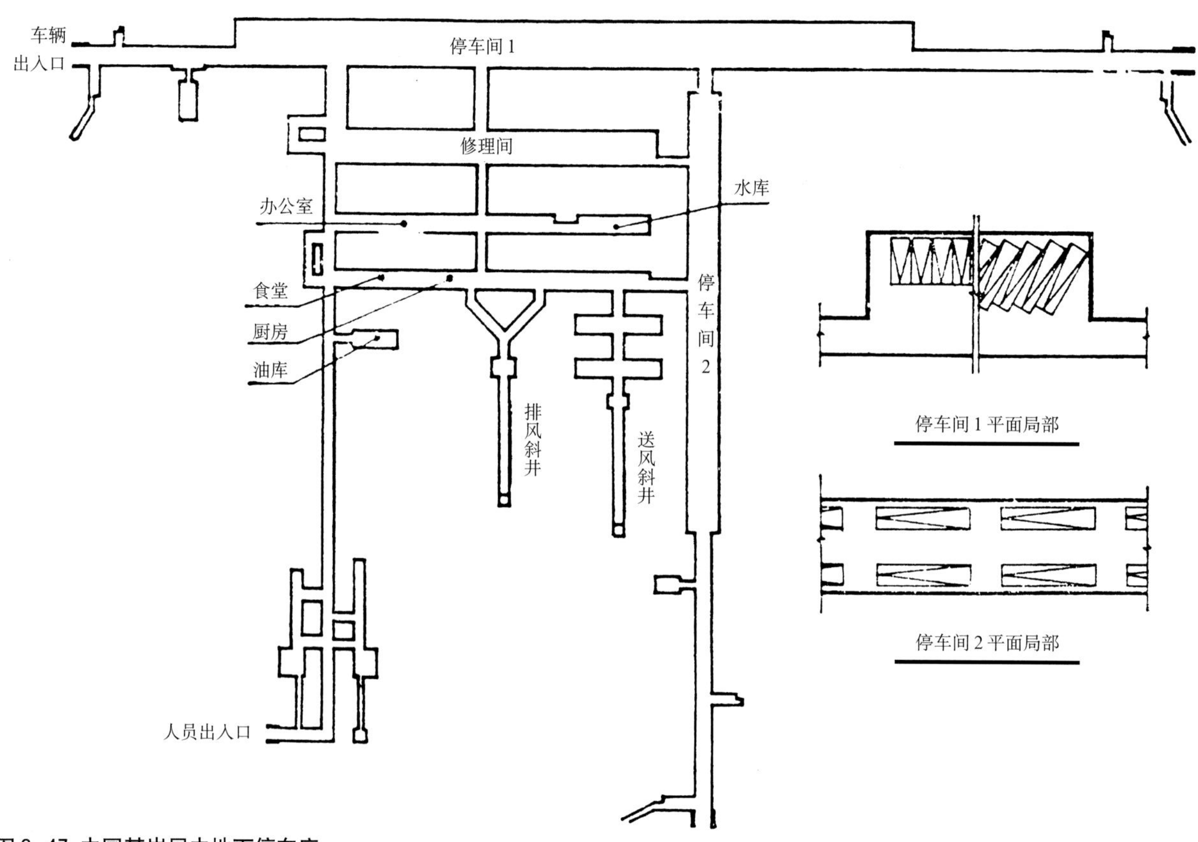

图 3-47 中国某岩层中地下停车库

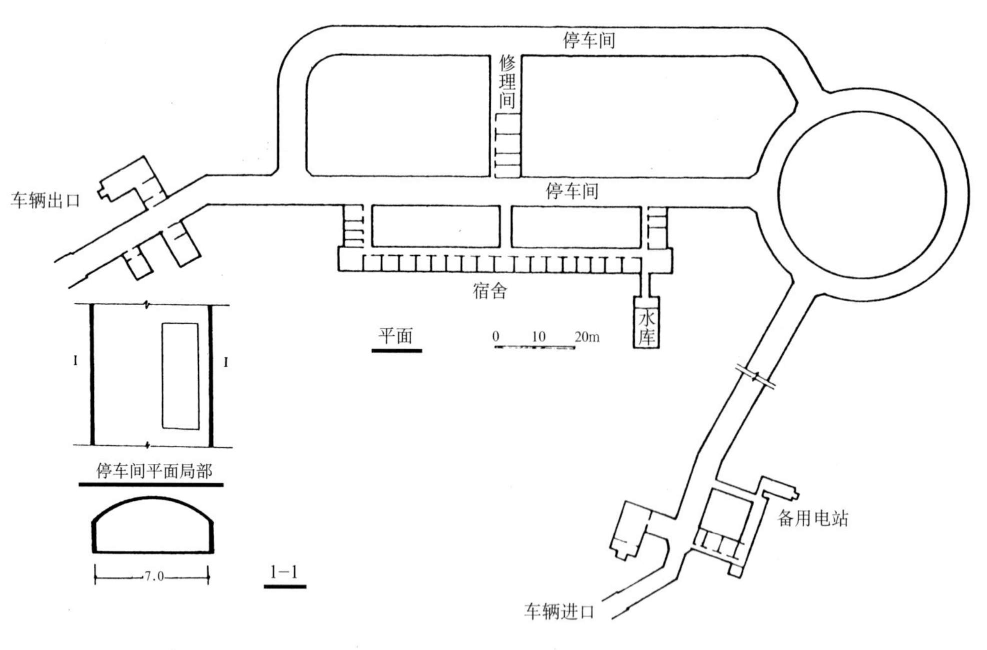

地下专用汽车库
所在省市——山东省
容　　量——8 台
特　　点——岩层中地下汽车库，停消防车，为城市消防中队专用，有人员掩蔽所

图 3-48 中国山东省岩层中地下停车库

水库
修理间
办公
宿舍
停车间
停车间
备用电站
平面
0 10 20m

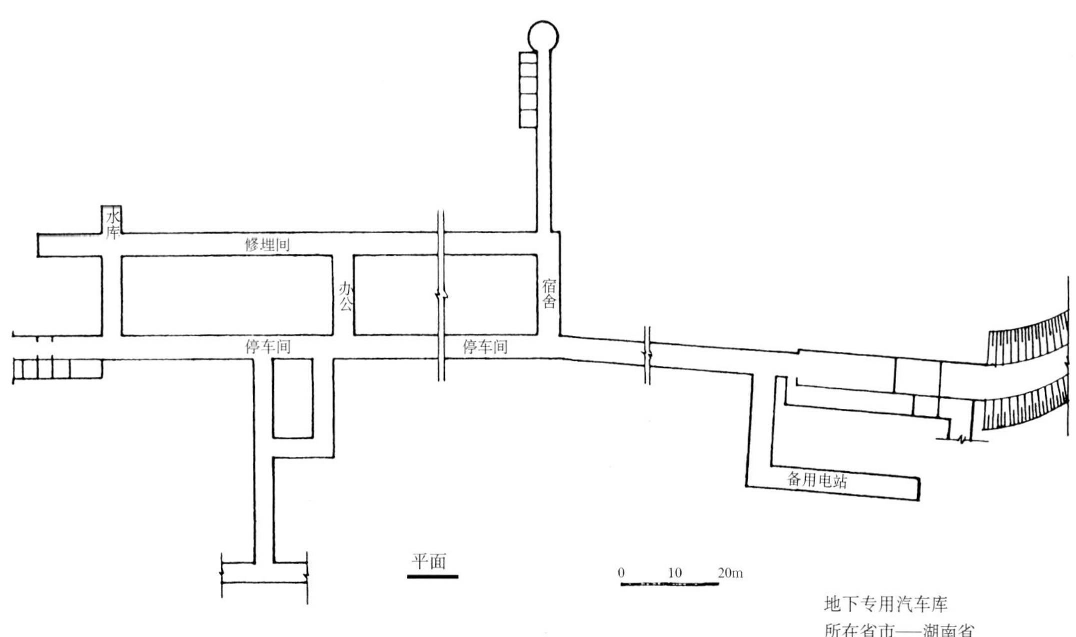

地下专用汽车库
所在省市——湖南省
特　　点——岩层中地下汽车库，停中型货车，为人防专业队专用，有人员掩蔽所

图 3-49 中国湖南省岩层中地下停车库

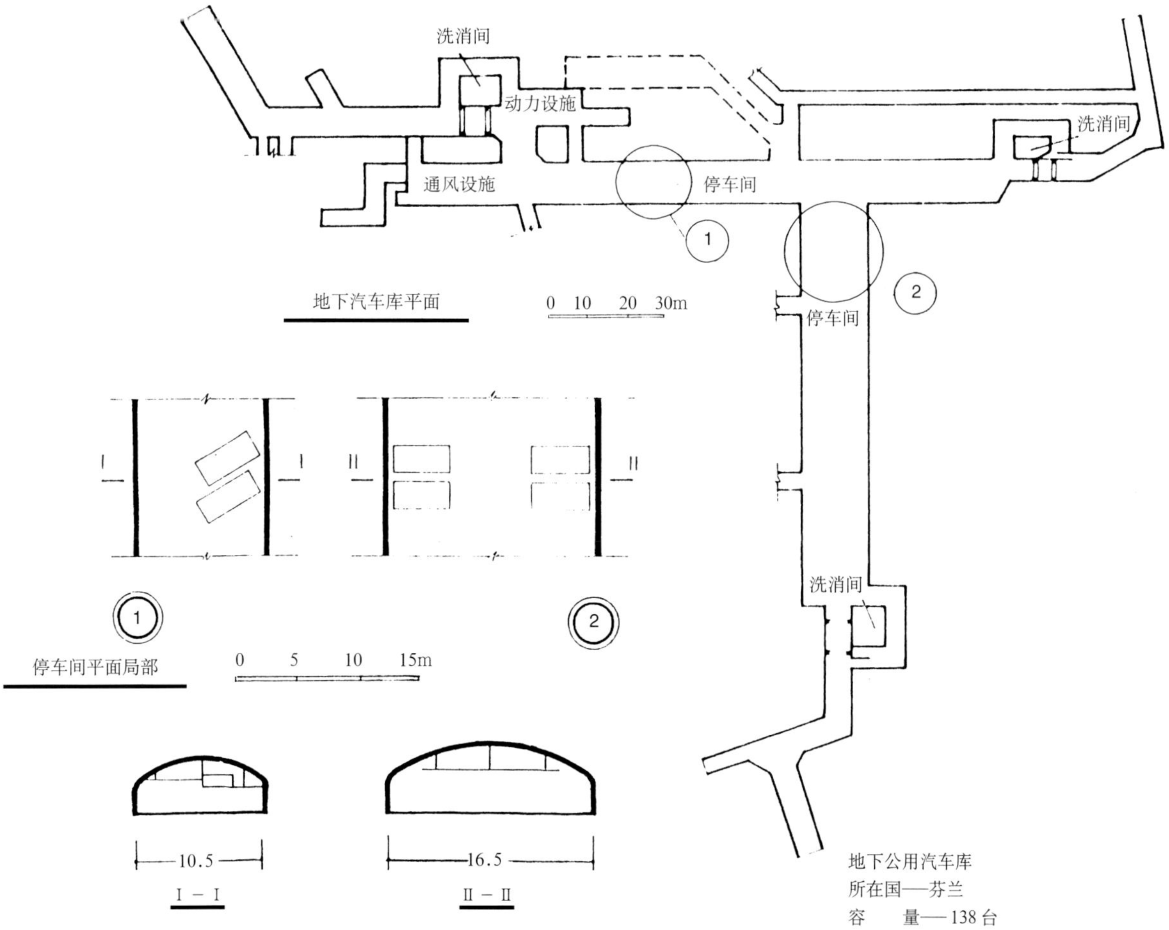

洗消间
动力设施
洗消间
通风设施
停车间
停车间
地下汽车库平面
0 10 20 30m
停车间平面局部
0 5 10 15m
洗消间
10.5
16.5
Ⅰ－Ⅰ
Ⅱ－Ⅱ

地下公用汽车库
所在国——芬兰
容　　量——138 台
面积指标——36.2m²/台
特　　点——岩层中地下汽车库，停小型车，战时做公共人员掩蔽所，容纳1500人

图 3-50 芬兰岩层中地下停车库

3.3.3 机械式地下停车库

初期的机械式停车库，只是用垂直升降机代替了坡道，水平运输仍需车辆自走，对于节省建筑面积和体积的作用并不明显。到20世纪70年代，逐渐向全机械化、自动化发展，把每台车所需要的面积和空间压缩到最小，车库实际上成为一种停放车辆的容器，基本上不需要通风，人员不进入停车间，减少许多安全问题，这样才可以充分发挥机械式停车库的优势。据日本资料，一座全机械化的地下停车库，与同等规模的自走式停车库相比，如后者的各项指标为100，则机械式停车库的占地面积为27，每台车平均需要面积为50～70，建筑体积为42，通风量和照明用电量仅为17。

图3-51是瑞士发明的全机械式停车库运行示意图，车辆在水平方向由环形传送带被运送前进，到达垂直升降机所在位置后，即自动转换，垂直上、下到需要的位置。近年来，由于城市地价昂贵，在日本又发展出一种小型的全自动化的停车库，只有垂直循环运输，每台车都停在运输链上的一个吊笼内，容量从12～50台不等，可以独立建造在面积只有几十平方米的狭窄地段上，也可以附在大楼的一侧，称为塔式车库。这种做法稍加改变后也适用于地下停车库，将运输链改为水平方向循环运转，车辆分两层停在运输链上，行至出入口时，顶升至地面高度后开走。这种地下停车库容量从12～23台，布置灵活，占地面积小，特别适于作为各单位的专用停车库。

机械式停车库由于受到机械运转条件的限制，进车或出车需要间隔一定时间，不像自走式停车库可以在坡道上连续进、出车（两车相距在20m以上即可），因而在交通高峰时间内可能出现等候现象。即使自动化程度很高的，也只能将进、出一台车所需时间缩短到90s，比起自走式停车库每6s即可进、出一台车，仍有较大差距，这是机械式停车库的主要局限性。同时由于机电设备的造价高，在一次投资方面，机械式停车库显然处于不利地位。

图3-52～图3-63是国内外建在土层和岩层中的地下车库，以及机械式地下车库的彩色图片。

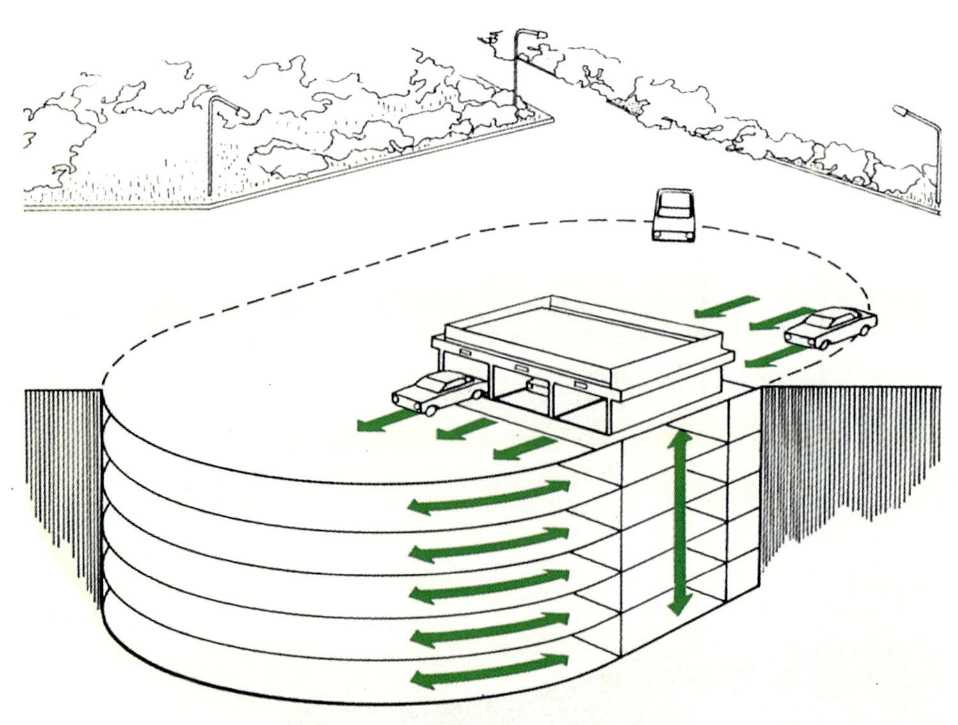

图3-51 大型全机械式地下停车库运行方式示意（瑞士）

上海人民广场地下停车库

图3–52 上海人民广场地下停车库内景

图3–53 上海人民广场地下停车库出入口

图3–54 上海人民广场地下停车库内的自行车停放处

日本大阪，京都地下停车库

图 3–55 大阪长堀地下停车库内景

图 3–56 大阪长堀地下停车库剖面示意

图 3–57 京都御池地下街地下停车库内景

芬兰岩层中地下停车场

图 3–58 芬兰岩层中停车场内景

图 3–59 芬兰地下停车场控制室

图 3–60 芬兰地下停车场空调机组

机械式地下停车库（日本）

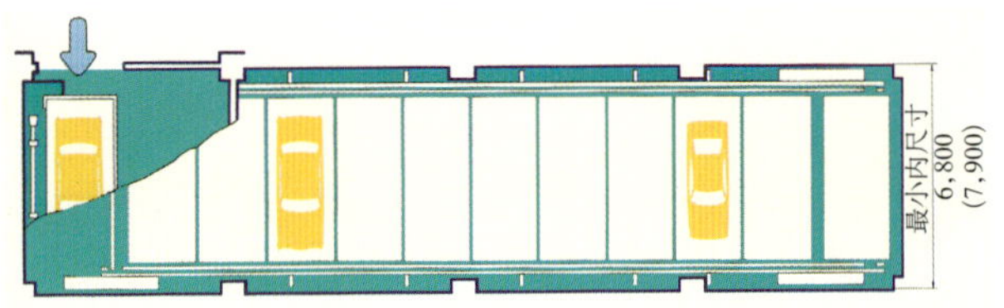

(a) 平面

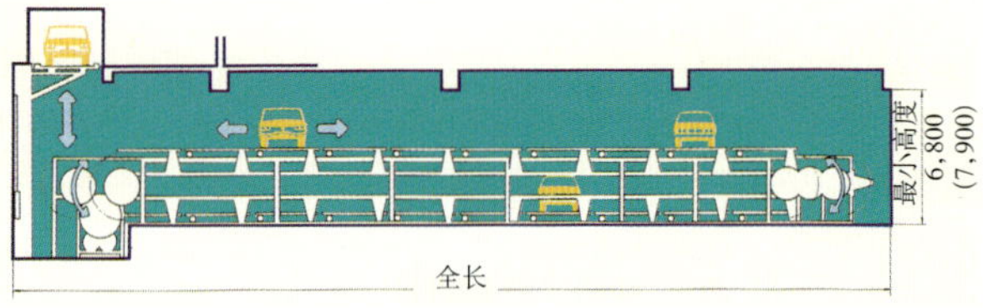

(b) 剖面

图 3–61 地上一层、地下二层升降式立体停车场

图 3–62 升降式立体停车场内景

图 3–63 升降式立体停车场地面出入口

4　地下建筑综合体

4.1 地下建筑综合体概说
4.2 街道型地下建筑综合体
4.3 城市广场型地下建筑综合体
4.4 站前广场型地下建筑综合体
4.5 区域型地下建筑综合体

4.1 地下建筑综合体概说

随着城市经济和社会的发展，以及城市集约化程度的不断提高，传统的单一功能的单体公共建筑，已不能完全适应城市生活的日益丰富和变化，因而逐渐向多功能和综合化发展。一个建筑空间在不同条件下适应多种功能的需要，实现功能的转换，称为多功能建筑(multipurpose building)。例如一个会议厅可转换为宴会厅、舞厅；用于球类比赛的体育馆可转换为溜冰场等。由多种不同功能的建筑空间组合在一起的建筑，称为建筑综合体(building complex)。例如在一幢高层建筑中，可以在不同层面上和地下室中分别布置商业、文娱、办公、居住、停车等内容，这些内容在功能上有些联系，有的则完全无关；经过进一步的发展，不同的城市功能也被综合布置在大型建筑物中，成为城市综合体 (urban complex)，这种综合体多是将城市的一部分交通功能和市政公用设施与商业等建筑功能综合在一起，往往是随着城市的立体化再开发而伴生于城市地下空间中，故称为地下城市综合体(underground urban complex)，简称地下综合体。在地下城市综合体中，建筑功能可能是单一的（如商业），也可能是多样的，包括其他类型的公共建筑内容，这样就同时成为一个地下建筑综合体。当城市中的若干个地下综合体通过地下铁道或地下步行道系统连接在一起时，形成规模更大的综合体群(complex cluster)，在有的国家（如加拿大）称之为地下城 (inner city)。在日本，地下综合体称为“地下街”，或地下商业街(underground shopping mall)，因为在发展初期，其主要形态是在地铁车站中的步行通道两侧开设一些商店，经过几十年的变迁，虽然从内容到形式都有了很大发展和变化，实际上已成为地下城市综合体，但至今在日本仍沿用“地下街”这一名称。本书在评说日本地下建筑综合体时，亦沿用“地下街”名称。

虽然每个地下综合体的内容有多有少，都有一些相似之处，但建设的目的和所承担的主要任务并不完全一致，有的以改善地面交通为主，有的以扩大城市地面空间、改善环境或保护原有环境为主；也有的是为了适应当地气候的特点而将城市功能的一部分转入地下空间。此外，地下综合体还有其他一些功能，如抗御战争破坏和自然灾害，隔绝外界恶劣气候的影响，促使地下公用设施管线的综合化等，也都是不容忽视的。

地下城市综合体一般包括以下一些内容：

(1) 城市地下铁道、公路隧道以及地面上的公共交通之间的换乘枢纽，由集散厅和各种车站组成；

(2) 地下过街人行横道、地铁车站间的连接通道、地下建筑之间的连接通道、出入口的地面建筑、楼梯和自动扶梯等内部垂直交通设施等；

(3) 地下公共停车库；

(4) 商业设施和饮食、休息等服务设施，文娱、体育、展览等设施，办公、银行、邮局等业务设施；

(5) 市政公用设施的主干管线；

(6) 为综合体本身使用的通风、空调、变配电、给水排水等设备用房和中央控制室、防灾中心、办公室、仓库、卫生间等辅助用房以及备用的电源、水源、防护设施等提供空间。

在一个地下城市综合体中，具体应有哪些内容和如何组成，当然要视其建设目的和主要功能而定，但是不同国家在自己的长期实践中也形成了一些传统的做法，例如欧洲的一些地下综合体，内容都比较多，建筑的规模较大，层数也较多；美国和加拿大的地下综合体，多由高层建筑群的地下室扩展而成，其内容和组成方式则与相关的地面建筑的性质与内容相配合。日本的地下综合体有明显的特点，主要由公共通道、商店、停车库和机房等辅助设施组成地下街，车站则较少包括在内，而是经地下步行通道或集散大厅与地下街相连通。

地下综合体是在近三四十年间发展起来的一种新的建筑类型，欧洲、北美和日本的一些大城市，在新城镇的建设和旧城市的再开发过程中，都在不同程度和不同规模上建设了地下综合体，成为具有现代大城市象征意义的建筑类型之一。

欧洲国家，如德国、法国、英国等的一些大城市，在战后的重建和改建中，发展高速道路系统和快速轨道交通系统，因此结合交通换乘枢纽的建设，发展了多种类型的地下综合体；特点是规模大、内容多、水平和垂直两个方面上的布置都较复杂。美国城市由于高层建筑过分集中，城市空间环境恶化，因此在高层建筑集中的地区，如纽约的曼哈顿区(Manhattan)，费城的市场西区(Market

West)，芝加哥的中心区等地，开发建筑之间的地下空间，与高层建筑地下室连成一片，形成大面积的地下综合体。加拿大的冬季漫长，半年左右的积雪给地面交通造成困难，因此大量开发城市地下空间，建设地下综合体，用地下铁道和地下步行道把综合体之间和综合体与地面上的重要建筑之间都连接起来。加拿大多伦多市(Toronto)的伊顿中心(Iton Center)，是一个大型的综合性购物中心，商场总面积56万m^2，商业空间从地面以上三层的玻璃顶中厅商场和10层的百货商店，一直延伸到地下空间。蒙特利尔市(Montreal)有6个大型地下综合体，总面积80余万m^2，而且仍在继续扩展。这些综合体在地下连通后，连接了地面上的高层办公楼共146万m^2，还有6家旅馆（共约5300间客房）、936套住宅和一所大学(6.8万m^2)。在其地下综合体群内，共有商业空间约90万m^2，餐馆128家，电影院22个，剧场4个，展览厅2个，时装店1105家，银行办事处25个，并且拥有近万个车位的地下停车库，10个地铁车站，2个铁路车站和1个公共汽车终始站。蒙特利尔建设最早和规模最大的地下综合体在维力—玛丽广场(Plaza Ville-marie)，其中有各种商店、餐馆240家。

日本地下街始建于1930年，20世纪50年代起开始大发展，到1983年，在日本全国20个城市中已建有各种类型地下街76处，总建筑面积82万m^2，全国每天约有1200万人进出地下街，平均每9个国民中就有一个，因此日本地下街在城市生活中和在城市地下空间利用的领域中，都占有重要的地位，在国际上也享有较高的声誉。1973年以后，日本从大规模发展转为有控制的建设，调整了指导方针，数量虽有所收缩，但质量越来越高，内部环境越来越好，抗灾能力越来越强，不但在城市生活中继续发挥着积极作用，而且成为现代化城市的一个橱窗。日本地下街在多年发展中形成了自己的功能明确、布置简单、使用方便、重视安全等特点；在规模上，并不追求过大，目前单个地下街面积最大的不超过8万m^2，一些新建的地下街面积多在3～4万m^2。到1986年，日本的面积超过2万m^2的地下街共有14处。到20世纪90年代，仅于1996年建成京都御池地下街（4万m^2）和1997年建成大阪长堀地下街（8万m^2）。

近10年来，我国一些大城市为了缓解城市发展中的矛盾，对中心地区进行了立体再开发，在这一过程中，建设了不少城市地下综合体。据不完全统计，目前正在进行规划、设计、建造和已经建成使用的已近百个，规模从几千到几万平方米不等，主要分布在城市中心广场、站前广场和一些主要街道的交叉口，以在站前交通集散广场和地铁车站周围的较多，规模越来越大，综合性越来越强，质量越来越高。因此，借鉴国外经验，加强地下综合体的规划、设计和管理，对我国城市地下空间利用的发展，是有重要意义的，主要可归纳为以下几个方面：

(1) 地下综合体的建设，一般应与城市再开发同时进行，以解决所在地区的交通问题为主，兼顾商业和服务；

(2) 综合体中商业的规模应加以控制，应根据预期盈利程度，以在一定时期内回收建设资金为限度；

(3) 内部环境至少应不低于同类型地面建筑的标准；

(4) 人员、物资和设备的安全应得到可靠保障，采取先进的防灾措施；

(5) 合理开发和综合利用城市地下空间资源，如果地下综合体的规模较大而一时资金不足，可统一规划，分期实施；

(6) 建在城市繁华地区的大型地下综合体，在战时不宜作为永久性的人员掩蔽所，只可用于人员的暂时掩蔽或物资贮存。

4.2 街道型地下建筑综合体

4.2.1 日本东京歌舞伎町地下街

歌舞伎町地下街是东京新宿地区4个地下街中的1个，是比较早期的街道型地下综合体，位于新宿车站东侧40m宽的靖国大街之下，是在新宿地区全面再开发过程中，为解决车站东侧歌舞伎町地区的停车问题而规划建设的。1960年成立了“新宿副都心建设公社”，开始全面规划新宿地区的立体化再开发，并逐步实施。1964年建成东口地下街，1966年建成西口地下街，基本完成了车站西侧地区的改造，又经过10年左右，1975年建成歌舞伎町地下街，1976年建成南口地下街，完成了车站东侧地区的立体化再开发。

歌舞伎町地下街共2层，总面积3.8万m^2，有公共步行道1.02万m^2，商店0.72万m^2，停车场1.51万m^2，容量385台。地下街全长约350m，占靖国大街的一半，对于缓解车站附近干道上的人车混杂矛盾起着重要的作用，同时也有效地消除了路上停车的现象。

图4-1是新宿歌舞伎町地下街的地下层平面图和剖面图，图4-2～图4-5为彩色图。

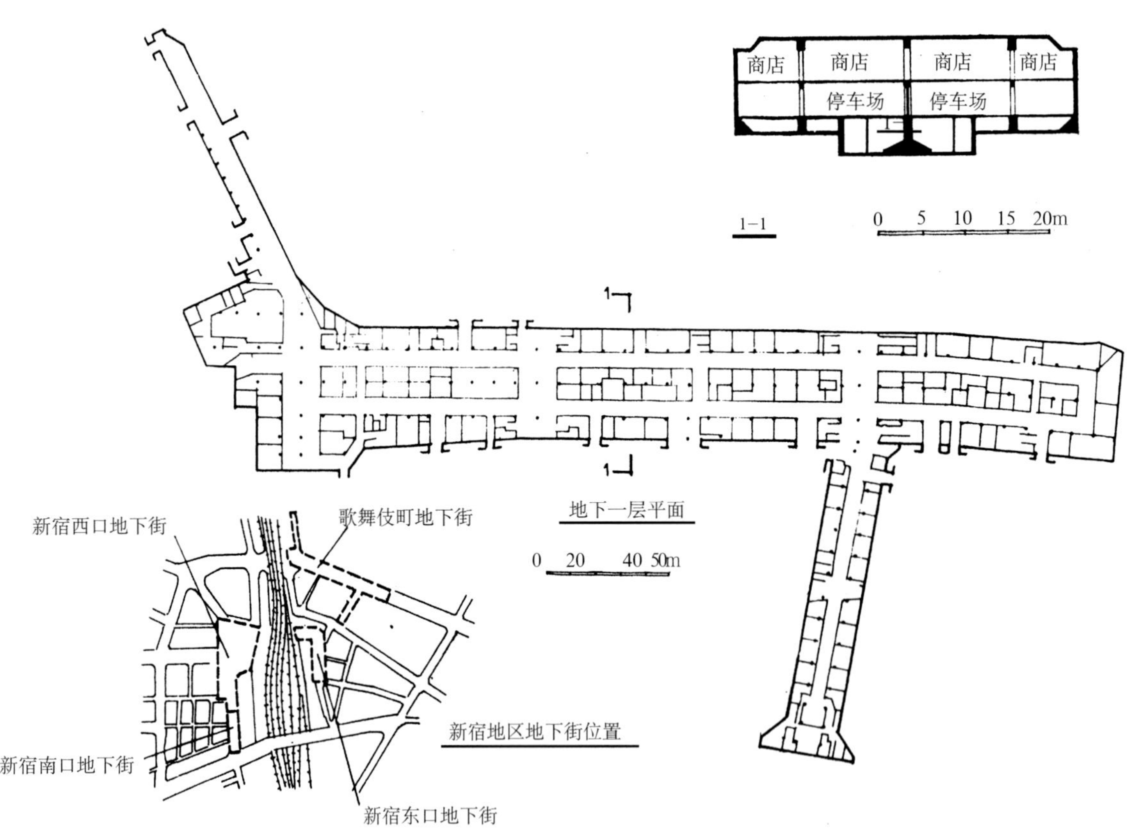

图4-1 东京新宿歌舞伎町地下街

图 4–2 东京新宿歌舞伎町地下街地面街道

图 4–3 东京新宿歌舞伎町地下街内部之一

图 4–4 东京新宿歌舞伎町地下街内部之二

图 4–5 东京新宿歌舞伎町地下街内部通道交汇处

4.2.2 日本名古屋中央公园地下街

名古屋是日本的一座古城，19世纪末随着铁路的建设，在以火车站和荣地区为核心的地带，形成了新的城市中心区，东西向有11条街道，南北向有8条，呈方格网状布局，其中的广小路以及与之相交的南大津路、伊势町路、吴服町路等几条街道，成为商业中心。但是，在20世纪30年代前后，广小路仅是一条宽20m、两侧都是二层木结构商店建筑的街道，其他街道也大体如此。战后人口的增长和经济的大发展，使城市中心区有了再开发的客观需要，于是在20世纪60年代对这一地区的主要街道进行了全面的再开发，到1978年基本完成。这期间，拓宽了街道，两侧新建10层左右的各类建筑，修建了4条地铁线从中心区通过，其中的1号线和2号线在荣地区相汇，围绕着换乘枢纽站建设了荣地下街，总面积1.4万m^2。

在名古屋市中心荣地区的街道再开发中，最成功的是久屋大道的立体化再开发。久屋大道本来是与广小路相似的街道，街心原有一块废弃了的绿地，20世纪70年代初进行了全面改造，将街道拓宽到100m，两侧各有人行道和4条车线的车行道，中间是70m宽的绿化带，长度超过1000m，两端为树林，中间近600m长的一段建成一座大型公园。在公园的地下，建造了中央公园地下街。中央公园地下街，总面积近5.6万m^2，包括商业面积约1万m^2，共110家商店和容量为570辆车的地下停车场。在地下街的中部，有一个较大的下沉广场，除部分采光功能外，主要为防灾用。广场四周都开门，直通室外，门的构造使在感烟情况下可自动打开排烟，以利人群从下面开启的门迅速疏散到广场，再经宽大的楼梯上到地面。

日本名古屋中央公园地下街的总平面，地下层平面，剖面见图4−6，彩色图片见图4−7～图4−19。

名古屋久屋大道的再开发和中央公园地下街的建设，不仅使两侧建筑物完全更新，而且由于地铁和地下步行道及地下街的吸引，使地面上的步行者通行量较前下降了4/5，地面交通大为改善；同时，在喧闹的市中心，出现了一座大型公园和大片绿地，为居民提供一个良好的休息环境。可以认为，这些成就的取得，是充分发挥立体化再开发优势的结果，堪称城市中心区街道立体化再开发和建设地下综合体的范例。

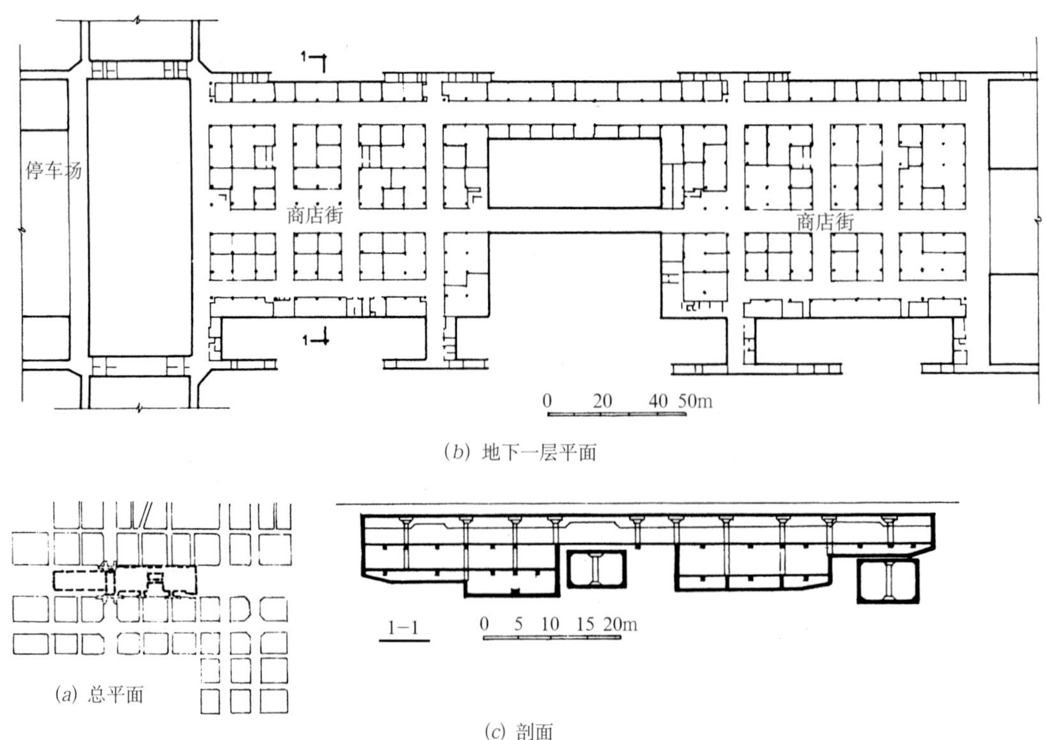

(*b*) 地下一层平面

(*a*) 总平面

(*c*) 剖面

图4−6 名古屋中央公园地下街总平面和地下层平面、剖面图

图 4-7 名古屋中央公园地下街地面公园及电视塔夜景

图 4-8 名古屋中央公园地下街地面公园

图 4-9 名古屋中央公园地下街地面出入口

图 4-11 名古屋中央公园地下街地面公园鸟瞰（南段）

图 4-10 名古屋中央公园地下街地面公园鸟瞰（北段）

图 4-12 名古屋中央公司地下街下沉广场之一

图 4-13 名古屋中央公园地下街下沉广场之二

图 4-14 名古屋中央公园地下街内部主通道

图 4-16 名古屋中央公园地下街步行通道

图 4-15 名古屋中央公园地下街内部次通道

图 4-18 名古屋中央公园地下街内部休息广场之二

图 4-17 名古屋中央公园地下街内部休息广场之一

图 4-19 名古屋中央公园地下街内部安全出口

4.2.3 日本大阪虹之町地下街

大阪古城至今仍完整保留，近代在古城西侧发展了新的市区，是日本关西地区重要的交通枢纽，市内铁路纵横，高架道路穿城而过，5条地铁线四通八达。铁路车站有梅田站和难波站两个，都接近市中心区，是城市再开发的重点部位。难波车站位于千日前大街，宽50m，除地面街道外，沿路中心架设了阪神高速公路4号线，地下有1条铁路线和1条地铁线通过，形成了典型的城市交通立体化的格局。在交通立体化改造的同时，1971年建成了虹之町地下街，共3层，埋深7.8m，面积3.8万m^2，长约800m，是当时日本最长的街道型地下街。地下一层为商店和公共通道，二层为车站站厅，三层为铁路和地铁站台。由于地下二、三层均为车站设施，没有布置停车库，这是与其他城市地下街的主要区别。

虹之町地下街有3个连通口通向铁路车站，5个口通往地铁车站，8个口与附近地下室相连。地面上有出入口22个，每天吸引30万人进入地下街，其中41%是为了购物，其余为仅在地下通过的行人，可以看出地下街在改善交通上的重要作用。

图4–20是日本大阪虹之町地下街总平面和地下层平面、剖面，图4–21～图4–26为彩色图片。

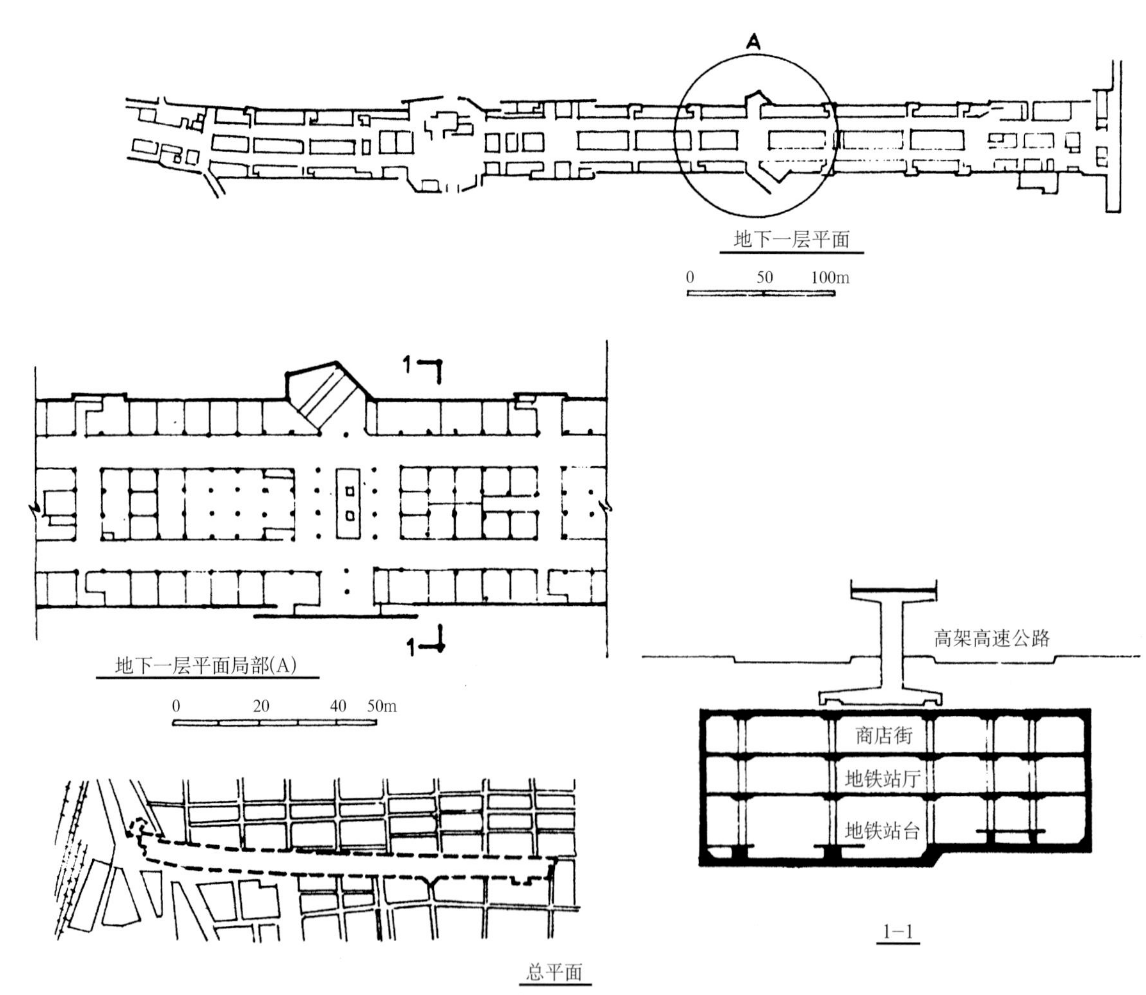

图4–20 大阪虹之町地下街总平面和地下层平面、剖面图

图 4-21 大阪虹之町地下街地面出入口

图 4-22 大阪虹之町地下街内的“光之广场”

图 4-23 大阪虹之町地下街内的“绿之广场”

图4-24 大阪虹之町地下街内“水之广场”上的彩虹喷泉之一

图4-25 大阪虹之町地下街内“水之广场”上的彩虹喷泉之二

图4-26 大阪虹之町地下街内“水之广场”上的彩虹喷泉之三

4.2.4 日本大阪长堀地下街

长堀地下街是日本在20世纪90年代建造的少数地下街之一，位于大阪市中心地区长堀街下，全长760m，建筑面积8.2万m^2，地下共4层，是迄今日本规模最大的地下街。商业街内有店铺100家，地下停车场有停车位1030个。

长堀地下街虽然在功能、内容上与传统地下街并无大的差异，但特别加强了建筑艺术质量和各种服务质量。首先，在宽11m的公共地下步道的上方，设置了8个天窗，呈波浪形连接在一起，长达260m，将太阳光引入地下空间，在地面上也形成一处有特色的景观；其次，在地下商业街内部，设置了若干个专业区，如美食城、便服城、时尚城等，以及若干个广场，如水钟广场、观月广场、观鱼广场、瀑布广场、艺术画廊等，为顾客提供了多处休憩、观赏空间。在服务设施方面，在各广场设置的导向板，使用日、汉、英、韩四国文字；除自动扶梯外，还设了自动步行道，通向地铁车站；在公用厕所中，除为残疾人提供无障碍设施外，还增加了为妇女和儿童服务的设施。

长堀地下街平面见图4-27，彩色图片见图4-28～图4-35。

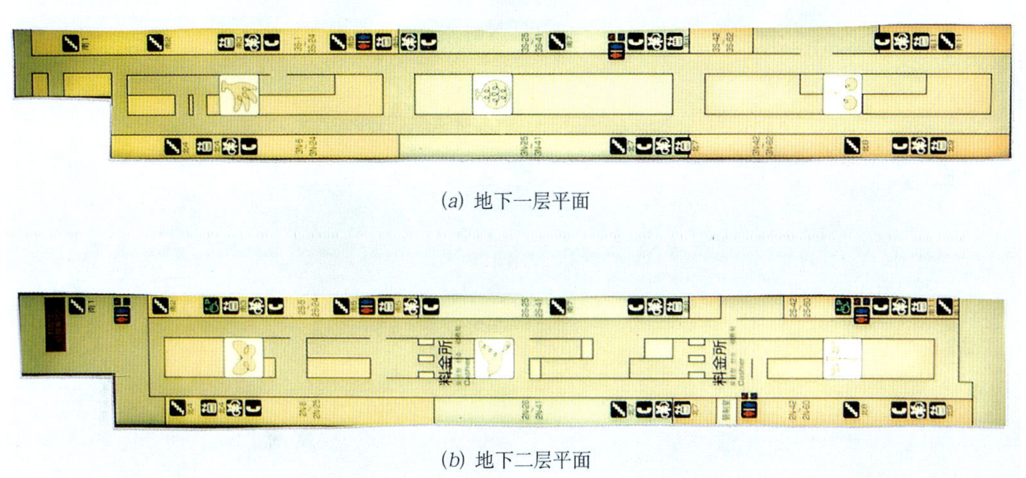

(*a*) 地下一层平面

(*b*) 地下二层平面

图4-27 大阪长堀地下街平面

图4-28 大阪长堀地下街地面景观

图4-29 大阪长堀地下街内部主通道（黄蔚欣 摄）

图4-30 大阪长堀地下街地面波浪形天窗（黄蔚欣 摄）

图4-31 大阪长堀地下街内部之一（黄蔚欣 摄）

图 4-32 大阪长堀地下街内部之二（黄蔚欣　摄）

图 4-33 大阪长堀地下街内部之三（黄蔚欣 摄）

图 4-34 大阪长堀地下街内部之四（黄蔚欣 摄）

图 4-35 大阪长堀地下街内部之五（黄蔚欣 摄）

4.2.5 日本京都御池地下街

御池地下街在京都市政府附近，与地铁车站综合在一起建成于1996年。位置图见图4-36，地下一、二层平面见图4-37，彩色图片见图4-38～图4-41。

图4-36 京都御池地下街位置图

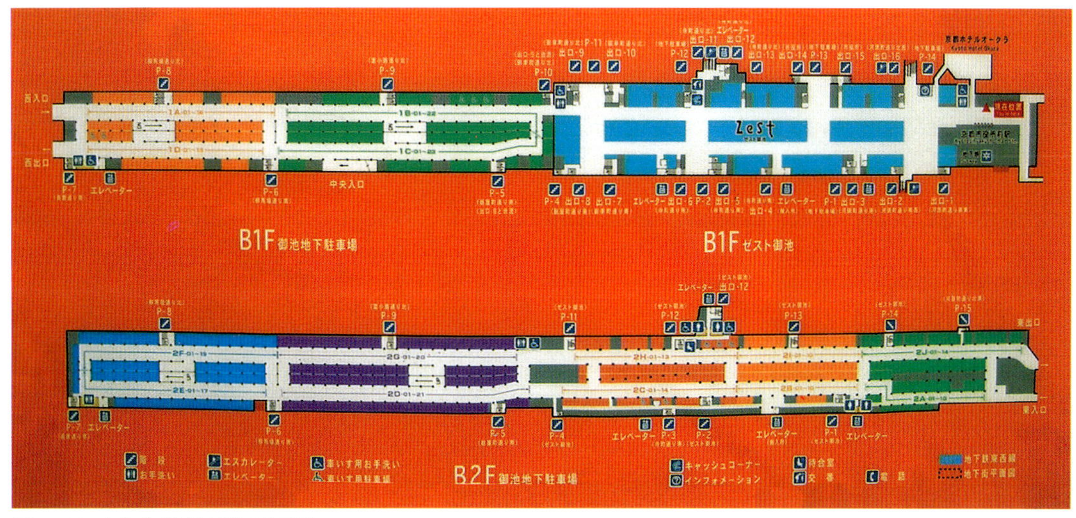

图4-37 京都御池地下街平面图

图 4–38 京都御池地下街地面景观（黄蔚欣　摄）

图 4–39 京都御池地下街主通道（黄蔚欣　摄）

图 4-40 京都御池地下街休息厅（黄蔚欣 摄）

图 4-41 京都御池地下街地面出入口（黄蔚欣 摄）

4.2.6 长春、沈阳街道型地下综合体

在长春市人民大街和沈阳市太原街，都建有与解决过街人行交通相结合的地下商业街，彩色图片分别见图 4-42～图 4-45。

图 4-42 长春人民大街地下商场中央大厅内景（黄蔚欣 摄）

图 4-43 长春人民大街地下商场内景（黄蔚欣 摄）

图 4-44 沈阳太原街地下商场地面出入口（黄蔚欣 摄）

图 4-45 沈阳太原街地下商场玻璃顶中庭（黄蔚欣 摄）

4.3 城市广场型地下建筑综合体

4.3.1 北京天安门广场[4][6]

天安门广场在明朝修建皇城时就已形成，经清朝加建后正式形成了一个“T”字形广场，东西两侧分别为文、武衙门，见图4-46。1949年开国大典就是在原T字形广场上举行的。

天安门广场在1959年曾进行过大规模的改建，虽然成为世界最大的广场，但功能以单一的政治活动为主。在前20年中，起到了应有的作用，满足了百万群众集会、游行的需要。但是在近20年来，与城市中心广场的应有功能和应起作用越来越不适应，主要存在下列几方面的问题：

(1) 1958～1959年的大规模改造中，因规划仓促，使新建筑与其间所围合的广场空间与历史遗留建筑物在尺度上完全脱节，当广场上充满集会的人群时尚不明显，但人数较少时则显得空旷、枯燥，降低了城市空间的艺术质量。

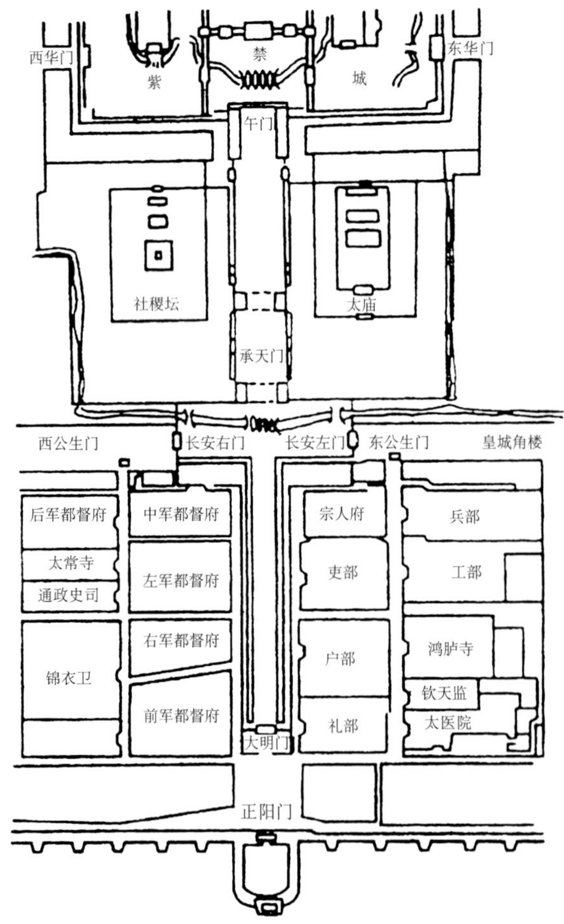

图4-46 明朝时期天安门及其周围平面示意图

(2) 改革开放以后，社会生活开始多样化。除传统的观看升国旗、瞻仰纪念碑和毛主席纪念堂等活动外，增加了对文化、休息及相应的服务设施等需求，但这些几乎全是空白，除广场上有少数人放风筝外，其他游人只能在空旷、燥热（或冰冷）的石质地面上无目的地漫步，疲劳后无处休息，只能席地而坐，更无处饮水和如厕。

(3) 广场东侧的中国革命历史博物馆，1959年建成后一直由两个性质不同的博物馆共同使用，至今已开放40余年，虽有建筑面积6.5万m^2，但已远不能满足当前和今后发展的需要，与国家博物馆的标准有很大差距；由于周围条件所限，在原地增建或扩建都很困难。现虽已决定在原地扩建，但方案都不够理想。

(4) 广场四周被道路所包围，游人不论从哪个方面都必须跨越车行道才能进入广场。后来尽管修建了地下过街道，但仍使人感到不便，本应结合地下道增建一些服务设施的规划也没有实现。

(5) 整个天安门广场没有社会停车场，汽车和自行车无处停放。当人民大会堂有大型会议时，2000多辆大小汽车只能临时停在大会堂东门外广场上，不但占用广场，景观也受影响；革命历史博物馆举办大型展览时，同样无处停车，只能停在箭楼附近，步行几百米后才可以进馆。

(6) 广场上除建筑物周围有少量绿地外，大部分为花岗石铺砌的地面，冬冷夏热，小气候较差。在重大节日时只能临时用盆花和橡胶水池布置一些花坛和喷泉，给人以虚假感，而且节后还需拆除。

1959年改造后的天安门广场平面图见图4-47。

从以上情况可以看出，为了与现代化国际大都市的要求相适应，天安门广场亟需进行新的改造，实行立体化再开发，在对地面空间环境进行优化、改造的同时，充分发挥地下空间的作用，容纳地面空间无法安置的各种功能，建议的方案分三个部分：

(1) 开发利用广场中心部分地下空间。东西宽280m，南北长400m，面积11.2万m^2，按三层计，可获得地下建筑面积33.6万m^2，平面上与地面上的四组柱廊相对应，也分为四个部分，北面两部分作为一期开发，南部为二期。东半部主要用于举办各种全国性展览，西半部用于北京市的各类展览，同时包括与展览有关的研究、贮藏、文物整修等内容和为观众提供的休息、服务等设施。地面上四组环廊内的下沉广场，作为地下空间的主要出入口，与地面空间联系起来。

(2) 在中国革命历史博物馆西侧开发地下空间。东西宽63m，南北长150m，面积约1万m^2，按三层计，可获得地下建筑面积3万m^2，地下一、二层主要用作展厅，地下三层为收藏库房和各种机房。在原博物馆的南北两内庭院中，建地上一层，地下三层的建筑物，地上为有玻璃顶的大厅，跨度45m，高16m，作为改建后博物馆的主要出入口，地下三层与西侧开发的地下空间相通，内容基本相同。这样，两庭院内扩建的面积为3.86万m^2，加上西侧的3万m^2，扩建面积近7万m^2，使革命历史博物馆的建筑面积从原有的6.5万m^2增至13.5万m^2，满足了发展的需要，达到国家博物馆的规模和标准。

(3) 在人民大会堂东侧和革命历史博物馆北侧开发地下停车空间。考虑到出车速度的要求，人民大会堂地下停车库只建一层，面积5万m^2，可容小客车1800辆，设8个双车坡道以提高出车速度。此外，在革命历史博物馆北侧建三层的地下停车场，面积2.5万m^2，可停小客车720辆，除博物馆使用外，部分可用于社会停车，并能与地铁站相通。地铁一号线天安门东、西站已建成，今后在八号线规划设计时，应考虑到广场设站，与广场下的地下空间连通，并能与一号线两站在地下换乘。

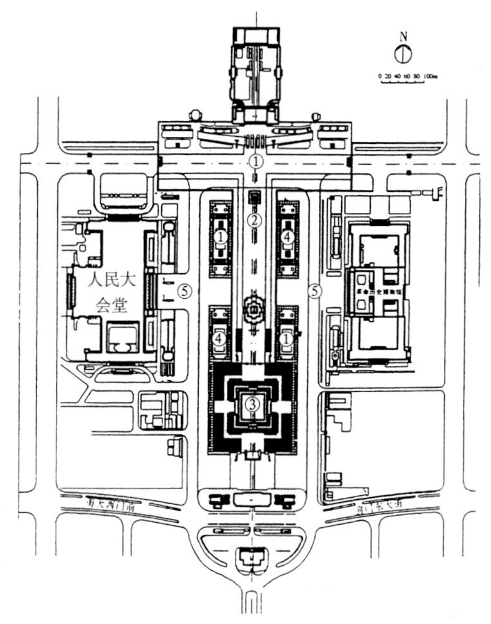

图4-48 北京天安门广场地面空间优化方案（2001年）

天安门广场地面空间优化方案见图4-48，相应的地下空间开发利用方案见图4-49，彩色图片见图4-50～图4-52。

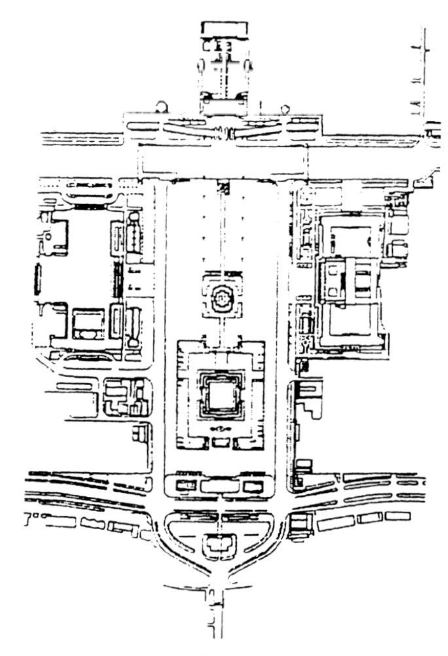
图4-47 1959年改造后的北京天安门广场平面

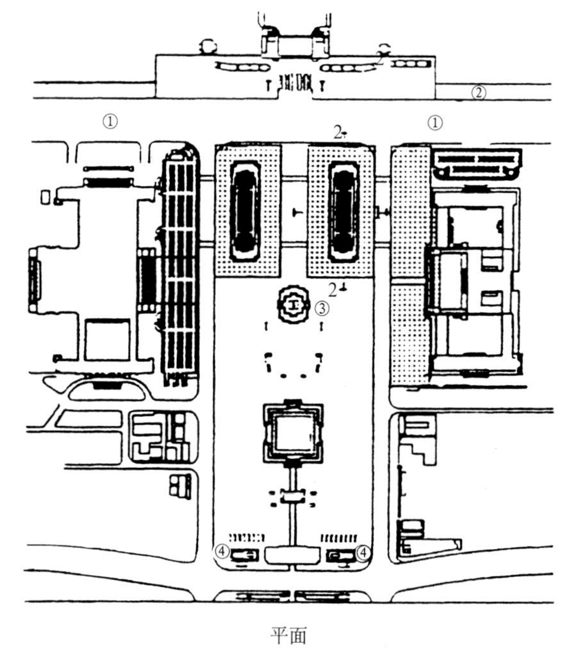

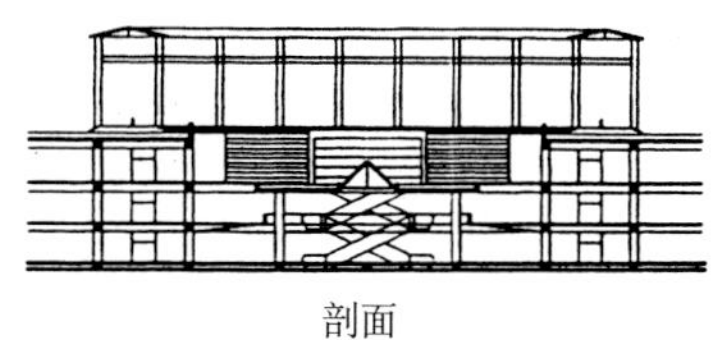

图4-49 北京天安门广场地下空间一期开发利用方案（2001），二期工程向南延伸至纪念堂

图 4-50 北京天安门广场地面空间优化方案

图 4-51 北京天安门广场地下空间利用方案剖面图

图 4-52 北京天安门广场革命历史博物馆利用地下空间扩建方案

4.3.2 北京展览馆南广场

北京展览馆南广场，原来是与展览馆相隔一条街（西外大街）的停车场，面积较大，近年在西外大街改造的同时，规划设计了一处大型城市广场，平面呈“品”字形，中间为广场，两侧为绿地，面积约1.8万m^2。广场南部开发地下空间三层，面积共约4万m^2。地下一层为商业空间，地下二层为自行车和汽车停车库，地下三层为汽车停车库和机房。这是北京继西单文化广场之后又一处较大型的地下综合体。

北展南广场在规划设计中也反映出一些问题：西外大街南侧有约20m宽的地下空间被市政管线占据，不能开发，这样每层地下空间损失了4000多m^2的面积；另一方面，在这部分管线之上要进行绿化，种植树木，这又增加了未来管线维护的难度。如果能够结合西外大街改造，建成综合管廊从地下建筑中穿过，这样既解决了管道维修的问题，也增加了地下空间的容量。在设计中，地下停车库在地下一层北侧设有一个出入口，与下沉的西外大街辅路相联，但是先期建成的西外大街并没有预留这个出入口，这给未来这个出入口的实现带来了一定的困难。另外，如果统一考虑这一地区的再开发，在北展前广场地下安排展览馆的扩建部分，以增加展出面积，适应近年来不同类型的展览对展出空间提出的新要求，同时将南北两个广场的地下空间直接连通，进而与规划中的地铁3号线车站相连，形成西外大街地下步行系统的一部分，其效果将大大优于目前两个广场通过地面过街桥连接的方式。目前西外大街下沉段将两个广场在地下分隔开来的格局，给未来整合这一地区的地下空间利用带来了较大的困难。如果能够先期进行这一地区统一的城市设计，则完全有可能避免这些问题，形成上、下部空间协调发展的新型城市空间。

北京展览馆南广场地面绿化设计见图4-53，地下一层平面及剖面见图4-54，彩色图片见图4-55～图4-58。

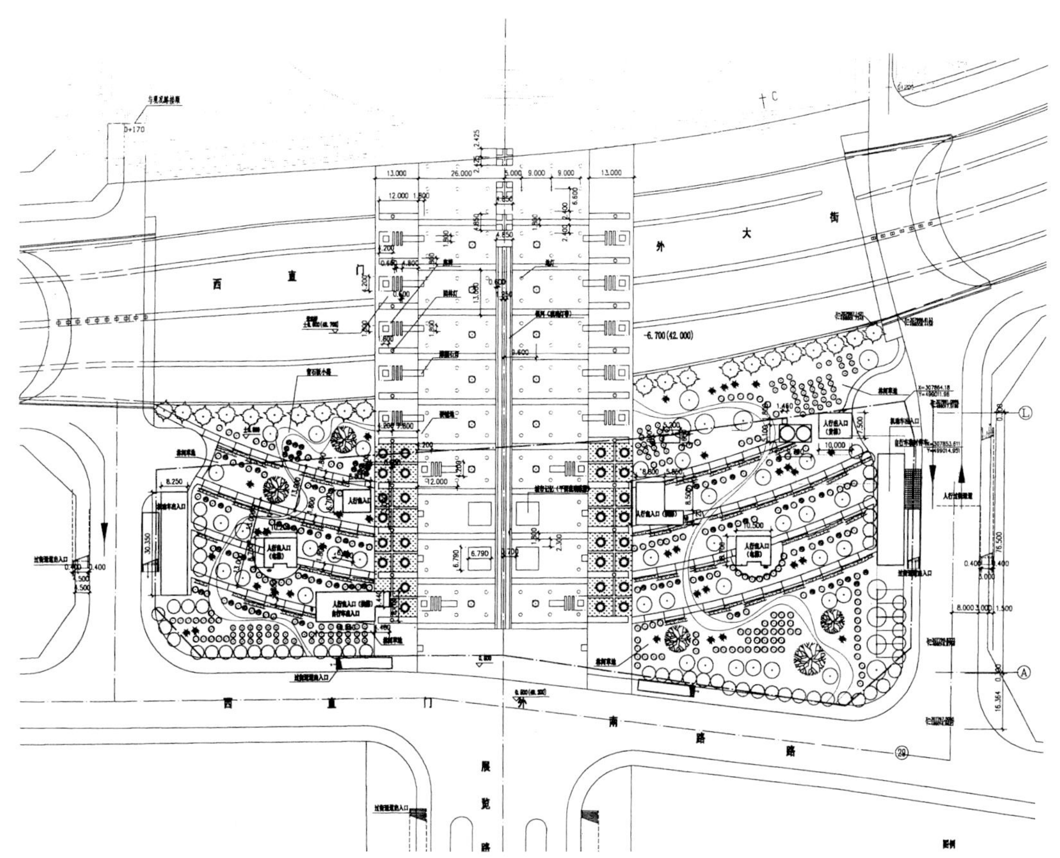

图4-53 北京展览馆南广场地面绿化设计方案（已实施）

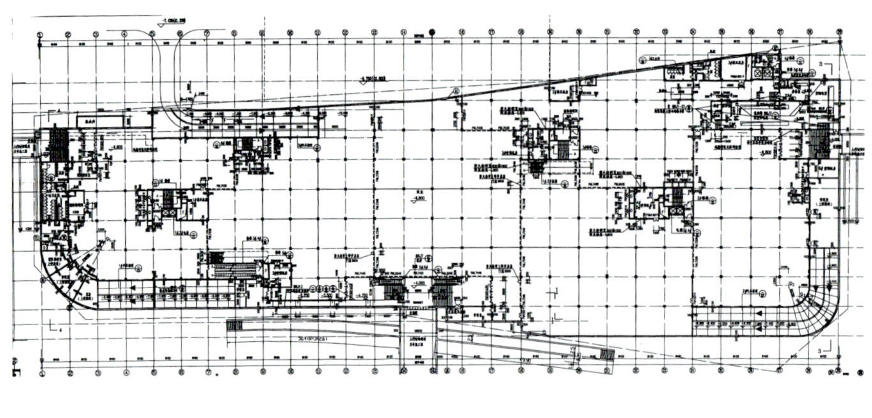

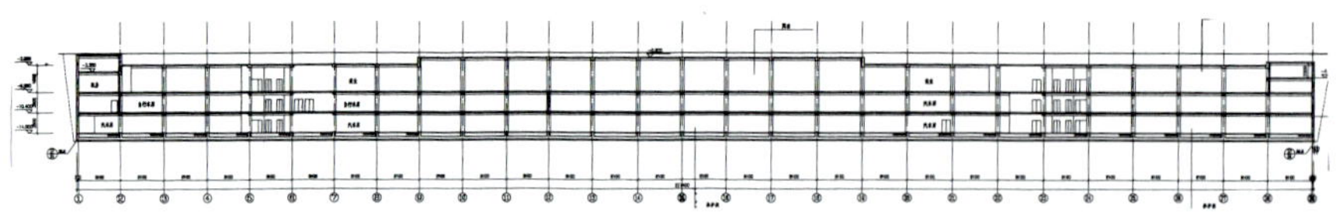

图 4–54 北京展览馆南广场地下一层平面、剖面图

图 4–55 北京展览馆南广场远眺北京展览馆

图 4–56 北京展览馆南广场绿地

图 4-57 北京展览馆南广场入口内部

图 4-58 北京展览馆南广场地面出入口

4.3.3 上海人民广场

上海人民广场在旧中国是一座赌博性的跑马场，名为“跑马厅”，建国后被废除，在东北侧建设了一个人民公园，南侧一直没有利用，成为一块空地，文革期间成为政治性集会广场。20 世纪 80 年代后期开始进行广场的再开发规划，20 世纪 90 年代初基本完成，成为上海市中心地区惟一的城市绿化休息广场，也是上海的政治文化中心。广场正北面是市政府大厦，正南面是上海博物馆，西北角对着上海大剧院。地面上划分为6块，以市政府大厦、中心广场、博物馆形成主要轴线。中心广场以硬地喷泉为主，其余大部分为广场绿地，布局满足了旅游、休闲、交通和消防等多种功能。广场地面规划见图 4–59。

人民广场的再开发，从一开始就确定了立体化的原则，使地上、地下空间得到协调发展。在广场西南部，规划了大型地下综合体，建筑面积5万 m^2，地下一层为商场（现称迪美商城），二层为停车场。20 世纪 90 年代初，上海地铁 1 号线在人民广场设站，为了把地下商场与地铁站连接起来，在二者之间规划了一条地下商业街（现称香港名店街）。在广场东南侧，因市中心供电的需要，布置了一座22 万 kV 的大型地下变电站；为供水需要，在广场东北侧建了一座容积2万 m^3的地下水库。地下一层平面见图 4–60。有关人民广场的彩色图片见图 4–61～图 4–66。

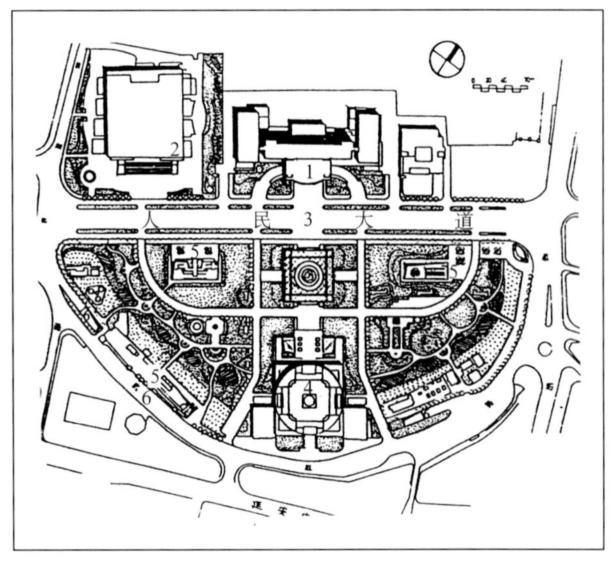

1– 市政府；　3– 喷水池；　5– 下沉广场；
2– 大剧院；　4– 博物馆；　6– 地下停车场入口

图 4–59 上海人民广场再开发规划总平面图

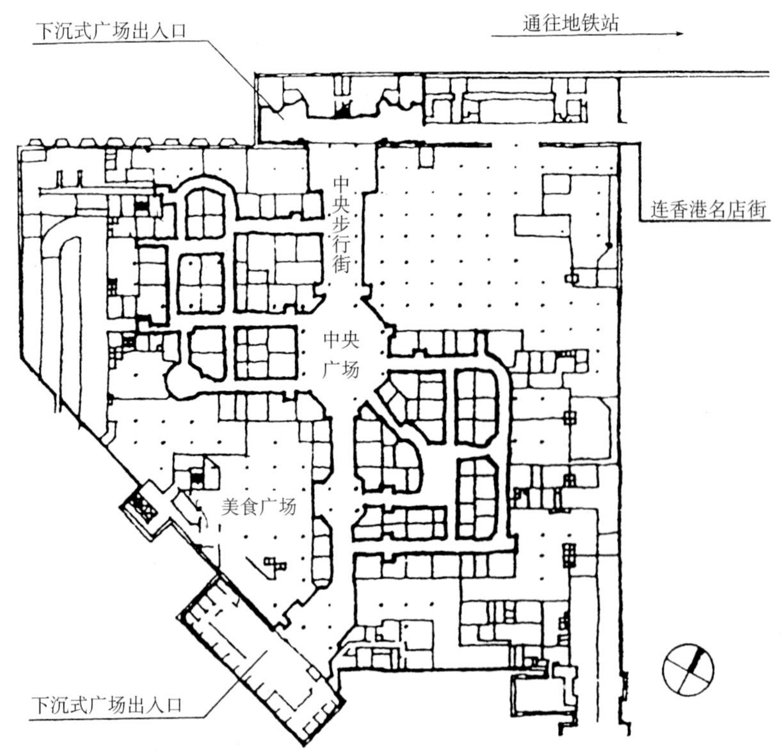

图 4–60 上海人民广场地下一层商场平面图

图 4-61 上海人民广场鸟瞰（陈建国 摄）

图 4-62 上海人民广场绿地（黄蔚欣 摄）

图 4-63 上海人民广场下沉广场之一（黄蔚欣 摄）

图 4-64 上海人民广场下沉广场之二
（黄蔚欣 摄）

图 4-65 上海人民广场内部采光中庭
（黄蔚欣 摄）

图 4-66 上海人民广场内部
（黄蔚欣 摄）

4.3.4 上海世纪广场

上海在浦东新区建设了一条横贯东西的干道，名为“世纪大道”。在大道的东端，规划设计了一个文化休息广场，定名为“世纪广场”，再向东还建设了一个“世纪公园”。地铁2号线在广场设站，车站出入口设计为两个玻璃拱，分立广场南、北侧，周围有水池，使车站出入口建筑与广场融合在一起，成为广场的一组标志性建筑；下到地下空间后，一侧通道通地铁站，另一侧可进入地下商场。另外，在地下商场与世纪广场南侧的上海科技馆之间，设计了一个较大的下沉广场，有多组出入口，可从广场水平进入地下商场，对防灾是有利的。

有关世纪广场的彩色图片见图4-67～图4-71。

图 4-67 上海世纪广场鸟瞰（陈宗亮 摄）

图 4-68 上海世纪广场地铁站出入口

图 4-69 上海世纪广场地铁站出入口周围水池

图 4-70 上海世纪广场地铁站出入口玻璃拱顶

图 4-71 上海世纪广场地铁站出入地下商场的下沉广场

4.3.5 大连胜利广场

大连胜利广场位于大连火车站南侧，所在地区是大连市的商业中心，高层建筑较多，建筑密度较大，交通比较拥挤。原来并无广场，再开发后形成一个广场，面积2.7万m^2，广场下兴建了目前全国最大的地下综合体，有商业、餐饮、娱乐、停车等多种功能。

地下综合体共有4层停车场和3层商业空间，总建筑面积12万m^2，地面上还有2座各1万m^2的塔楼。地下空间的开发充满整个用地面积，还有部分夹层和地下过街道延伸到了地铁周边的街道之下，地下空间的开发是非常充分的。地下各层平面和剖面见图4–72，彩色图片见图4–73～图4–78。

四通八达的地下过街道使人们可以方便地进出地下空间，客流非常大。广场上设有许多带遮阳伞的茶座，使环境更加舒适宜人；顶部的下沉广场，除作为地下空间的主要出入口外，还利用与地面的高差做成阶梯，兼作露天演出时的看台。这种良好的购物环境，吸引大量市民前来休闲、购物，已成为大连市内最受欢迎的公共活动场所之一。

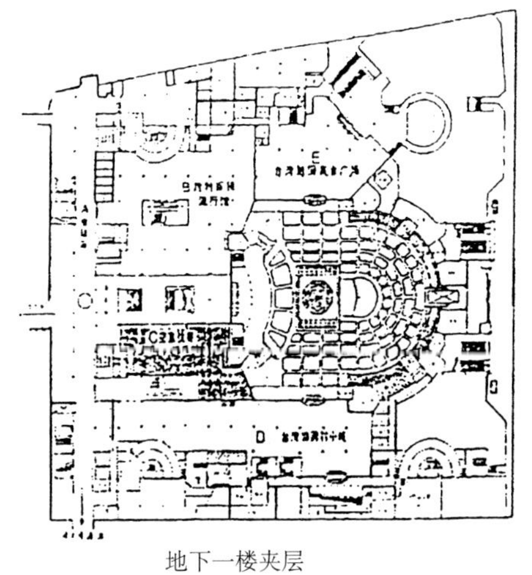
地下一楼夹层

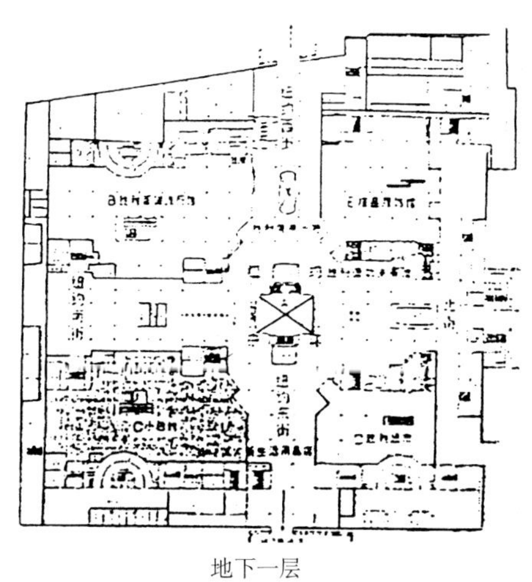
地下一层

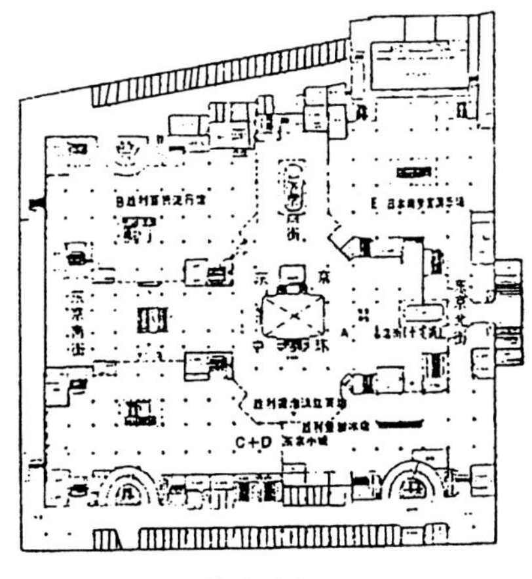
地下二层

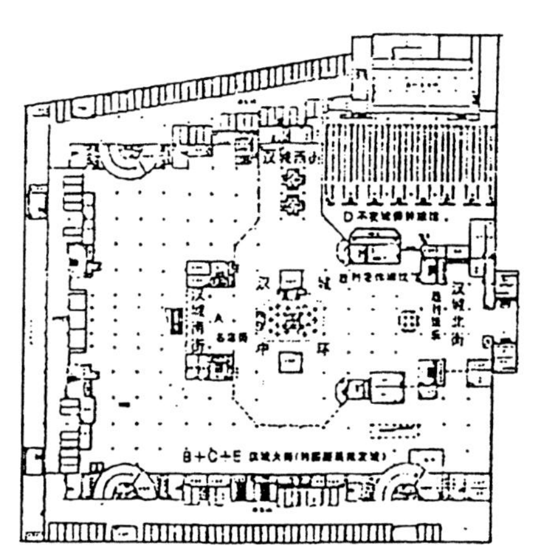
地下三层

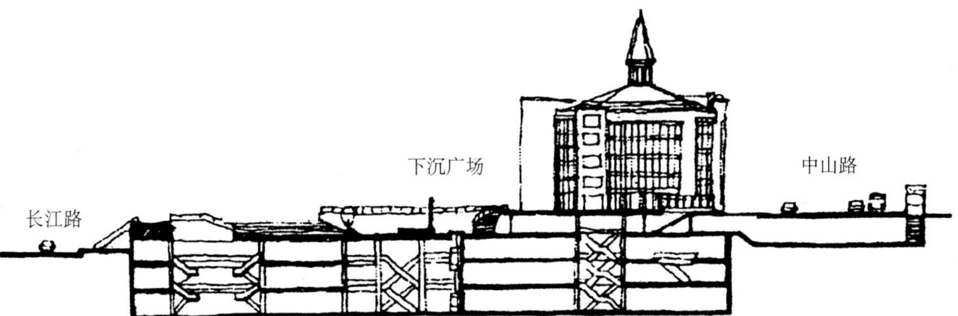

图4–72 大连胜利广场地下综合体地下各层平面和剖面

图 4–73 大连胜利广场下沉广场之一
（黄蔚欣 摄）

图 4–74 大连胜利广场下沉广场之二
（黄蔚欣 摄）

图 4–75 大连胜利广场下沉广场之三，左上角为地下商场出入口
（黄蔚欣 摄）

图 4–76 大连胜利广场内部采光中庭（黄蔚欣　摄）

图 4–77 大连胜利广场地下商场之一（黄蔚欣　摄）

图 4–78 大连胜利广场地下商场之二（黄蔚欣　摄）

4.3.6 大连奥林匹克广场

大连奥林匹克广场是在原有体育场前一块空地上开发的，建成一个以体育为主题，兼有购物功能并充分绿化了的大型文化休息广场，深受市民欢迎，每日夜间或有体育比赛时活动内容更为丰富，结合地形变化布置的绿地，与广场融合在一起，使环境和景观都很富有吸引力。

大连奥林匹克广场的奥林匹克购物中心地下两层，中央设有一个100多米长，贯穿两层的大厅，与东西两个主要入口相连。大厅南北两侧设商店和超市。上层空间由横跨大厅的两座过街桥连接，并通过自动扶梯与底层相连，空间简洁明了，又不乏生动丰富。由于大厅贯穿两层，高度近10m，且延伸100多米，所以显得非常开阔、大气，完全消除了地下空间狭小、封闭的感觉。开发者虽然牺牲了近2000m^{2}的建筑面积，但换来了良好的空间环境，现在这里已经成为深受大连市民喜爱的购物场所，吸引不少远道而来的顾客。

大连奥林匹克广场的总平面和地下购物中心平、剖面见图4−79、图4−80。彩色图片见图4−81～图4−89。

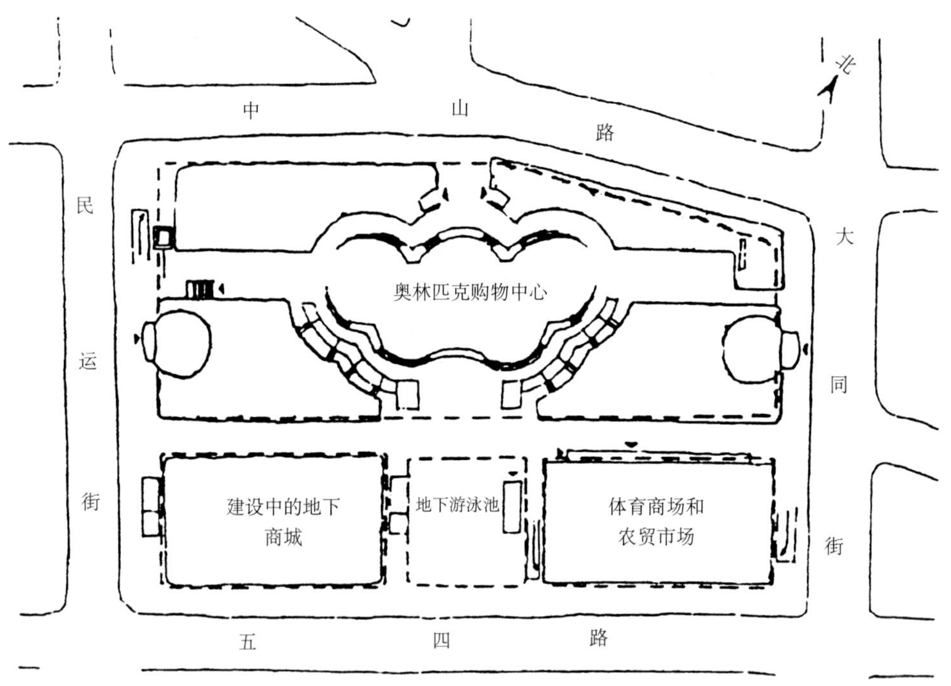

图 4−79 大连奥林匹克广场地下空间布局示意

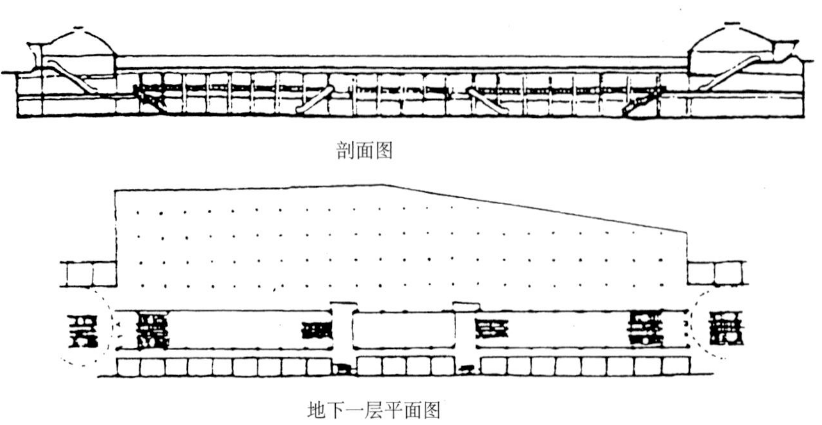

图 4−80 大连奥林匹克广场地下购物中心平面、剖面

图 4-81 大连奥林匹克广场景观（黄蔚欣 摄）

图 4-82 大连奥林匹克广场硬质地面（黄蔚欣 摄）

图 4-83 大连奥林匹克广场草坪（黄蔚欣 摄）

图 4-84 大连奥林匹克广场地下商场出入口穹顶（黄蔚欣 摄）

图 4-87 大连奥林匹克广场地下商场内部之一（黄蔚欣 摄）

图 4-85 大连奥林匹克广场地下商场主出入口（黄蔚欣 摄）

图 4-88 大连奥林匹克广场地下商场内部之二（黄蔚欣 摄）

图 4-86 大连奥林匹克广场地下商场出入口内部（黄蔚欣 摄）

图 4-89 大连奥林匹克广场地下商场内部之三（黄蔚欣 摄）

4.3.7 济南泉城广场

济南泉城广场是一个结合旧城改造，于1999年建成的城市中心广场，位于济南老城区边缘，北侧紧靠护城河和环城公园，西侧正对趵突泉公园东门，向东则可远眺解放阁。广场所在地区交通便利，商业繁荣，在城市的历史文化、旅游、商业等方面均占有重要的地位。广场东西长780m，南北宽230m，面积达16.96hm²。广场地面主要供市民进行休闲、娱乐，还可以进行较大规模的集会、庆典活动，地下则开发有一层共47000m²的地下空间，主要安排商业、餐饮、娱乐、停车等功能。

广场的设计以贯通趵突泉、解放阁的连线为主轴，以榜棚街和烁文路的连线为副轴线而构成框架，广场空间围绕主轴线对称布置，由西向东依次展开，安排了趵突泉广场、泉标广场、下沉广场、历史文化广场、荷花音乐喷泉等，形成一个空间序列。轴线东端是弧形的文化长廊，整合了广场东侧的景观，并将视线引向解放阁。主轴线上一系列小广场以硬质铺地为主，为公共活动提供了场地，而主轴线两侧则种植花草与树木，进行了较大面积的绿化。

广场北侧建有一个下沉的滨河广场，沿护城河展开，是一处亲水空间，除保留河岸栽植的垂柳外，岸边还设计了花坛、坐椅等，再现了“家家泉水、户户垂杨”的泉城胜景。广场总平面图见图4–90。

广场的地下空间分为两部分：东面部分是广场地下空间的主体——“银座商城”，包括30000m²的营业面积和10000m²的停车场；广场西部还设有7000m²的地下停车场。银座商城内部设有中高档商业、一座大型超市，以及一些快餐和娱乐空间。商城内部空间明亮、舒适，顾客川流不息，商业气氛浓厚，环境质量不亚于地面商场。在商城入口的处理上，设计者将主要入口设在滨河广场和广场中部的下沉广场内，使人们可以水平进入地下空间，改善了人们的心理感受。广场地下层平面、剖面见图4–91。

泉城广场地面空间环境处理到位，手法多样，营造了丰富、热烈、富有浓郁文化气息和人性化的公共活动空间，深受济南市民和游客的喜爱。而地下的银座商城得益于地面广场与周边良好的商业氛围以及自身良好的购物环境，也获得了很大成功，现已成为济南市效益最好的商业设施之一，每天都吸引着大量顾客。

泉城广场中央的下沉广场是广场地下银座购物中

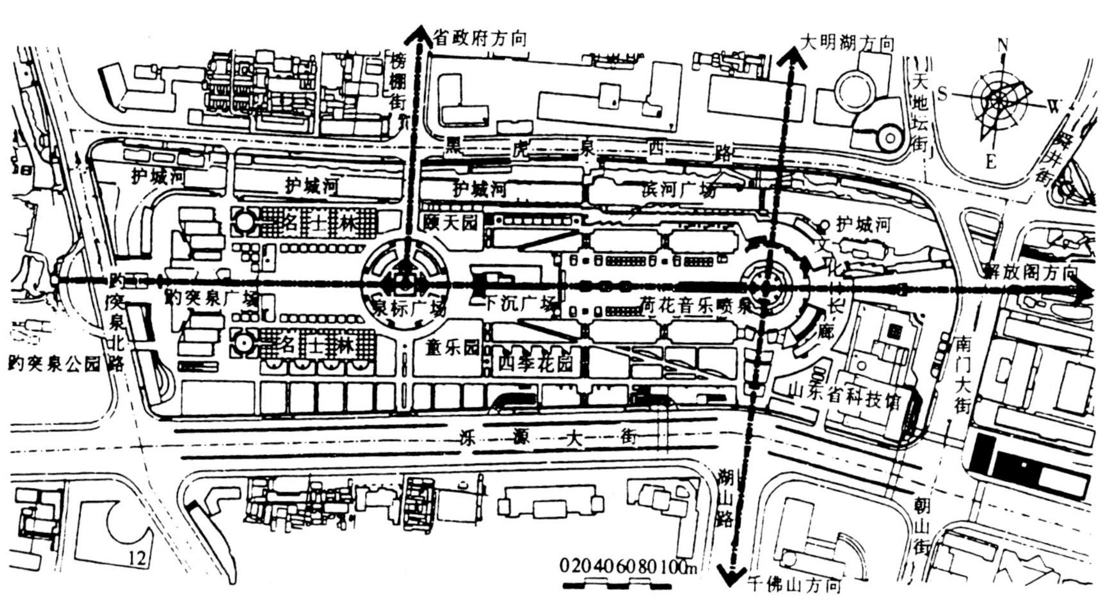

图4–90 济南泉城广场总平面图

心的主要入口，位于泉标(雕塑“泉”)的东侧，面积2400m²。泉标与下沉广场一高一低，一起一伏，丰富了主轴线上的空间层次。增强了空间的感染力。下沉广场呈矩形，东西较长，内部宽高比大约5∶1，显得较为开敞。西侧设有大台阶连接地面与下沉广场内部，东侧为进入商场的入口。下沉广场内设有一圈柱廊，丰富了空间层次，并使得各立面显得较为通透。西侧的大台阶虽然正对购物中心的入口，但却没有一通到底，而是有所迂回，改变了进入下沉广场的节奏，更有趣味，同时也有利于增强下沉广场内的围合感。不足之处是内部绿化较少，环境还不够宜人，人们较少在此停留。

泉城广场无论从规划设计还是使用状况来看，在功能的完善和广场与绿地的融合、地下空间的利用、改善城市形象等方面都是比较成功的。2001年申奥成功之夜，数以万计的市民聚集在广场上自发地进行欢庆活动，说明泉城广场已经比较好地起到了城市中心广场的作用，对我国城市广场地下综合体的建设提供了有益的经验。当然，如果当时能将广场周围的街道和建筑物共同实行立体化再开发，与广场取得空间上和风格上的统一，可能会得到更佳的效果。

有关泉城广场的彩色图片见图4−92～图4−100。

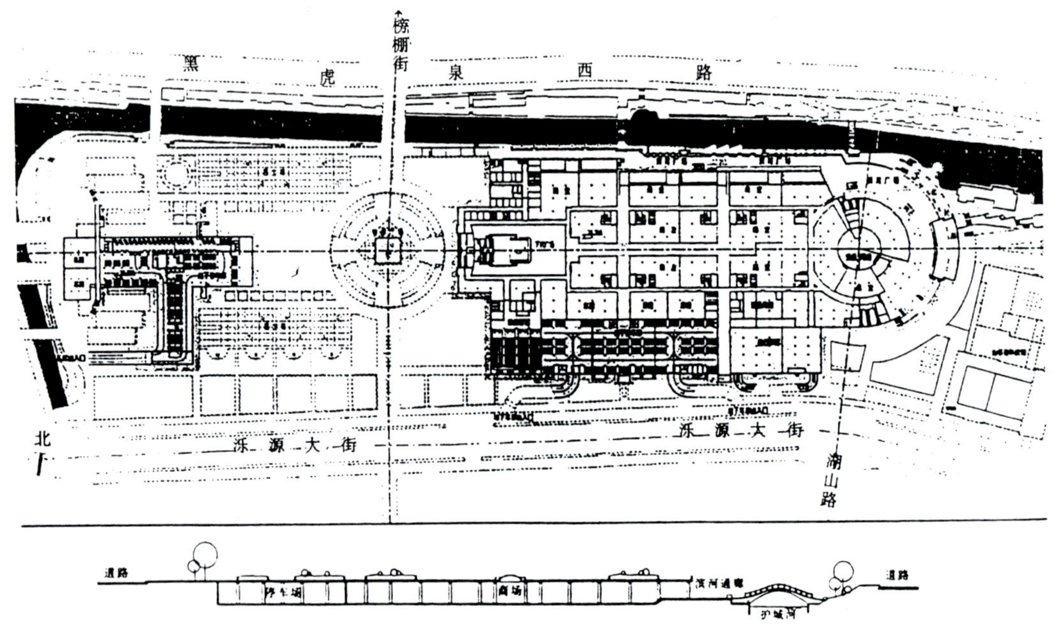

图4−91 济南泉城广场地下层平面、剖面图

图4−92 济南泉城广场标志性雕塑
(黄蔚欣 摄)

图 4–93 济南泉城广场入口（黄蔚欣 摄）

图 4–94 济南泉城广场喷泉（黄蔚欣 摄）

图 4–95 济南泉城广场下沉广场之一（黄蔚欣 摄）

图 4-98 济南泉城广场地下商场内部之一（黄蔚欣 摄）

图 4-96 济南泉城广场下沉广场之二（黄蔚欣 摄）

图 4-99 济南泉城广场地下商场内部之二（黄蔚欣 摄）

图 4-97 济南泉城广场地下商场入口（黄蔚欣 摄）

图 4-100 济南泉城广场地下车库入口（黄蔚欣 摄）

4.3.8 西安钟鼓楼广场[10] [11]

西安是我国最著名的历史文化名城之一，已有3100多年的历史，从周朝到唐朝，先后有11个朝代在此建都，在地面上和在地下遗留了丰富的文物古迹，其中地面遗存的古迹中，钟楼（建于1348年）和鼓楼（建于1380年）两座大型古建筑交相辉映，至今仍是西安古城的标志，均属国家重点文物保护单位。

钟鼓楼广场东西长270m，南北宽95m，东起钟楼，西至鼓楼，北依商业楼，南至广场外沿的行道树。绿化广场是钟鼓楼广场上最大的空间领域，绿化广场北侧，在列柱和石栏之间设置8m宽带形休息平台，这里同时可以欣赏绿化广场、下沉式商业街和骑楼，也是摆设露天茶座引人逗留的好场所。

下沉式广场是一个交通广场，是人们从钟鼓楼盘道进入地下商城和下沉式商业街的必经之地，东、西均有出入口与北大街和西大街的过街地道相连。为了加强下沉空间的开放性，面向钟楼一侧设计成通长大台阶，既可为人们提供席地而坐的条件，亦可作为看台观赏下沉式广场上举行的群众文化活动。

广场西半部的地下商城，为地下二层，总建筑面积3.1万m^2。主入口在下沉式广场西侧，另在下沉式商业街和绿化广场设多处出入口。地下商城是一个相对独立的封闭空间，其营业大厅中部设有两层通高的中庭，通过广场上的塔泉取得自然顶光，形成地下空间建筑艺术处理的高潮。

地下商城的经营和管理都很有特色，商品多为世界知名品牌和国内名牌精品，是一个地上、地下、室内、室外融为一体的集百货、名品、专卖店、大型超市、中西餐厅、儿童娱乐、休闲茶座等多功能的跨世纪现代商业中心。

西安钟鼓楼广场的保护性再开发，对于保护文化遗产和古都风貌，优化城市环境，提高城市生活质量，都起到了积极的作用，已得到国内外较高的评价，成为城市居民喜闻乐见的文化休憩场所，也是历史文化名城中心区更新改造、建设地下综合体的一个范例。

西安钟鼓楼广场的地下层平面、剖面见图4-101。彩色图片见图4-102～图4-108。

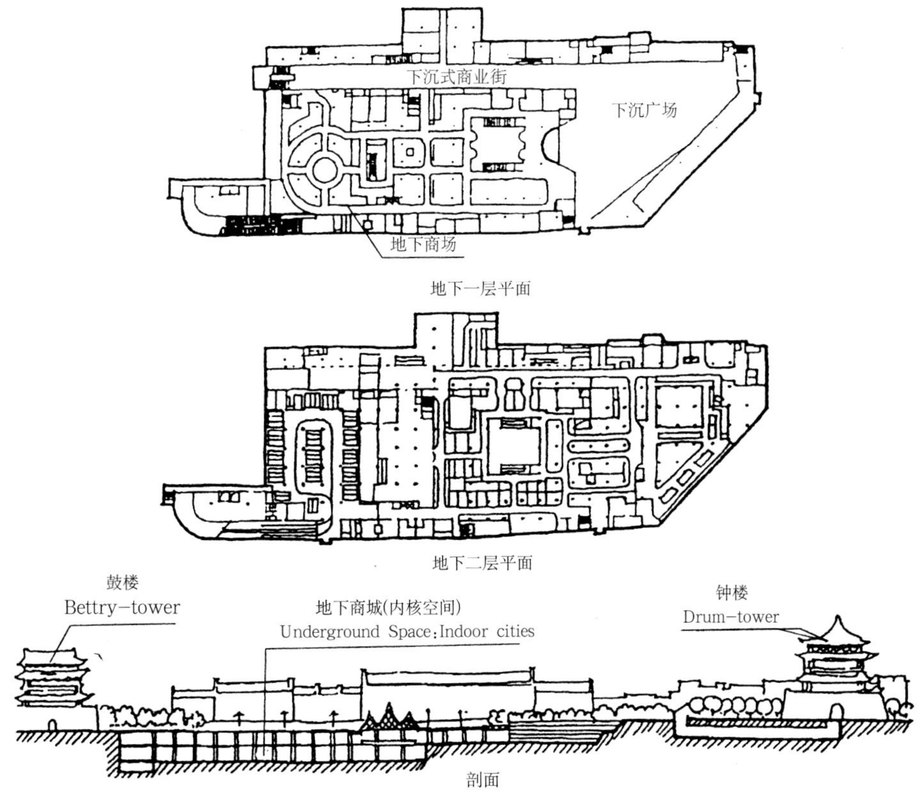

图4-101 西安钟鼓楼广场地下层平面、剖面图

图 4-102 从西安钟鼓楼广场远眺钟楼（黄蔚欣　摄）

图 4-103 从西安钟鼓楼广场下沉广场中眺望钟楼（黄蔚欣　摄）

图 4-104 从西安钟鼓楼广场下沉商业街中眺望鼓楼（黄蔚欣　摄）

图 4-105 从西安钟鼓楼广场地下商场入口外廊看下沉广场（黄蔚欣 摄）

图 4-106 西安钟鼓楼广场地下商场内玻璃顶中庭之一（黄蔚欣 摄）

图 4-107 西安钟鼓楼广场地下商场玻璃顶中庭之二（黄蔚欣 摄）

图 4-108 西安钟鼓楼广场地下商场内部（黄蔚欣 摄）

4.3.9 广州英雄广场

广州地铁1号线在规划初期，就已确定在沿线主要车站实行地下空间综合开发，在14个车站中，选择6个车站为开发重点。烈士陵园站是其中之一，位于中山三路，北为广州起义烈士陵园，南为英雄广场和省体育场，地下综合体建于英雄广场下，1999年竣工使用，效果良好。

地下综合体总建筑面积1.8万m^2，其中商场1.2万m^2，停车场6000m^2，可停车100辆。综合体从地下东通地铁车站，南通地王商场，西连中华商场，交通方便，实现了人车分流。不足之处是地面上的英雄广场和地王广场并没有与地下空间同时规划设计，至今地面上的空间组织和绿化都尚未进行。

英雄广场地下综合体总平面和地下一层平面见图4-109。

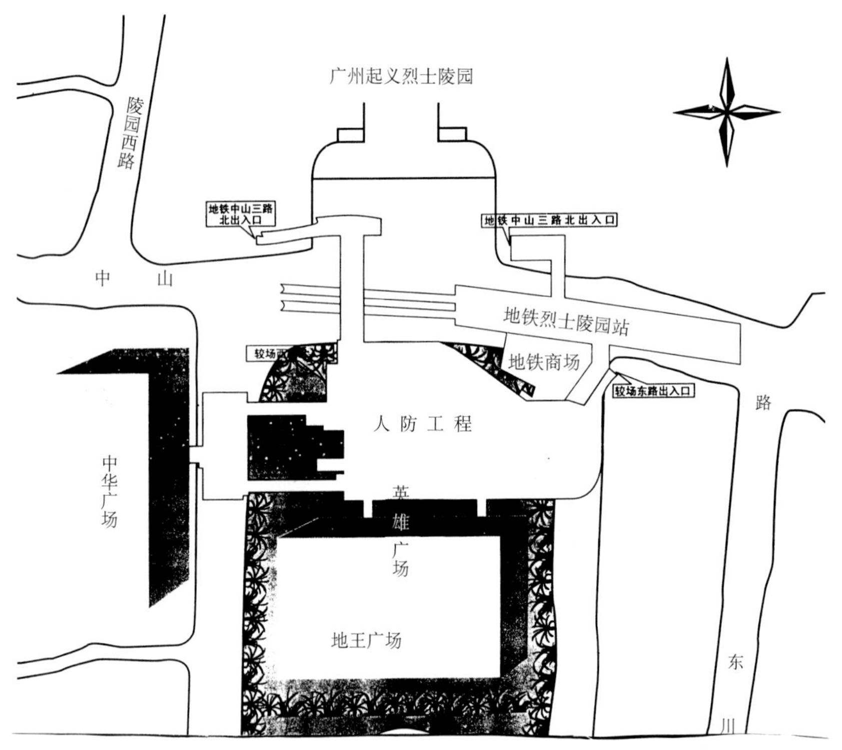

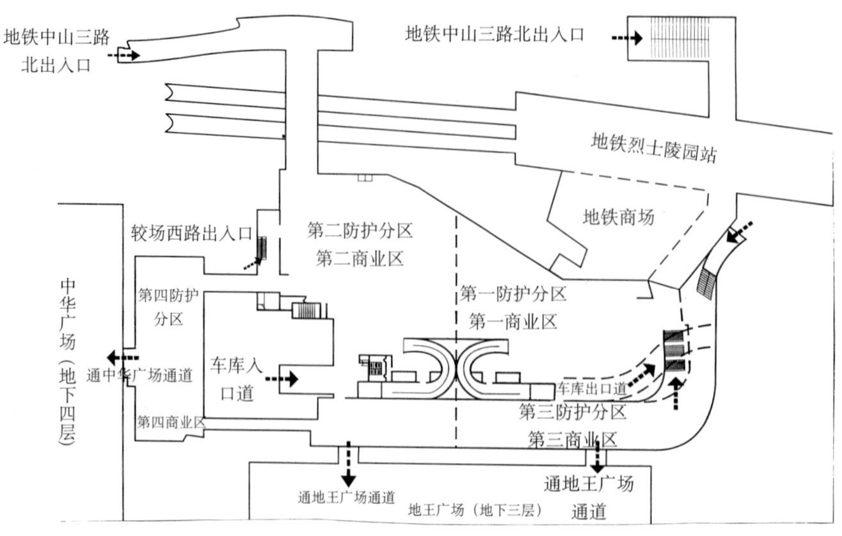

图4-109 广州英雄广场地下综合体总平面及地下一层平面图

4.3.10 法国巴黎列·阿莱广场

列·阿莱地区（Les Halles）在巴黎旧城的最核心部位，西南侧有卢浮宫，东南方的城岛上有巴黎圣母院，东部是1977年建成的蓬皮社艺术和文化中心，南临塞纳河，沿河有一条城市主干道。地区位置示意见图4−110。

列·阿莱地区在12世纪初开始形成，最初是围绕着一座教堂的村落，到16世纪，发展成巴黎的经济中心。从历史上看，这里并没有广场，而是一个农、副产品贸易中心。1854～1866年，陆续建成8座平面为方形的钢结构农贸市场，到1936年增加到12座，分成两组，每组之内互相连通，总面积4万多平方米。在市场的西北角方向有一座教堂，建于1532～1637年，西端是一个1813年建成的有一个穹窿顶的交易所，周围有一些古典风格的住宅街坊，建于17～18世纪。

中央市场是巴黎地区最大的食品交易和批发中心，担负着法国1/5人口的食物供应任务，一直到20世纪60年代，市场内仍集聚着800家食品批发商行和不少为市场服务的办公、饮食等设施，每天吸引大量人流和物流到这一地区，交通十分拥挤。很明显，不论从保存这样一个历史文化古迹集中地区的传统风貌，还是从对中心区的现代化改造来看，如此大规模的食品交易市场，已经没有存在的必要，因此在1962年决定对这一地区（面积26.7hm^2）实行彻底的改造和更新。到1971年拆迁完毕，并提出新的规划方案。

新规划方案的特点是实行立体化再开发，把一个地面上简单的贸易中心改造成一个多功能的公共活动广场，在强调保留传统建筑艺术特色的同时，开辟一个以绿地为主的步行广场，为城市中心区增添一处宜人的开敞空间（规划图见图4−111）；与此同时，将交通、商业、文娱、体育等多种功能都安排在广场的地下空间中，形成一个大型的地下城市综合体。在广场的周围，新建一些住宅、旅馆、商店和一个会堂，建筑面积共8.5万m^2；在广场的西侧，设一个面积约3000m^2，深13.5m的下沉式广场，周围环绕着玻璃走廊，把商场部分的地下空间与地面空间沟通起来，减轻地下空间的封闭感。

广场西半部的地下商场，于1974年先行施工，1979年12月建成开业，每天接待顾客15万人次，而地面上的规划方案，到1979年3月才最后确定，取消了地面上拟建的国际贸易中心，扩大了绿地面积，使广场成为欧洲城市中最大的一处公共活动场所。

列·阿莱广场的再开发，充分利用了地下空间，将交通、商业、文娱、体育等多种功能安排在广场的地下空间中，地下共4层，总建筑面积超过20万m^2，共有200多家商店，每日吸引顾客15万人。列·阿莱地下综合体的建设，使通过市中心新区的多种交通系统都转入地下，并在综合体内实现换乘。

下沉广场周围是一圈4层高的钢结构玻璃罩的拱廊，通过宽大的阶梯和自动扶梯，人们可以很方便地进入下沉广场和地下空间。

列·阿莱地下综合体是目前世界上最大，也是最复杂的地下综合体，其组成情况见表4−1，地下

巴黎列·阿莱地下综合体组成情况 **表4−1**

内　容	面积（m^2）	所在层位（地下）	备　注
汽车、火车、地铁的线路与车站	52000	二、三、四	高速地铁2号线在二层，市郊高速铁路在四层
高速公路和步行道路	31000	二、三	其中步行道约16000m^2
停车库	80000	一、二、三、四	每区一个，总容量3000台
商场、商店、饮食店	43000	二、三、四	主要是在二、三层
文娱、体育设施	12000	一	
下沉广场	6000	三	广场贯通三层

各层平面和剖面见图4－112，彩色图片见图4－113～图4－118。

巴黎列·阿莱广场的立体化再开发和地下综合体的建设，解决了非常困难的保存传统风貌与现代化改造的统一问题，改变了原来的单一功能，充分发挥了地下空间在扩大空间容量、提高环境质量方面的积极作用。

(a) 列·阿莱地区再开发范围

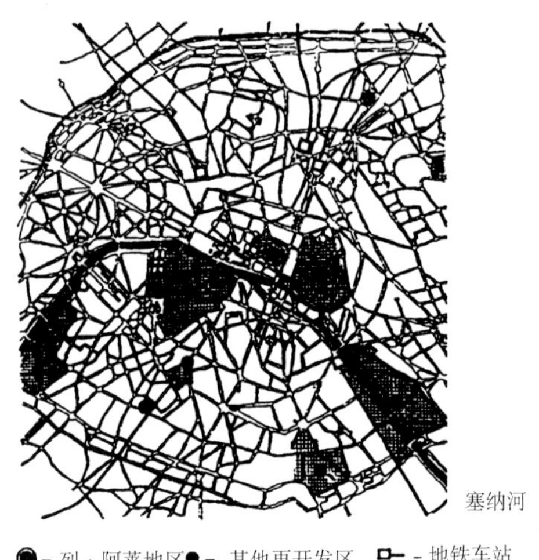

(b) 列·阿莱地区位置图

图4－110 巴黎市列·阿莱地区区位及开发范围图

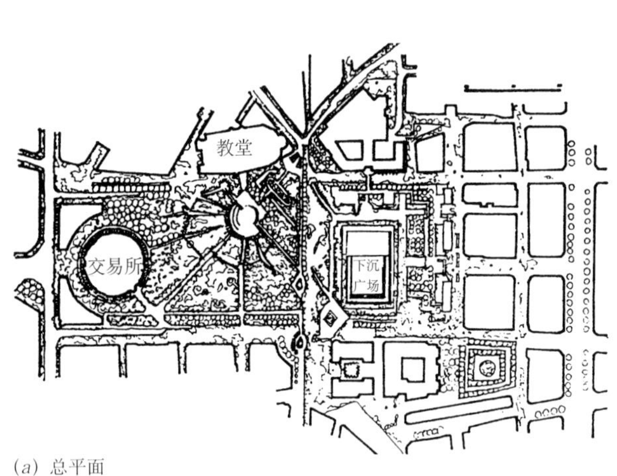

(a) 总平面

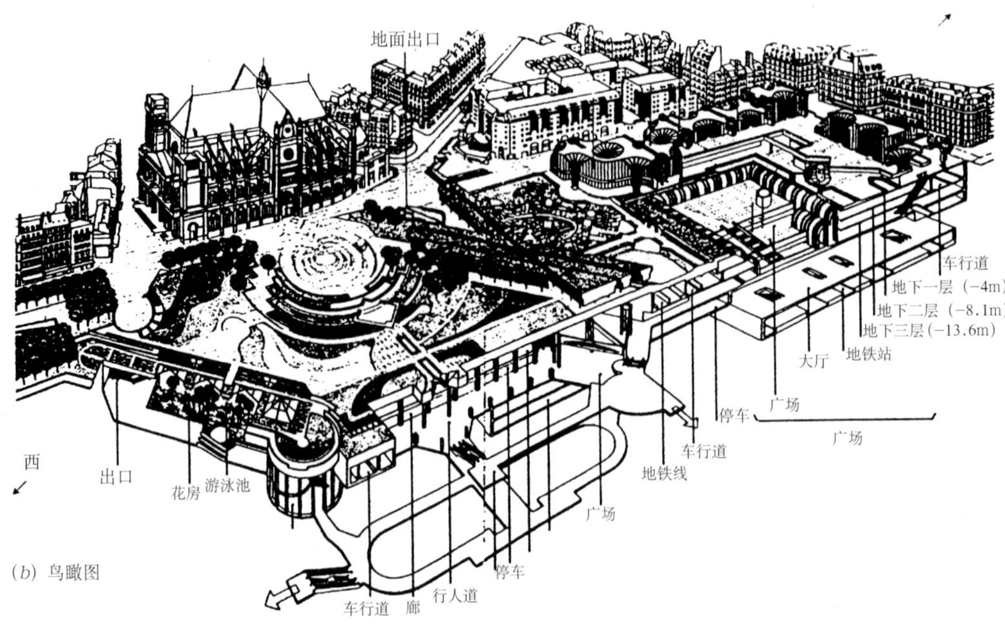

(b) 鸟瞰图

图4－111 巴黎市列·阿莱地区再开发规划

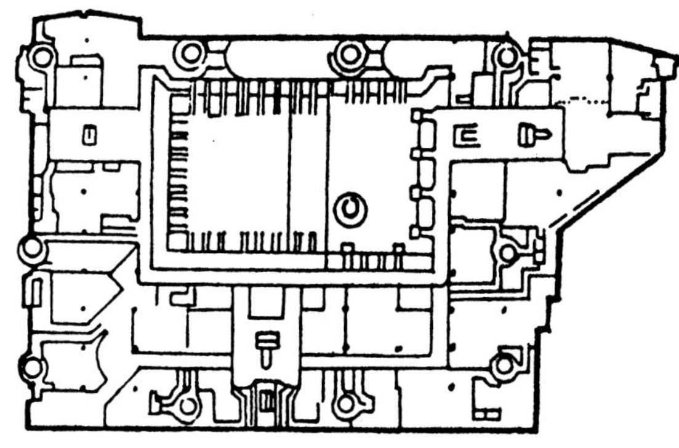

地下一层平面

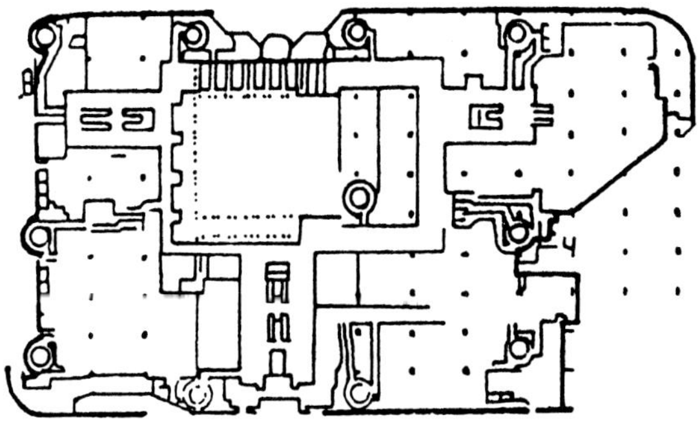

地下二层平面

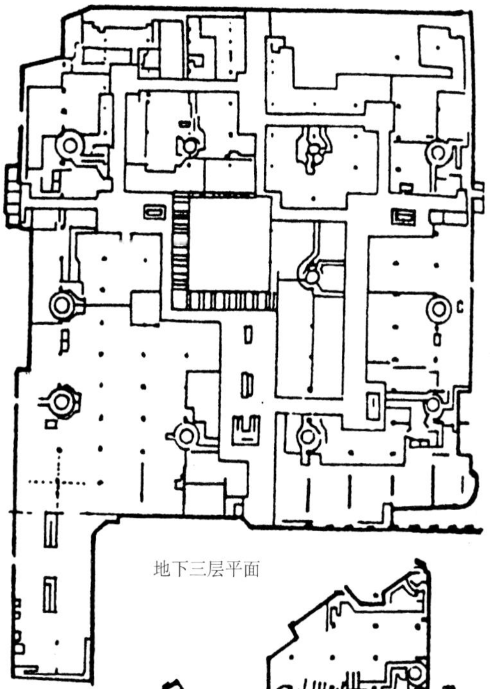

地下三层平面

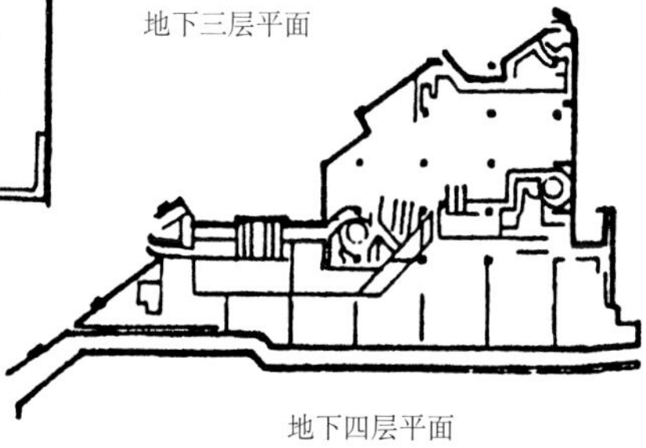

地下四层平面

剖面

图4-112 巴黎市列·阿莱地下综合体各层平面和剖面

图 4-113 巴黎市列·阿莱广场景观之一

图 4-114 巴黎市列·阿莱广场景观之二

图 4-115 巴黎市列·阿莱广场地面出入口内部

图 4–116 巴黎市列・阿莱广场下沉广场

图 4–117 巴黎市列・阿莱广场地下换乘大厅

图 4–118 巴黎市列・阿莱广场地下商场内部

4.3.11 瑞典斯德哥尔摩塞格尔广场

瑞典的斯德哥尔摩市南临波罗的海（Baltic Sea），由3块陆地和14个岛屿组成，用52座桥梁连接在一起，17世纪时成为首都，到1900年城市人口发展到30万人，1970年达到高峰（80万人），1980年以后逐渐减少到64万人，为全国人口的1/12。

在20世纪以前，斯德哥尔摩市的中心区在皇宫附近的旧城，到19世纪末，劳尔·诺尔玛地区(Lower Norrmalm)的商业有较大发展，逐渐形成一个新的中心区，包括塞格尔广场和斯维瓦根(Sveavagen)和康斯加坦(Kungsgatan)等几条主要街道。二次世界大战后迅速发展，汽车的增多使这一地区原有的较狭窄的街道上交通混乱。1946年制定了中心区再开发规划，沿主干道拆除一些破旧房屋，在斯维瓦根大街西侧建起5幢高18层的办公楼，还建了一座百货公司大楼和斯堪的纳维亚银行大楼。这次再开发很快又不能满足中心区发展的需要，主要表现为交通状况的恶化和停车空间的缺乏，于是在1963年又制定了新的再开发规划，重点在于对交通实行立体化改造。

塞格尔广场的交通立体化改造主要有两个方面，一是结合第三条地铁线的建造，与第一、二两线相汇于中心区，在塞格尔广场的地下，形成一个三条地铁线路的大型换乘枢纽(当地人简称之为“T-Centre”)，将大量公共交通客流转入地下，在地铁车站附近发展适当规模的商业，并在地下空间中建造几座大型地下停车库，总容量为2.5万台；第二方面是通过在中心区周围大量设置停车库，限制小汽车进入中心区，进入的车辆则停放在地下停车库中，这样就使地面上大片地区做到步行化和人、车分流，在总面积为170hm^{2}再开发区内，有80hm^{2}地域内的街道实现了步行化，成为步行商业街。

广场的地面上，分为两个部分，东侧是一个椭圆形的交通岛（长轴44m，短轴40m)，中间是一个直径为30m的大喷水池，池中央矗立一座由玻璃制成的多面、多棱体雕塑，因瑞典的玻璃制品闻名于世，这座雕塑成为国家和城市的一个象征，夜间用灯光照射，更为光彩夺目；广场东侧开辟一个面积约3500m^{2}的下沉式广场，行人可通过楼梯和自动扶梯从街道上下到广场，周围都是商店和地铁站出入口，可将大量人流分散到地下空间中去。广场的地下部分为商场和地铁站集散大厅，在地面喷水池的正下方，是一个圆形餐厅，在喷水池底部设置了一圈圆形的采光窗，位置正在地下圆形餐厅周围大厅的顶部，使天然光线能通过水面照入地下大厅，在冬季很长的瑞典气候条件下，温暖明亮的地下世界成为受人欢迎的交通和商业活动场所。

塞格尔广场的再开发，是与整个中心区的再开发同时进行的，到1970年基本完成，耗资近百亿美元。作为斯德哥尔摩市的中心广场，交通得到比较彻底的改善，创造了高文化的现代城市生活气氛，成为城市的标志和象征，因此可以认为，对广场的立体化再开发是成功的，为大城市中心广场和地下综合体的建设提供了一个较成功的实例。美中不足的是，广场地面以铺砌为主，基本上没有绿化，面积较大的下沉广场，因无绿化而显得单调。塞格尔广场的位置图和再开发的鸟瞰图见图4-119，彩色图片见图4-120～4-122。

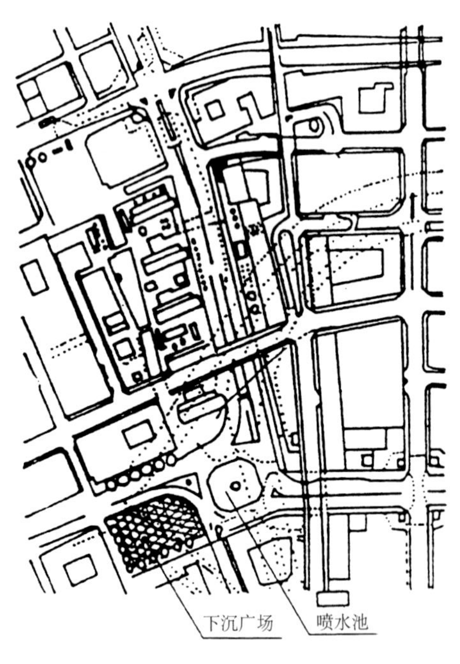

(a) 中心区再开发规划

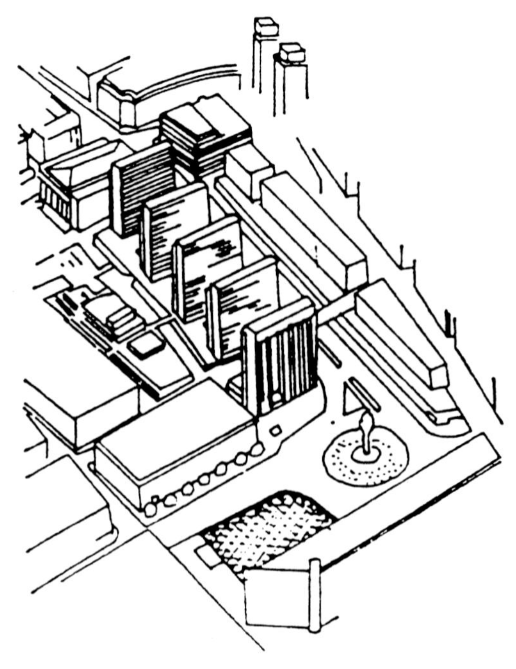
(b) 中心区再开发后鸟瞰

图4-119 斯德哥尔摩市塞格尔广场

图 4–120 斯德哥尔摩市塞格尔广场景观

图 4–121 斯德哥尔摩市塞格尔广场下沉广场

图 4–122 斯德哥尔摩市塞格尔广场地下集散大厅

4.4 站前广场型地下建筑综合体

4.4.1 日本东京站前广场

东京有铁路始于1868年，一直到20世纪50年代，都是使用位于丸之内地区的车站。由于线路不断增多和“新干线”高速铁路的建设，原有的车站已不能满足铁路客运量增长的需要。20世纪60年代初，决定在丸之内车站的另一侧新建八重洲车站，作为主车站，定名为东京站，同时对两个车站附近地区进行立体化再开发，在八重洲站前广场和通往银座方向的八重洲大街的一段，建设了著名的八重洲地下街。八重洲大街拓宽后两侧为车行道，中间有街心花园，地下停车场的出入口和地下街的进、排气口都组织在花园中，沿街多为6～10层的高大建筑物，没有超高层建筑。东京站除新干线、山手线等列车经过外，还有8条地铁线从附近通过，其中有4条线在大手町设站，3条在日比谷和银座有站，2条在日本桥有站。这些地铁车站一般都位于以东京站为中心的几十到几百米半径范围内，均由地下步行通道网互相连通，可在平面上或立体上换乘，并经两条地下通道与东京站地下部分和八重洲地下街相接。此外，在地下街的二、三层有4号高速公路通过，车辆从地下就可进入公路两侧的公用停车场，使地面上的车流量也有所减少，路上停车现象基本消除。这样，尽管东京站日客流量高达80～90万人，但站前广场和主要街道上交通秩序井然，步行与车行分离，行车顺畅，停车方便，环境清新，体现出现代大城市应有的风貌。

图4-123是东京站前广场和对面的八重洲大街经过再开发后的情况。分布在人行道上的大量出入口，可使行人很方便地从地下穿越广场进入车站。

八重洲地下街分两期建成（1963～1965年和1966～1969年），曾经是日本规模最大的地下街，总建筑面积7.4万m^2，地下3层。一层由三部分组成：车站建筑的地下室；站前广场下的地下街；从广场向前延伸的八重洲大街下约150m长的一段地下街（共有商店215家）；二层有两个地下停车场，总容量570辆车；地下三层为4号高速公路，高压变配电室和一些管、线廊道。分布在广场周边和街道人行道上的23个出入口，可使行人从地下穿越街道和广场进入车站；设在街道中央的地下停车场出入口，使车辆可以方便地进出而不影响其他车辆的正常行驶。

图4-124是八重洲地下街总平面、地下一层平面和剖面。彩色图片见图4-125～图4-130。

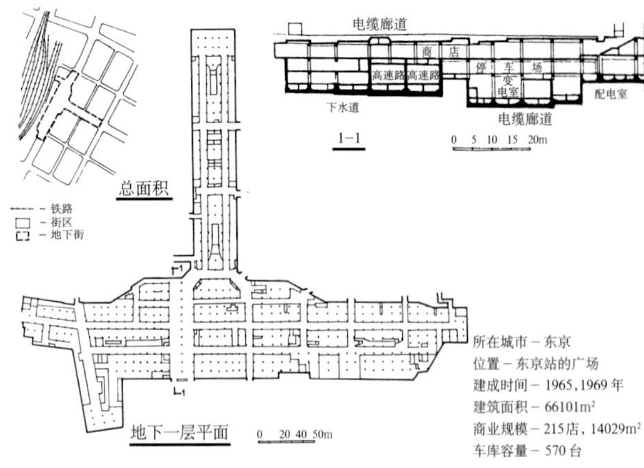

图4-123 东京站前八重洲地下街总平面，地下一层平面，剖面

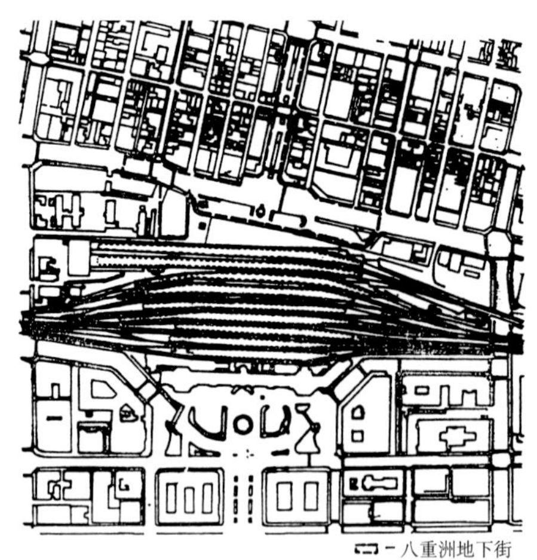

(a) 东京站前广场再开发规划

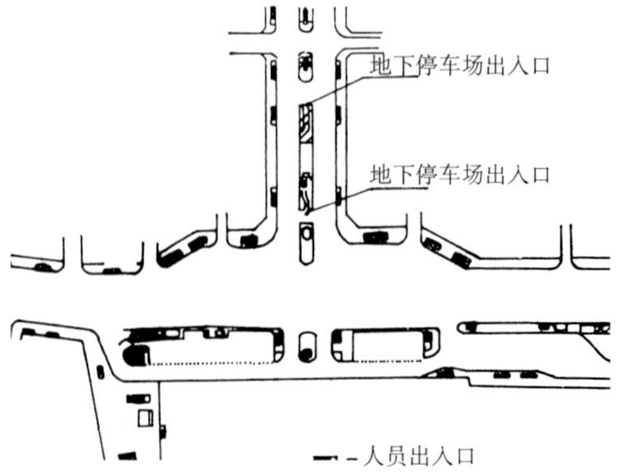

(b) 八重洲地下街出入口布置

图4-124 东京站前广场及地下街出入口布置

图 4-125 东京站前广场景观之一

图 4-128 东京站前广场地下集散大厅

图 4-126 东京站前广场景观之二

图 4-129 东京站前广场八重洲地下街中的“水之广场”

图 4-127 东京站前广场地下集散大厅

图 4-130 东京站前广场八重洲地下街中的“光之广场”

4.4.2 日本横滨站西广场

横滨是距东京最近的一个大城市，人口287万人，在交通、经济、文化上与东京都有着密切的联系，城市也与东京一样，战后迅速发展，很快就面临旧城改造的问题，同样采取了立体化再开发的方式。横滨是沿海岸发展起来的港口城市，铁路车站位于东区的中心，日客流量达150万人。1959年，日本历史最久的高岛屋百货公司在横滨站前开设分店，吸引大量顾客，使站前交通混乱，人车混杂严重。20世纪60年代初期，对该地区的再开发进行可行性研究，认为矛盾主要表现为站前交通紧张，停车空间不足，办公空间短缺，于是制定了立体化再开发规划，于1964年在车站西侧站前广场建成波塔地下街，又于1974年向广场前的街道延伸了200m，完成二期工程，形成了一个复合型地下街。

波塔地下街共2层，总面积3.9万m^2，共设出入口29个，直通地面的17个，1个通车站，7个通周围百货商店，4个通其他地下室。在规划阶段，曾对站前停车情况进行了调查，并对停车需求量进行了预测。预测结果，停车需求量为1930台，现在各种停车设施总容量为1605台，尚缺325台。波塔地下街的公用停车场容量为362台，正好满足本地区停车的需要。波塔地下街的地面层平面见图4-131，总平面及地下层平剖面见图4-132，彩色图片见图4-133～图4-138。

20世纪70年代后期，对横滨站东侧地区也进行了再开发，1980年建成戴蒙得地下街，完成了整个车站地区的立体化改造。由于贯彻了新的建设方针，波塔地下街不再与周围地下室连通，与车站的连接改在地上，出站后经过一段短的玻璃雨棚，就可从宽敞的踏步或自动扶梯进入地下街。这样的处理方式是第一次出现。

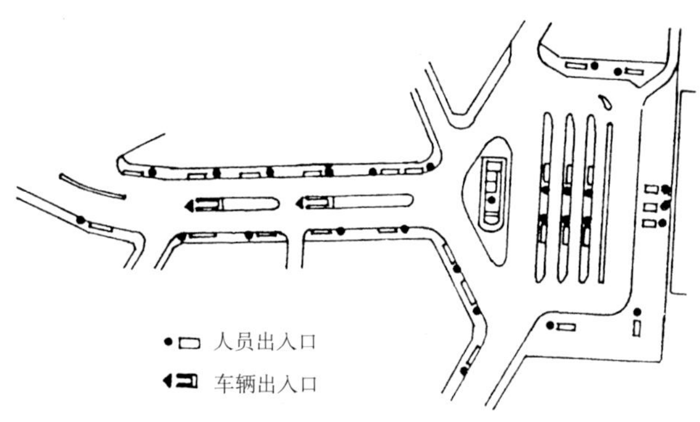

图4-131 横滨车站西广场波塔地下街地面层平面

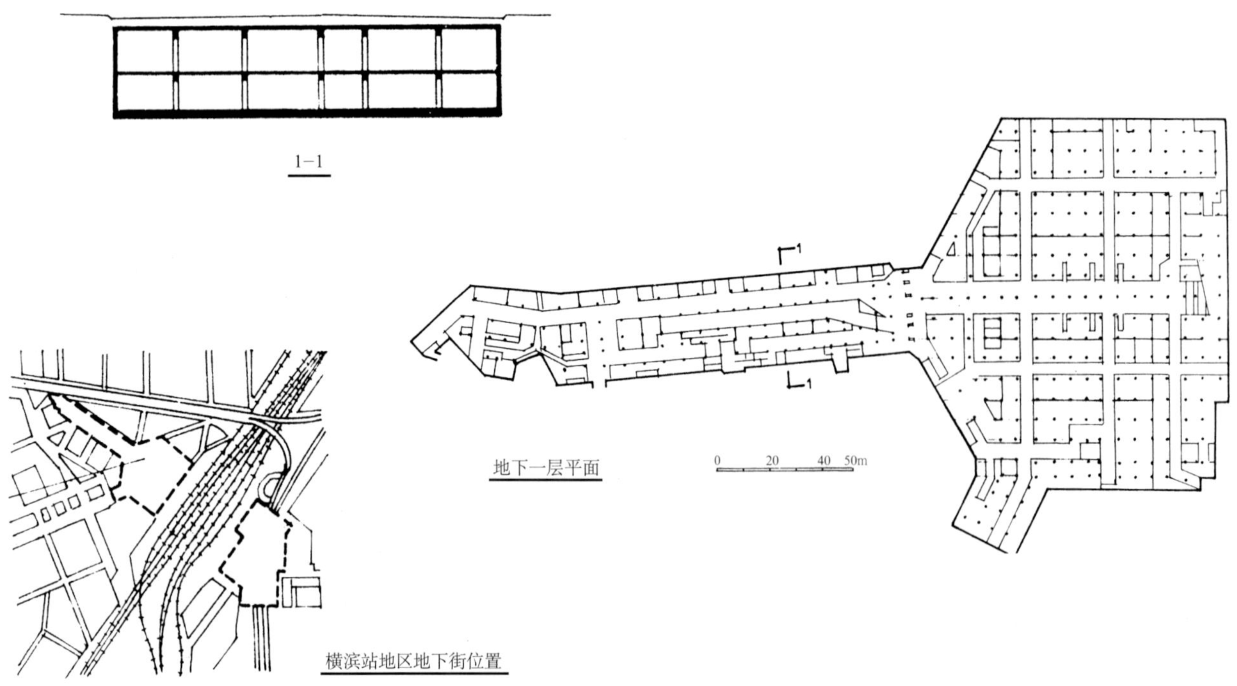

图4-132 横滨车站西广场波塔地下街总平面、地下一层平面、剖面

图 4–133 横滨站西广场景观

图 4–134 横滨站西广场波塔地下街主出入口

图 4–135 横滨站西广场波塔地下街内部

图 4–136 横滨站西广场波塔地下街内部主通道

图 4–137 横滨站西广场波塔地下街内部休息、吸烟处

图 4–138 横滨站西广场波塔地下街内部植物

4.4.3 日本川崎市站前广场

神奈川县是东京都所辖7个县之一，县内的川崎市是东京都市圈内的一座中等城市，规划人口115万，有东京至横滨等几条主要铁路和高速公路通过，是东京南部的一个重要交通枢纽。车站地区在改造前相当拥挤，人车混杂和路边停车等现象相当严重，建筑物也多矮小陈旧。从20世纪70年代初期就开始筹划对这一地区实行再开发，由于“基本方针”的制定，对地下街的建设采取了谨慎的态度，规划设计必须严格按有关规定执行，故经过近10年的筹备，才于1981年正式开工。地下街取名阿捷利亚，意为杜鹃花。

阿捷利亚地下街的建设是以站前地区交通改造为主要目的的城市再开发的组成部分，与新的国铁车站建筑以及周围的商业建筑、银行、办公楼等10层左右的新建筑统一规划设计，同时施工。站前广场南北长约250m，东西约130m，整个广场和广场前方街道的地下空间，开发为2层的地下街，有一部分地下步行道和进出车坡道深入到附近两条街道中去。广场主要用于组织站前交通，只有中部因设置地下街的天窗而保留一小片绿地。广场正面有高架的京滨高速公路通过，两侧共设有公共汽车终始站站台5个，出租汽车站台2个，每个站台上各有2部楼梯通向地下街，出站人流可经地下街中的通道直接上到站台，从而比较好地解决了广场上的人车混杂问题。地下停车场的出入口布置在广场以外的两条街道中央，与两条京滨高速公路相衔接，使广场上的小汽车数量明显减少。

阿捷利亚地下街总建筑面积5.7万m^2，地下一层有公共步行道1.4万m^2，商店1.3万m^2；地下二层有公用停车场1.5万m^2、容量380台，还有机房等辅助用房约1.2万m^2。按照“基本方针”的规定，地下街不与周围地下室连通，故地下街主要出入口设在车站正门以外，旅客出站后经过一段很短的玻璃雨棚，即可从很宽的台阶（也可乘自动扶梯）下到地下街一层，到达一个面积1300m^2的地下广场。广场上方设有天窗，天然光线可直接照入广场，故名“阳光广场”。在广场两侧规则地分布着4条商业街，共有商店154家。在地下一层的左右两端，各有一条宽15m和13m的公共步行道，在步行道结束处形成几个小型的休息广场。在大台阶下设有防

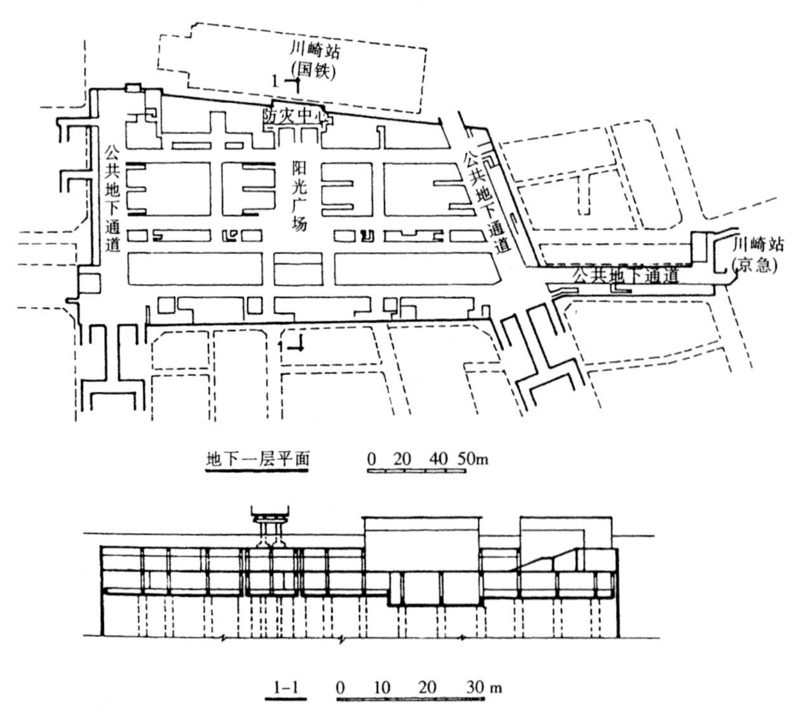

图4—139 川崎站前广场阿捷利亚地下街地下层平面、剖面图

灾中心，其位置适中，使用煤气的20家饮食店集中布置在东侧4号街两侧，便于对煤气使用的监控，同时形成饮食一条街，方便顾客。地下二层主要为公用停车场，设2个出入口，车辆进入后沿环形车道进入停车位，单向行驶，可从出口到地面，也可继续行驶，从地下进入京滨第一或第二国道。在地下二层中还有各种机房、仓库、办公室、职工生活间等。

阿捷利亚地下街总投资448.8亿日元，其中工程费366亿日元，神奈川县和川崎市给予贷款144亿日元，从市政建设资金中拨出34亿日元，其余靠集资。据预测，从1986年开业起11年后开始赢利，20年后收回全部投资。

阿捷利亚地下街是日本20世纪80年代地下街建设的典型工程，日进出地下街的约有20万人次，年约6300万人次。车站地区的再开发和地下综合体的建设，呈现出现代城市空间整洁有序的崭新面貌，被当地人赞誉为21世纪川崎市的象征。图4-139为阿捷利亚地下街地下层平面、剖面。彩色图片见图4-140～图4-150。

图4-140 川崎站前广场景观之一

图4-141 川崎站前广场景观之二

图4-142 川崎站前广场阿捷利亚地下街主入口

图 4-143 川崎站前广场阿捷利亚地下街入口处的大“八音盒”

图 4-144 川崎站前广场阿捷利亚地下街入口处的大“八音盒”定时打开演奏

图 4-145 川崎站前广场阿捷利亚地下街地下阳光广场之一

图 4-147 川崎站前广场阿捷利亚地下街主通道

图 4-146 川崎站前广场阿捷利亚地下街地下阳光广场之二

图4–148 川崎站前广场阿捷利亚地下街内部之一

图4–149 川崎站前广场阿捷利亚地下街内部之二

图4–150 川崎站前广场阿捷利亚地下街地下步行道

4.4.4 日本京都站前广场

京都是日本的古都，是著名的国际文化旅游城市，在保护古都风貌的前提下，已发展成有150万人口的大城市。20世纪70年代初，车站地区城市矛盾激化，站前广场上人车混杂严重，故决定在这一地区实行立体化再开发，于1980年建成波塔地下街，大量人流进入地下，使站前交通明显改善。波塔地下街的地面布置见图4−151。

波塔地下街总面积2.4万m^2，是在"基本方针"实施后设计的，公共通道占总面积的42.8%，大于商店的面积（占39.3%），符合"基本方针"的要求。内部除全部为宽6.5m的通道外，还布置了一个宽20m的地下广场，正对从车站地面进入地面街的大踏步，其顶部为拱形结构，露出到地面以上，对通风和防灾都是有利的。在地下街东侧，还有一个面积为2400m^2的地铁站厅，换乘十分方便。波塔地下街地下层平面、剖面见图4−152，彩色图片见图4−153～图4−158。

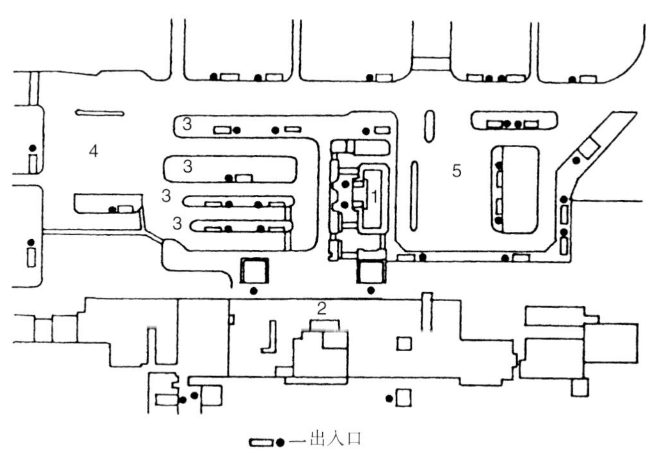

图4−151 京都站前广场地面层

1−地下街拱顶；
2−京都车站；
3−市内公共汽车终点站；
4−旅游车停车场；
5−出租车停车场

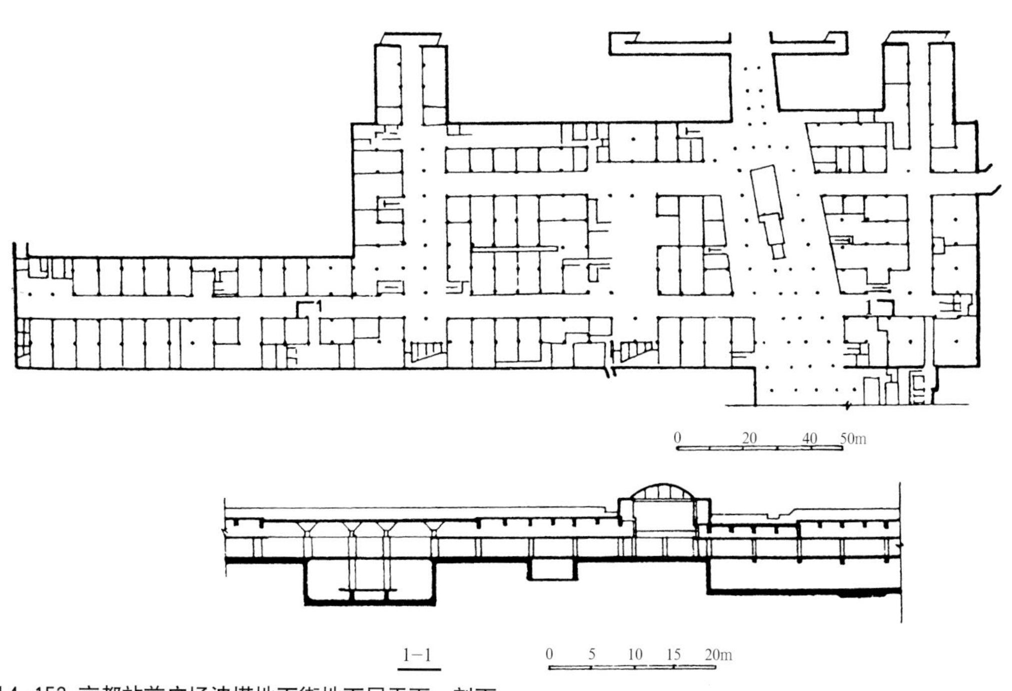

图4−152 京都站前广场波塔地下街地下层平面、剖面

图 4–153 京都站前广场景观

图4–154 京都站前广场上的波塔地下街拱顶

图4–155 京都站前广场波塔地下街下沉式地面出入口

图 4–156 京都站前广场波塔地下街地下大厅之一

图 4–157 京都站前广场波塔地下街地下大厅之二

图 4–158 京都站前广场波塔地下街地下换乘广场

4.4.5 日本神户站前广场

神户是日本第五大城市，是背山面海的狭长形港口城市，开港已有120多年历史，中心区在城市的中部。根据神户市发展的总体规划，要对中心区进行再开发，建设3个带状区，分别为中央都市轴（行政、业务区）、都心商业轴和神户文化轴。在三轴之间有发达的地面、地下和高架交通系统相互联系。在文化轴的南端沿海地带，有一个哈巴兰德地区，意为“港地”，原是一个铁路货场，面积17万m^2。规划决定废弃货场，建设一个全新的文化中心，其中计划在新干线铁路与阪神高速公路交汇处的三角形地段，开发一个哈巴兰德地下街，地面上形成一个广场，既能起交通集散作用，又是一个文化休息场所，体现出日本地下街的地面广场从单纯的交通功能向更加人文化发展的趋势。广场的再开发规划见图4–159。

哈巴兰德广场的地下空间开发更加灵活，更加开放，在总面积为1.1万m^2的地下街中，步行通道和广场约占一半，中央广场的面积达3800m^2，而商业设施仅有2400m^2，布置在地下广场的周围。沿跨越高速公路的两条宽8m的通道两侧墙面上，设计了一个50m长的水族馆。地下街共有3处玻璃屋顶，一个是从车站进入地下街的出入口，一个在中央广场上方，是拱形的可移动玻璃顶，天气好时可以敞开；另一个在地下街东侧，是专门采光用的锥形玻璃顶。通过这几个玻璃屋顶和天窗，使地面上面积只有1.3万m^2的广场得以向地下空间延伸，形成一个统一的空间，在有限的空间内容纳更多的城市功能，创造舒适宜人的环境，体现城市高度的文化素质。

神户哈巴兰德广场的立体化再开发和地下综合体的建设，不仅是为了缓解一些城市矛盾，而更多的是着眼于面向21世纪的未来，在城市历史文化背景下，结合海滨城市的特点，提出了建设“港、风、绿”城市的目标，并以现代最新技术加以实现。哈巴兰德地下街已于20世纪90年代初期建成，代表了城市中心区再开发和地下综合体建设的一个高水平和新方向。

地下街的平、剖面见图4–160，彩色图片见图4–161～图4–169。

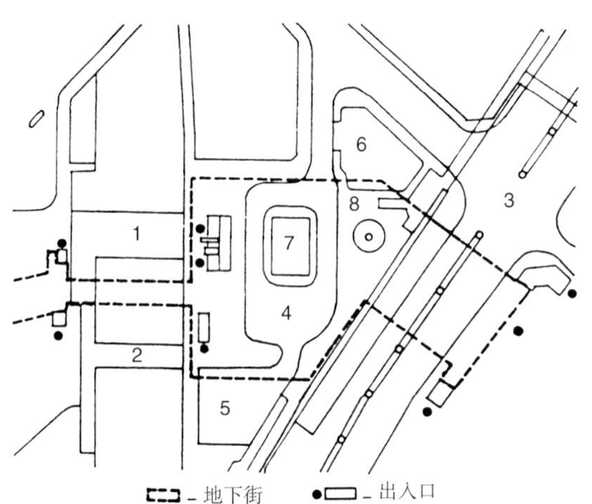

1–国铁神户站；2–国铁神户站西口；3–阪神高速路；4–出租车停车场；5–小轿车停车场；6–大客车停车场；7–地下街可移动玻璃拱顶；8–地下街玻璃穹顶

图4–159 神户站前广场再开发规划示意

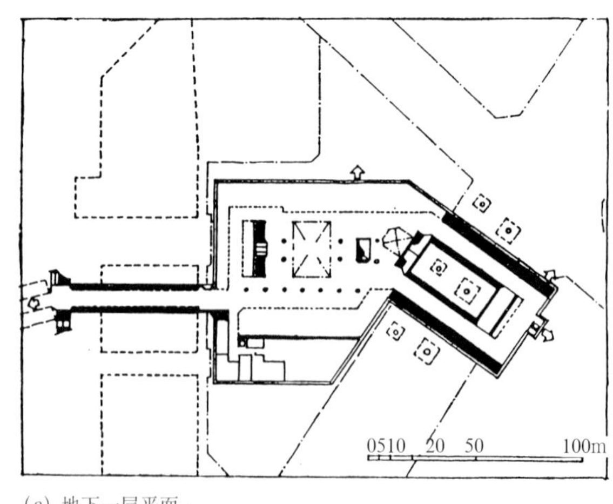

(a) 地下一层平面

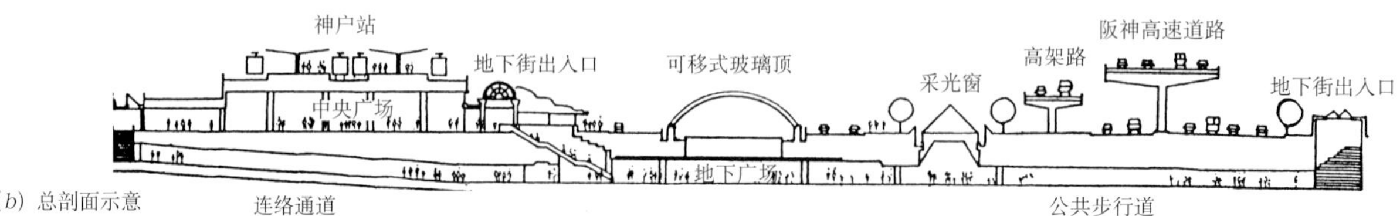

(b) 总剖面示意

图4–160 神户站前广场“哈巴兰德”地下街平面、剖面

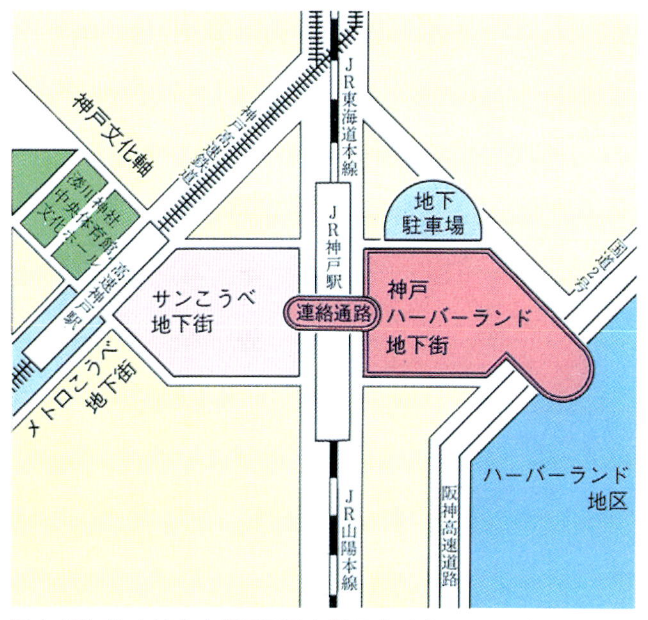

图 4–161 神户站前广场平面及鸟瞰示意（黄蔚欣　摄）

图 4–162 神户站前广场景观之一（黄蔚欣　摄）

图 4–163 神户站前广场景观之二（黄蔚欣　摄）

图 4–164 神户站前广场景观之三（黄蔚欣　摄）

图 4-165 神户站前广场换乘大厅（黄蔚欣 摄）

图 4-166 神户站前广场换乘枢纽（黄蔚欣 摄）

图 4-167 神户站前广场“哈巴兰德”地下街入口（黄蔚欣 摄）

图 4-168 神户站前广场“哈巴兰德”地下街内景之一（黄蔚欣 摄）

图 4-169 神户站前广场“哈巴兰德”地下街内景之二（黄蔚欣 摄）

4.5 区域型地下建筑综合体

4.5.1 北京中关村西区

中关村西区是位于北京西北部，是中关村高科技园区核心区的重要组成部分，占地面积51.44hm^2。1999年经国务院批准建设，其功能主要是：高科技产业的管理决策、信息交流、研究开发、成果展示中心；高科技产业资本市场中心；高科技产品专业销售市场的集散中心。全区定性为：高科技商务中心区。

中关村西区的建设，从规划阶段起，就明确了实行立体化再开发，地上、地下空间统一规划，协调发展的原则，并按照这个原则进行了详细规划，并正在实施。建设的目标不仅是建一个生产、销售高科技产品的开发区，而且是要建立一个在21世纪领导中国乃至环太平洋地区社会经济发展的以高科技为特征的城市中心，一个环境、机能、空间，以及社会、经济高度发达的新型都市中心。

地面空间规划分为三个科贸组团区、一个公建区、一个公共绿化区和一个公共绿地广场。除个别标志性建筑高80～120m外，其他建筑物保持在50～65m，总建筑面积100万m^2。除金融、科技贸易、科技会展等建筑外，还配有商业、酒店、文化、健身娱乐、大型公共绿地等配套服务设施，此外，根据北京市城市总体规划中确定的商业文化服务多中心格局，该地区还是北京市级商业文化中心区之一。

中关村西区采用立体交通系统，实现人车分流，各建筑物地上、地下均可贯通。地下一层的交通环廊，断面净高3.3m，净宽约7m，有10个出入口与地面相连，另外有13个入口与单体建筑地下车库连通，使机动车直接通向地下公共停车库及各地块的地下车库；地下二层为公共空间和市政综合管廊的支管廊，规划建设约12万m^2的商业、娱乐、餐饮等设施；地下一层和地下二层停车场规划建设10000个机动车停车位；地下三层主要是市政综合管廊主管廊，约10万m^2，地下建筑总面积50万m^2。

由于高强度整体式开发地下空间，容纳了大量城市功能，使地面上的环境质量保持很高的水平，建筑容积率平均为2.6，建筑密度平均为30%，绿地率达到35%。中关村西区将成为我国城市中心地区立体化再开发的一个范例，也是展示我国城市地下空间利用和地下综合体建设最新成就的一个窗口。目前在国际上也只有巴黎的德方斯新城可与之相媲美。

图4－170为中关村西区区位图；图4－171为中关村西区地面功能分区图；图4－172是地下一层空间利用示意图；图4－173是地下市政管线综合图，中间扇形为环形综合廊道，上层为交通廊道，与周围的地下停车库相通；下面二、三层为管线综合廊道。有关中关村西区的彩色图片见图4－174～图4－182。

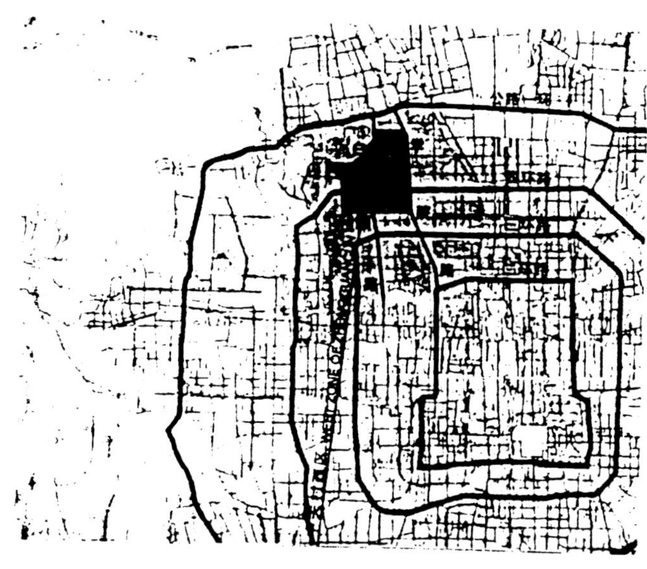

图4－170 北京中关村西区区位图

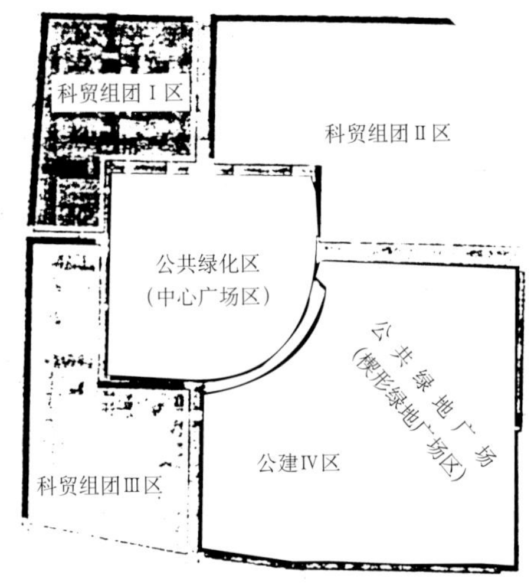

图 4-171 北京中关村西区地面功能分区图

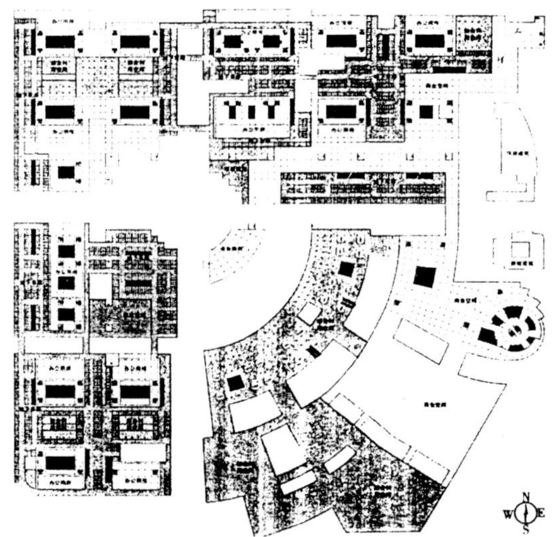

图 4-172 北京中关村西区地下一层空间示意图

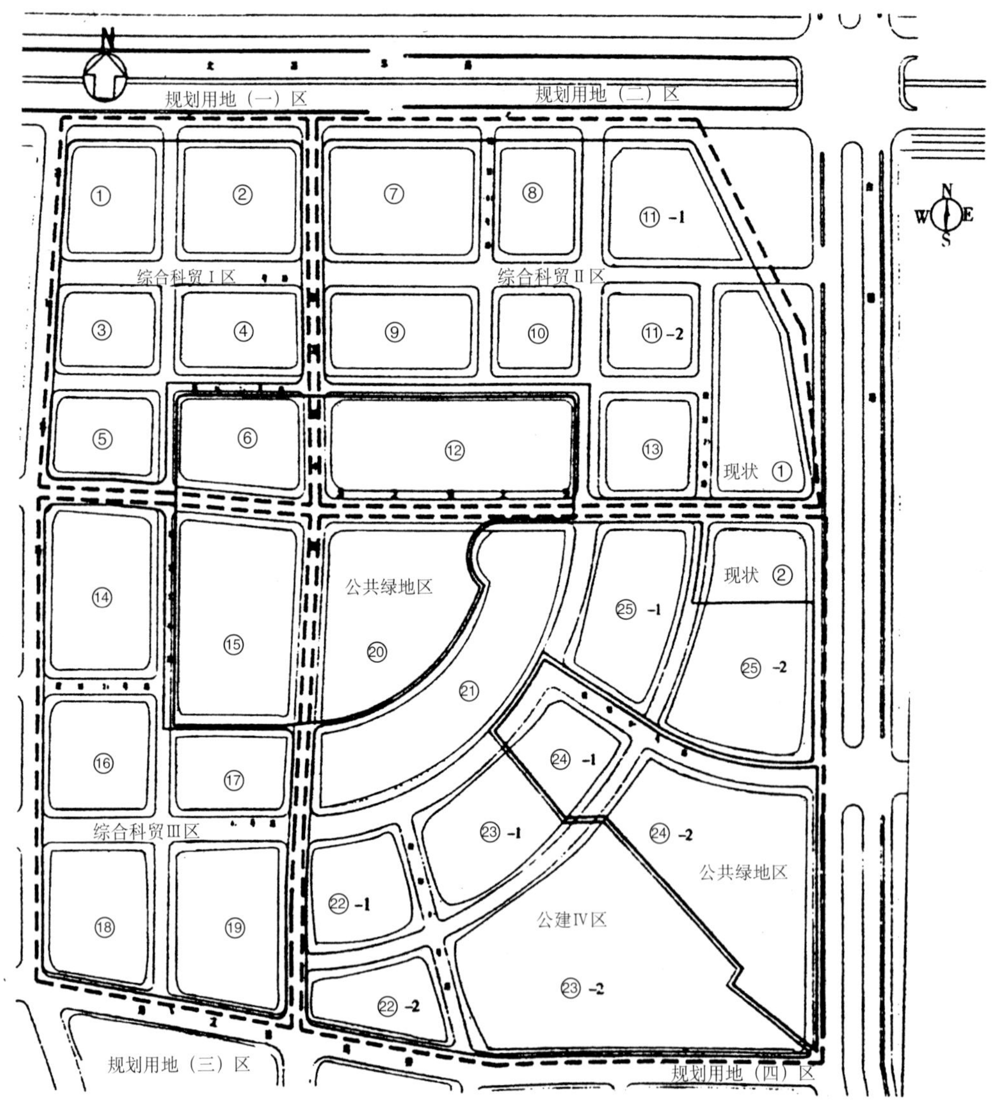

图 4-173 北京中关村西区地下市政管线综合平面图（图中数字为地块编号）

图 4-174 北京中关村西区地面规划模型

图 4-175 北京中关村西区规划总平面图

图 4-176 北京中关村西区标志性建筑——金融大厦

图 4–177 北京中关村西区北侧街景之一

图 4–178 北京中关村西区北侧街景之二

图 4–179 北京中关村西区中央广场

图 4–180 北京中关村西区中央广场上的音乐喷泉（尚未通水）

图 4–181 北京中关村西区地下大型超市地面出入口

图 4–182 北京中关村西区地下大型超市内部主通道

4.5.2 上海静安寺地区[5] [9]

静安寺地区位于上海中心城的西侧，是上海中心城西区的中心。20 世纪 90 年代中期开始研究地区的城市再开发，制定了全面的立体化再开发规划，一直到城市设计的深度。规划设计范围约 $36hm^2$。到 21 世纪初，以静安古寺和静安公园为中心的地区已改建完成，效果很好。

静安寺地区以有1700年历史的静安寺而闻名，地区内有市少年宫（原加道理爵士住宅）、红都剧场（原百乐门舞厅）等近代建筑，以及有成行参天悬铃古木的静安公园。作为中华第一街的南京路，东西向地从地区中间穿过。

静安寺地区的发展有很多有利条件，规划中的交通设施，包括地铁 2 号线和 6 号线由东西方向和南北方向从中心穿过，延安路高架车道从南侧通过，而且在华山路口设有上下坡道，南京路北侧还有城市非机动车专用道从愚园路通过；地区周围有很多商业服务设施，包括大量的星级宾馆，另外还有展览中心等都能对中心给以有力的支持。然而地区的发展也存在很多弱点，首先是商业空间严重不足，1990 年以前仅有 5 万 m^2，近年稍有增加，也不明显，与地区的商业知名度差距较大；其次是交通严重超负荷，南京路华山路等交叉口阻塞严重，人车混杂，社会停车场所几乎没有。

静安寺地区有两条地铁在静安公园、南京路交叉通过，地铁 2 号线已开始实施，地铁站是人流集散的大型枢纽，也是静安寺地区繁荣的良机。地下综合体和下沉广场的建设，把地面空间难以容纳的城市功能引入地下空间，使城市功能更为完备，城市空间更为丰富。

充分的社会停车组织是保证商业中心繁荣的重要条件。整个地区布置两个停车场，其一是静安公园（西半部）地下设置大型地下车库，容量达 800 辆，紧靠地铁车站，其二是乌鲁木齐路愚园路口设多层停车库，容量为 200 辆。结合国情，骑自行车购物者很多，分别在地区的四周设置自行车公共车库，共停放 6000 辆，并尽量靠近购物场所。

步行系统的完整性使购物者在商业中心内具有安全感和舒适感，并结合组织休息交往空间，使市民能在此留连忘返。城市设计力求建立这个地区地下、地面和地上三个层次的步行系统。结合地铁站，在地下一层将核心区的地下空间联成一体，并跨越南京路、常德路和愚园路等；二层步行系统联系各街坊的商业空间，并加盖天桥跨越部分街道，以补充没有地下空间跨越道路的人行过街设施。

上海将成为 21 世纪的经济、金融、贸易为主的国际性大都市，静安寺地区也将成为空间形态有特色，生态环境和谐，运动系统有序的上海西部文化旅游、商业中心。

上海静安寺地区区位图见图 4－183；再开发规划总平面见图 4－184；下沉广场及地下平面见图 4－185 及图 4－186；下沉广场剖面见图 4－187，彩色图片见图 4－188～图 4－192。

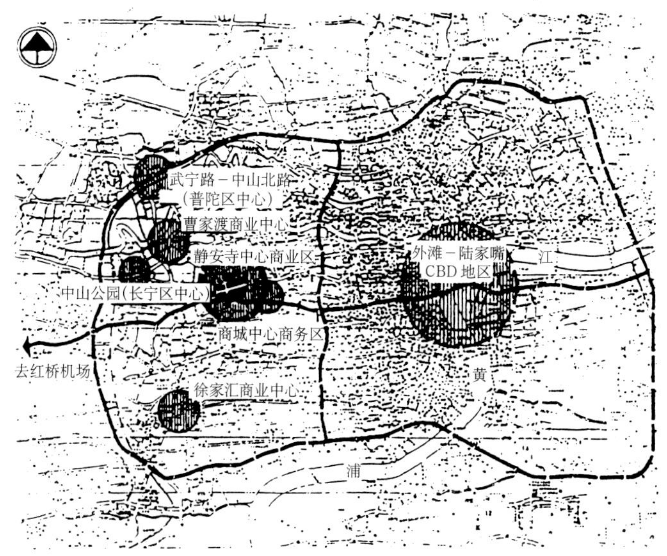

图 4－183 上海静安寺地区区位图

图 4－184 上海静安寺地区再开发规划总平面图

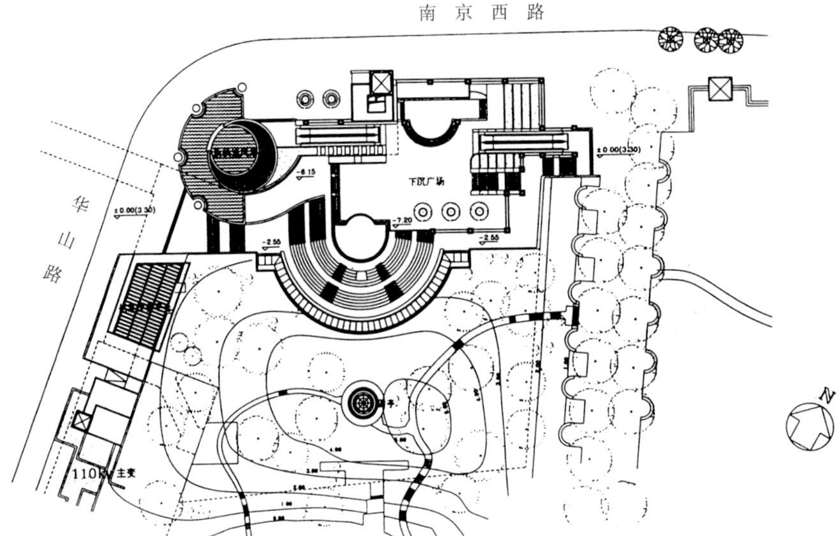

图 4—185 上海静安寺地区下沉广场平面图

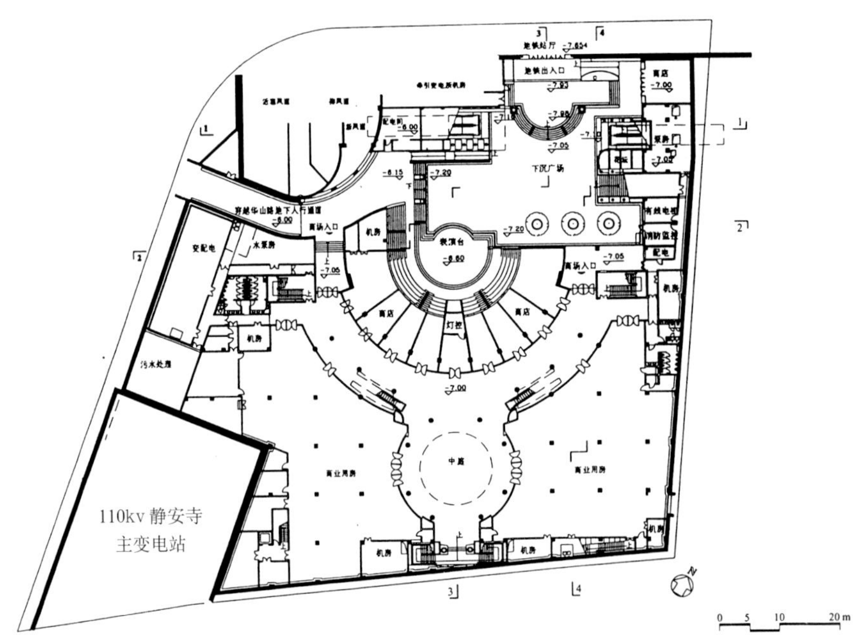

图 4—186 上海静安寺地区地下一层商业空间平面图

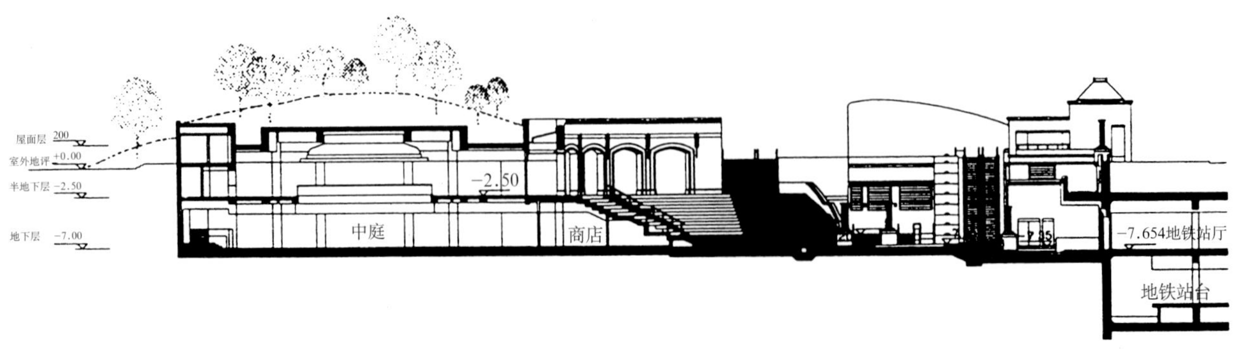

图 4—187 上海静安寺地区下沉广场剖面图

图 4–188 上海静安寺下沉广场鸟瞰（卢济威 摄）

图 4–189 从上海静安寺地下商场出口看下沉广场

图 4-190 上海静安寺地区下沉广场

图 4-191 上海静安寺地区地下商场内景之一

图 4-192 上海静安寺地区地下商场内景之二

4.5.3 日本东京新宿地区

新宿原是东京的郊区，旧称原宿，1885年建成火车站，1923年关东大地震后，居民向西迁移，新宿地区开始发展。战后，人口增长更快，火车站增加到3个（西口、东口、南口），日客流量超过100万人。在这种情况下，1960年成立了“新宿副都心建设公社”，开始全面规划新宿的立体化再开发，并逐步实施。1964年建成东口地下街，1966年建成西口地下街，基本完成了车站西侧地区的改造，又经过10年左右，1975年建成歌舞伎町地下街，1976年建成南口地下街，完成了车站东侧地区的立体化再开发，形成了一地下综合体群，4个地下街的基本情况见表4–2。

新宿地区再开发规划示意见图4–193，新宿西口地下街地面层平面见图4–194，彩色图片见图4–195～图4–204。

东京新宿地区地下综合体群　　表4–2

地下街名称	建筑面积（m²）	停车容量（台）	建成时间
新宿西口	29650	380	1966.11
新宿东口	18675	210	1964.5
新宿南口	17078	296	1976.3
歌舞伎町	38000	385	1975.3

1–新宿西口地下街；
2–新宿南口地下街；
3–新宿东口地下街；
4–歌舞伎町地下街；
5–靖国路；
6–超高层建筑

图4–193 东京新宿地区再开发规划示意

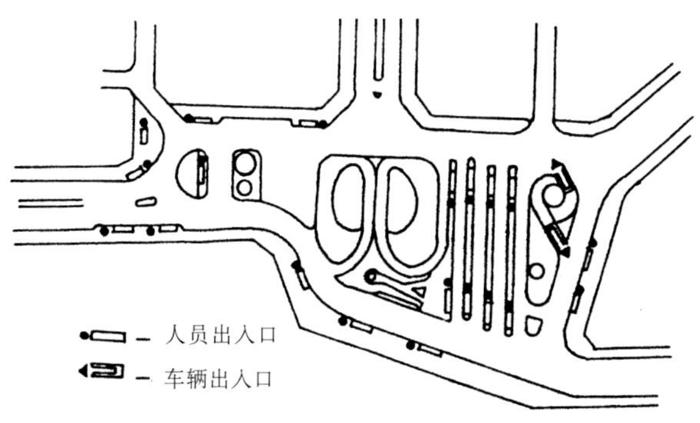

图4–194 东京新宿西口地下街地面层平面

图 4–195 东京新宿地区鸟瞰

图 4–196 东京新宿西口地区的立交道路

图 4–197 东京新宿西口地面广场

图 4–198 东京新宿西口地下街换乘大厅

图 4-199 东京新宿地区下沉广场之一

图 4-202 东京新宿地区下沉广场中的音乐演出

图 4-200 东京新宿地区下沉广场之二

图 4-203 东京新宿地区下沉广场中的植物

图 4-201 东京新宿地区下沉广场之三

图 4-204 东京新宿西口广场上的排气口

4.5.4 加拿大蒙特利尔城中心地区

蒙特利尔(Montreal)是加拿大第二大城市，市区面积380km²、人口340万人。从1954年起由国际著名建筑师贝聿铭主持，开始对市中心地区的维力—玛丽广场(Place Ville–Marie)地区进行立体化再开发规划，到1962年完成再开发，对公众开放，共开发地下空间50万m²，形成初期的地下城。主要内容有地铁车站、地下广场、旅馆和高层建筑地下室间的连接通道。

由于1967年蒙特利尔世界博览会和1976年在蒙特利尔举办奥运会的推动作用，城市建设和改造有了迅速的发展。从1966年起，建成4条地铁线，随着作为交通干线的地下铁道的建设，地下空间开发利用进一步扩大，到20世纪80年代，又有三组地下综合体形成，地下步行道在1984年总长有12km，到1989年已达22km。到2002年，连络通道长度已达到32km。1990～1995年，出现了多功能城市中心区的概念。在蒙特利尔国际区开发之前，地下通道仍不能满足需要。因此，2000年建设了很多地下通道，尤其是使通道之间建立联系，形成连续性的网络。这个网络遍布城市中心区的中心地点。

地下城的步行网络是由于大量地面建筑(包括100多个商家）联系在一起的，在商业方面包括商业中心、商业街、专营店等。经过12年的发展，大约有2/3的地下设施内有了商业面积。

从1992年开始，地下商业设施得到了进一步发展，尤其是城市中心区地下商业设施更具吸引力。另外，在保证安全、改善地下环境等方面，业主、开发商、专业设计人员也做了大量的工作。除了大量细致的规划工作，政府部门还制定了一些相应的法律、法规、标准，使城市建设和法律法规的要求进一步适应。

20世纪90年代城市中心区的商业活动得到了很大发展，在蒙特利尔中心区，地下商业设施是同地面的商业设施并行发展起来的。一些城市中心区的建筑通往地下，既可以走室内也可以通过室外出入。

由于经营效益很高，目前地下商业设施发展势头非常好。据统计，地下和地上的商业设施已是各占一半。类型具有多样化的特点，包括咖啡馆、快餐店、小店铺、牙医诊所、美容美发店、大型商业的连锁店等。

到1992年，蒙特利尔地下城除交通设施外的组成情况和使用情况见表4–3。

经过几十年的发展，蒙特利尔地下城已成为目前世界上最大规模的城市地下综合体建设项目，也

蒙特利尔地下城内部组成和使用情况　　表4–3

设施名称及使用情况	1984年	1989年	1992年
艺术博物馆（个）	0	0	1
大旅馆（个）	7	6	7
城内公交车站（个）	0	1	2
房间数（间）	4970	3950	4230
店铺数（个）	800	1000	1600
饭店（个）	70	140	200
影剧院（个）	26	27	34
银行支店（个）	36	40	45
酒吧（个）	8	9	10
总商业设施数（个）	940	1300	1700
总商业面积（m²）	543800	613500	695100
办公空间（m²）	1600000	1730000	2200000
就业人数（人）	96000	100000	170000
来访者（人／每日）	300000	300000	330000

是城市中心地区立体化再开发的一个范例。“地下城”的范围达到36km²，相当于市区总面积的1/10。30km长的地下步行道和10座地铁车站，连接了地面上62座大厦，容纳了整个中心地区商业的35%，每天都有50万人进出地下空间。

蒙特利尔最低温度为-34℃，夏季最高为32℃，相对湿度有时达100%。这样的气候条件，使“地下城”在一年12个月中都能正常进行商业和社会文化活动，吸引大量为了避恶劣天气而来的人流，是“地下城”得到发展和受到欢迎的主要原因之一。在这种情况下，城市规划工作者和高等院校的学者，仍不断对地下城的建设进行调查研究。例如，对于离开地下城后人们所走的路线，要经过什么地方等；又如，人们在地下空间中的方向感，通道拥堵和安全问题等，都需要研究，一些学者已经为此连续12年进行调查研究工作，他们的目的是要进一步提高地下空间的吸引力，使地下道路网络化，使人们在其中行走更便捷，使人们在地下空间中感到愉快。

图4-205是蒙特利尔“地下城”及与地铁关系的平面图，左边一组为维力－玛丽广场区，中间为艺术广场区，右侧为杜普斯广场区。图4-206为与“地下城”相对应的地面高层建筑的布局及地铁车站的关系平面图。“地下城”的彩色图片见图4-207～图4-214。

1- 维力－玛丽广场；
2- 艺术广场；
3- 杜普斯广场

图4-205 蒙特利尔地下城平面布局

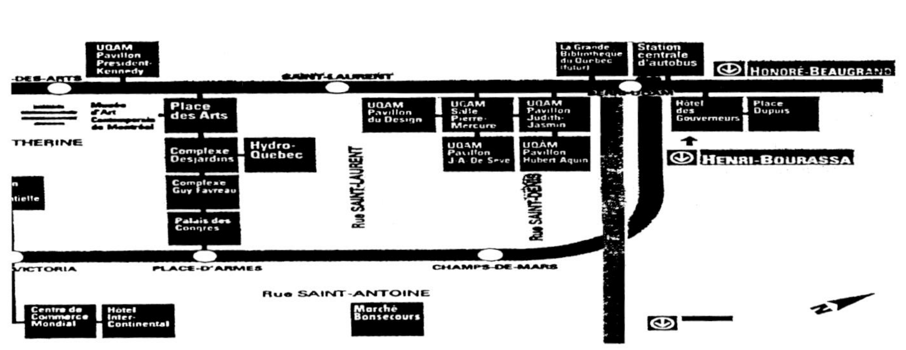

图4-206 与蒙特利尔地下城相对应的地面高层建筑平面布局

图 4-207 蒙特利尔中心区地下换乘大厅
（祝文君 摄）

图 4-208 蒙特利尔中心区地下步行道之一
（祝文君 摄）

图 4-209 蒙特利尔中心区地下步行道之二
（祝文君 摄）

图 4-210 蒙特利尔中心区地下商城休息广场（祝文君 摄）

图 4-211 蒙特利尔中心区地下商城内景之一（祝文君 摄）

图 4-212 蒙特利尔中心区地下商城内景之二（祝文君 摄）

图 4-213 蒙特利尔中心区地下商城顶部采光窗（祝文君 摄）

图 4-214 蒙特利尔中心区地下步行道中的防火隔断门（祝文君 摄）

4.5.5 法国巴黎德方斯新城

1976年经过修订后的巴黎大都市圈规划(简称SDAURIF),为了保护老市区的传统风貌和塞纳河景观,决定在郊区建5座新城。在巴黎市中心肯克鲁德广场向西北4km处建设的德方斯新城(La Defense)就是其中之一。新城总面积760hm²,A区130hm²,为商务中心区,有办公面积150万m²;B区530hm²,为居住区,居民6300户。

德方斯新城的规划特点是将全部交通设施置于地下空间,地面上完全绿化和步行化。为此对地下空间实行整体开发,上面盖上一层整块的钢筋混凝土顶板,形成所谓的"人工地基",在人工顶板下面,布置了高速铁路,机动车,并与大都市圈内圈外形成网络,是一大交通枢纽。从A地区的交通规划上看,这里以前是进入巴黎的13号国道线和国道192号线的交汇点,在法国是最大交通量的动脉。人工地基下面有高速公路(A14)、国道(N13号,N192

(a) 巴黎德方斯A区总平面图

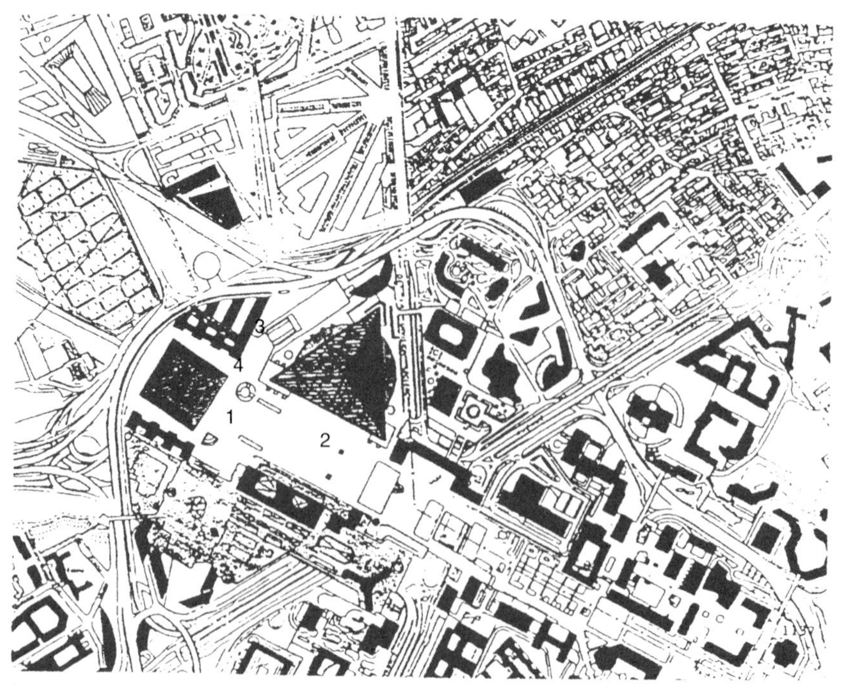

1- 新凯旋门;
2- 四季商业娱乐中心;
3- 国家工业技术展览中心;
4- 德方斯顶端广场

(b) 巴黎德方斯新城东区新凯旋门,四季商业娱乐中心总平面图

图4-215 巴黎德方斯新城区位图、东区中心总平面图

号）和换乘站，还有高速铁路（PRE）与车站、停车场、通风机房，以及与地面联系的自动扶梯、电梯。规划中将上下水道和电气通信的管线进行综合化，全部的管道长度达到15km。高速铁道RER在1986年开通，从德方斯到爱德华是5min，到剧院站是7min，到列·阿莱是10min。地下停车场的容量是25000辆。这种地面人流、地下车流完全分离的双层城市，被认为是现代大城市中再开发的重要手段。

矗立在广场最里端的主体建筑Grande Arche被誉为“德方斯之首”，也被称为新凯旋门，一边的长度是110m的门形的立方体，配有漂亮的大理石和大玻璃，在这幢楼里，同时驻有国家机关和民间企业。在A区内，还有欧洲最大的购物中心，建筑面积12万m^2，外形为一个大跨度拱顶。

从大都市圈的定位来看，作为新城或副都心，由于开发的成功，吸引了居住人口，而且使40多家知名企业进入该地区，减轻了巴黎市中心的人口压力，实现了产业结构转换（转为第三产业）和职住近接，成为巴黎大都市圈一极多核心中的一大核心，对有效的保护市中心的历史风貌以及提高居民的生活质量起到重要的作用。

图4−215是德方斯新城的区位图、东区中心总平面图，图4−216是德方斯新城东区中心轴纵、横剖面图。有关德方斯新城的彩色图片见图4−217～图4−221。

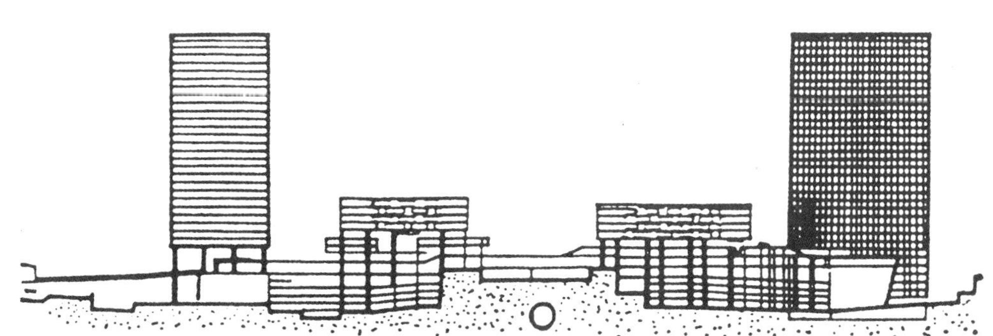

(a) 巴黎德方斯新城东区中心轴纵剖面图

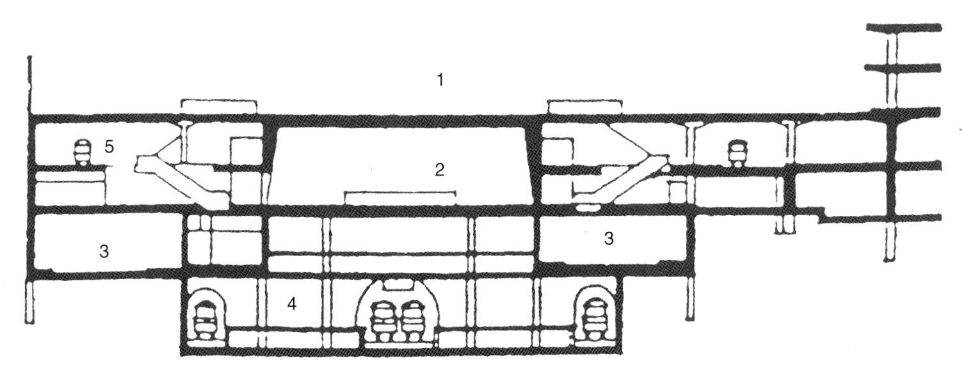

1—地面道路；
2—换乘广场；
3—汽车公路；
4—地铁站台；
5—公共汽车站

(b) 巴黎德方斯新城东区中心轴线横剖面图

图4−216 巴黎德方斯新城东区中心轴纵、横剖面图

图 4–217 巴黎德方斯新城标志性建筑——大拱门（吴焕加 摄）

图 4–218 巴黎德方斯新城步行化地面景观之一

图4–219 巴黎德方斯新城地面景观之二

图4–220 巴黎德方斯新城轻轨列车和汽车进入地下空间

图4–221 巴黎德方斯新城地下换乘大厅

4.5.6 美国纽约曼哈顿地区洛克菲勒中心[7]

1930年，美国洛克菲勒财团开始在纽约曼哈顿地区第五大街上的一块面积约5万m^2的地段上建造一组商业建筑，其中最高的一座是70层，260m高的美国无线电公司办公大楼（RCA），其次是36层的国际大厦和36层的时代与生活大厦。二战后用地扩大到9万m^2，高、低层建筑共19座，功能有办公、剧院、音乐厅、餐馆（20家）、地下商场（商店200个）、地下车库等。在楼间布置了小型花园，在主楼前的中心入口处设计了一处下沉广场，把各个大楼的地下室连通起来。这一组庞大的建筑群，每天进出20万人，统一规划，统一设计，统一建造，而且地面高层空间与地下空间协调建设，在当时是难能可贵的，在当今也是不易做到的。在建筑层数、建筑密度都很高的地段，通过楼间小型花园和下沉式广场的设置，使地面环境得到一定的改善，为在大楼中工作的数以万计的人们提供一点休憩的场所，这种做法至今仍是值得借鉴的。图4-222为洛克菲勒中心建筑群示意，彩色图片见图4-223～图4-226。

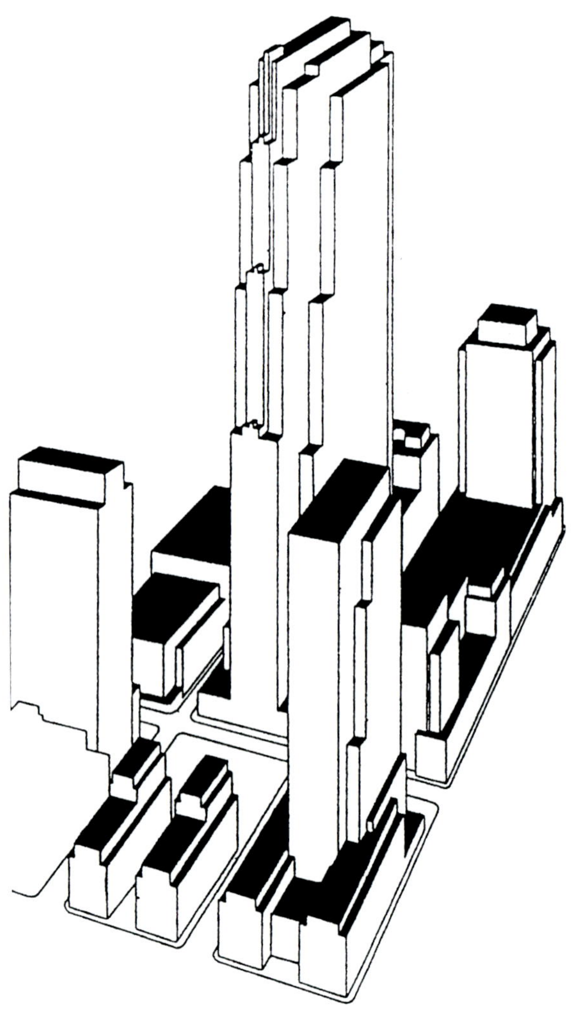

图4-222 纽约洛克菲勒中心建筑群示意图

图4-223 纽约洛克菲勒中心RCA大厦（吴焕加 摄）

图 4–224 纽约洛克菲勒中心桉间花园（吴焕加 摄）

图 4–225 纽约洛克菲勒中心桉间水池（吴焕加 摄）

图 4–226 纽约洛克菲勒中心下沉广场（吴焕加 摄）

4.5.7 杭州钱江新城及萧山钱江世纪城①

杭州是浙江省省会，是历史文化名城，又有驰名中外的西湖风景区。在这样的背景下城市的发展确定了“城市东扩、旅游西进、沿江开发、跨江发展”的总战略，从“西湖时代”跨入了“钱塘江时代”。为此，拟在老城南到钱塘江边，规划建设“钱江新城”，同时在江南岸萧山区规划建设“钱江世纪城”。钱江新城的核心区面积4.02km²，以行政办公、商务贸易、金融会展、文化娱乐和商业功能为主；萧山钱江世纪城核心区面积22.7km²，以办公、金融贸易、科研信息、空港服务、行政管理为主要功能，其次为生活居住、商业、娱乐等功能，是一个现代化的、景观特征鲜明的城市商务中心区。

作为21世纪的城市新中心，规划同时考虑了地下空间的开发利用，形成城市地面、地上和地下空间协调发展，并把由于交通阻隔而造成分散的城市公园、绿地、广场以及大型公共建筑的地下空间以地铁站为枢纽，通过地下步行系统将它们有机联系起来，在各种功能相互兼容的情况下，组成居住、办公、商业、娱乐、政治与文化的综合体。改善城市环境，缓解城市交通，保障城市安全，完善城市空间结构。为此，钱江新城地面建筑量约为650万m²，规划开发地下空间210万m²，相当于地面建筑量的30%；钱江世纪城规划开发地下空间500万m²，大约相当于地面建筑量的10%。

当前，新城与世纪城的地下空间规划均已完成控制性详细规划阶段，局部已开始实施。钱江新城与钱江世纪城的区位关系见图4－227，钱江新城地下一层平面见图4－228，地下二层见图4－229，沿主干道剖面见图4－230。彩色图片见4－231～图4－234。

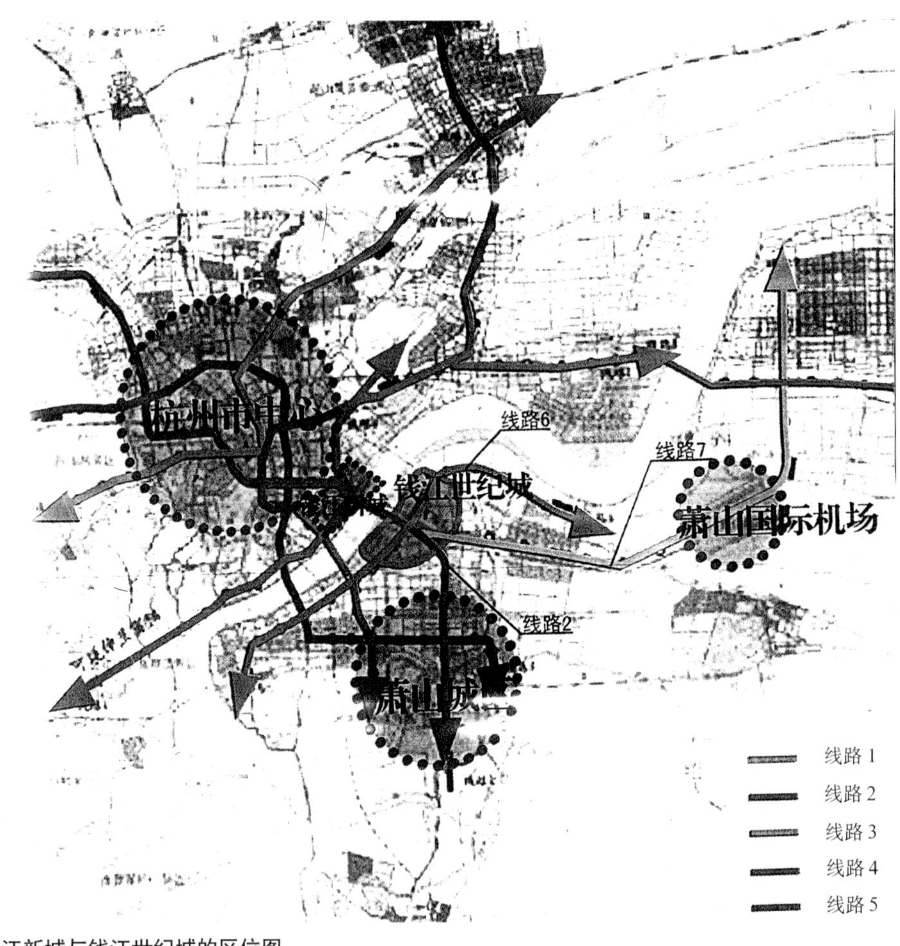

图4－227 杭州钱江新城与钱江世纪城的区位图

①：资料来源：杭州市钱江新城建设管理委员会，杭州市萧山区建设局。

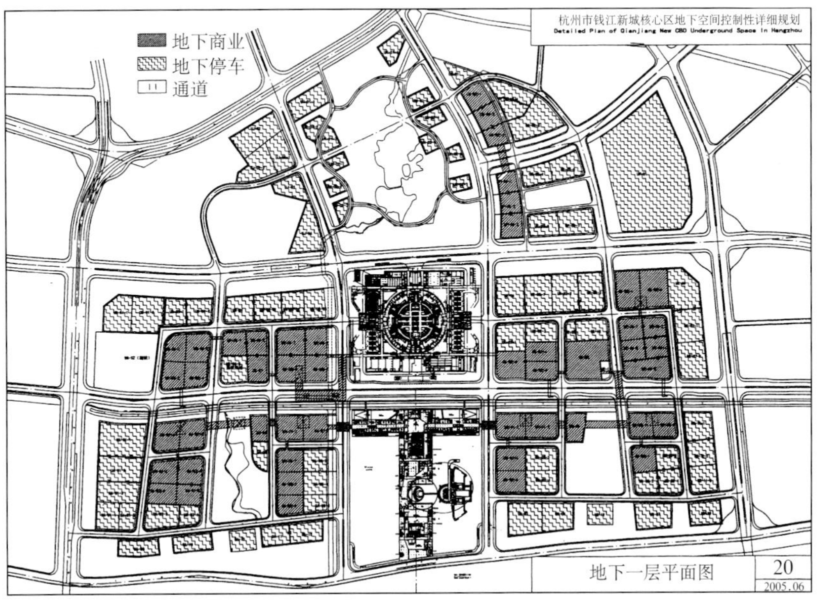

图 4-228 杭州钱江新城地下一层平面

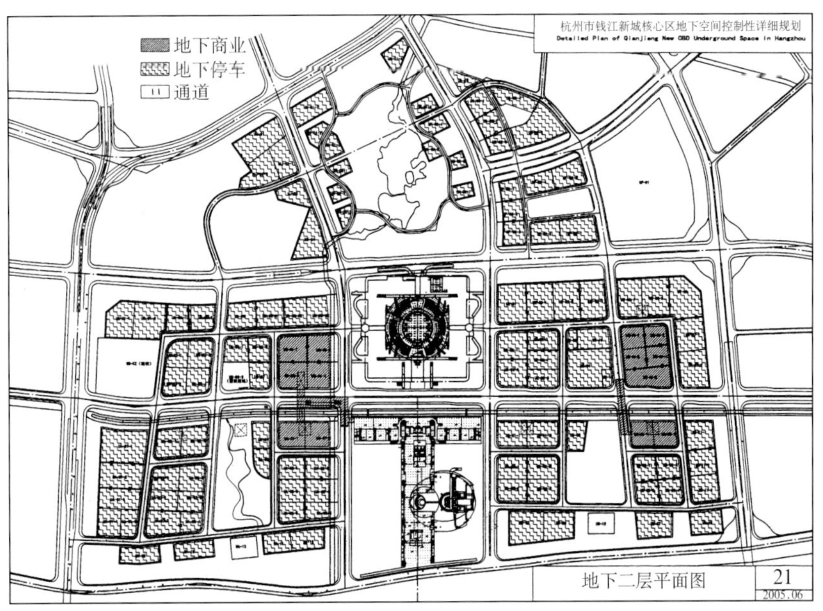

图 4-229 杭州钱江新城地下二层平面

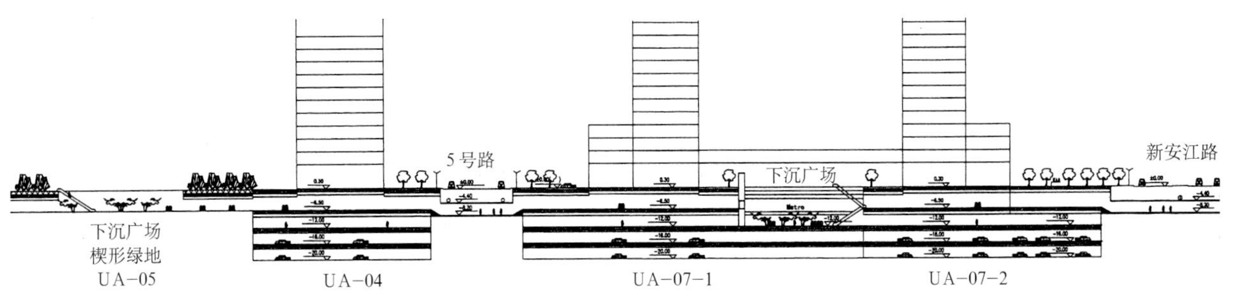

图 4-230 杭州钱江新城沿主干道剖面

图 4–231 杭州钱江新城中心广场设计效果图之一

图 4–232 杭州钱江新城中心广场设计效果图之二

图 4-233 杭州钱江新城中心广场设计效果图之三

图 4-234 杭州钱江新城中心广场设计效果图之四

5　地下工业建筑、仓储建筑、防护建筑

5.1 地下工业建筑

5.2 地下仓储建筑

5.3 地下防护建筑

5.1 地下工业建筑

5.1.1 地下工业建筑概说

在地下空间中组织工业生产，一般比在地面上困难和复杂得多，要付出很高的代价。从20世纪初开始，地下建筑开始用于工业生产，并日益受到重视，主要有两个原因，一是经过战争和大量核试验，证明地下建筑具有良好的防护能力，于是许多国家把军事工业和在战争中必须保存起来的工业转入地下；二是地下空间提供的特殊生产环境，为某些类型的生产提供了良好的条件，比在地面上进行更为有利。

由于工业生产要求的空间大，加上防护和隐蔽的要求，除少量轻工业或仪表工业可布置在城市地下土层中外，多数大型工业建筑都在山区岩层中建设。我国从20世纪60年代中期开始，耗费巨大的人力、物力、财力，在西南地区的崇山峻岭中开发了大量地下空间，建立了许多大型地下工业企业，后来由于国内外形势的变化，建设基本停止，但所积累的在岩石中建筑大规模地下工业建筑的经验，对今后兴建地下贮库，地下水电站、铁路和公路隧道等，都是有益的。

在地下建设工业建筑，并不要求把整个工厂都放到地下。如果把全部生产过程和工厂的各组成部分都放到地下，就需要开挖大量石方，例如国外有的地下厂房的面积大到十几万平方米；在我国，也有石方量超过100万立方米的大型地下厂房。对于一般工厂而言，地下厂房的土建投资大大高于同样的地上厂房，有时高达3～4倍，施工期限也长得多，因此结合我国具体情况，主要应根据防护要求、生产特点和现场条件等因素具体分析，确定一个地下部分的合理比例（通常称为“进洞比例”）。

地下建筑有三种不同的防护要求。第一种要求战时能坚持生产（指直接受到袭击时）；第二种要求地上部分被破坏后，地下部分仍能照常生产；第三种要求地上部分被破坏后，地下部分暂停生产。

第一种情况要求进洞比例比较高，甚至全部生产过程都要放在地下；第二种情况只需要把生产的核心部分或主要的生产过程放在地下，并在地下储备一定数量的原材料和半成品，进洞比例可以适当缩小；第三种情况是指受到袭击时只要求保护关键性设备或贵重精密设备，主要的生产过程仍在地上，这样地下部分的比例更小。

生产特点是指适宜放在地下的程度，例如，易燃，易爆，产生大量烟、尘、热或其他有害物质的生产，除特殊情况外都不宜放在地下；而要求恒温、恒湿的精密生产，如精密仪表、计量室等，放在地下环境中比较有利，可以减少外界环境的干扰，保证产品质量。

现场条件是指所选厂址的隐蔽程度和易受袭击的程度，山体中能否容纳足够大面积的地下厂房，地质条件是否适合于地下厂房所需要的跨度、高度等。现场条件中还应当包括气候条件，例如在纬度比较高，冬季供热时间比较长的地区，把厂房放在地下可以节约室内供热费用。

对于防护要求特别高的工厂，首先要保证地下部分及时建成投产，但是在一定条件下，由于地下厂房建设时间比较长，为了尽早投入生产，也可以考虑先建设地上部分，然后再分期建设地下厂房，甚至可以先在地上建设起完整的生产体系，同时预先规划好修建地下厂房的位置，作为二期建设的任务。

关于工厂各组成部分的进洞比例，应当按照主要生产、动力、辅助生产、仓库等不同的重要程度来确定，而行政管理和生活服务建筑除必要外，更应尽可能放在地上。但是应当注意的是，当只有主要生产过程进洞时，要有适当比例的辅助生产随之进洞，如变电所、通风机房、小型仓库等，以保持地），分生“的相对独”性；这样不但在防护上是有利的，而且避免了地上地下间的频繁往返运输，从生产上看也是合理的。

根据我国的经验，目前一般认为，尖端工业的关键车间、精密加工或装配车间、有贵重设备的实验室、战略储备仓库和战备需要的电站等，进洞比例应当比较大，甚至全部进洞；而一般性的机械加工车间、热加工车间和一般的民用工业等，进洞比例应尽可能缩小，甚至完全不进洞，或只修建少量洞室，平时不用，战时作为职工和重要设备的掩蔽所。

在某些生产过程中，有发生火灾或爆炸的危险，或者产生大量余热、余湿、烟尘、有害气体、噪声、振动等；而另外一些生产过程，又可能要求清洁、安静、恒温、防震等。这些生产上的特殊问题和要求，都应在总体布置上加以解决，否则可能造成生产上的混乱和互相干扰，还会影响到生产人员的安全。对于这些问题，应该按生产特点和使用要求分区布置，即用建筑设计中常用的功能分区方法加以解决。

地下厂房所需的空气都要从地上经洞口引入；同时，由于岩石的温度比较稳定，单位时间的传热量小，以及裂隙水的存在等等，使厂房中的余热、余湿难于自然散发，也需要靠通风才能及时排走，所以通风量一般都比较大。如果厂房内有要求恒温、恒湿的精密生产，则还需要布置空调系统；如果工厂有较高的防护要求，在进、排风系统上还要布置消波、滤毒等设施。所有这些，都使地下厂房的通风，不论在气流组织、管道和进排风口布置，还是机房布置等方面，都带有一些地下工程的特点。

5.1.2 岩石中地下厂房的典型布置方式

由于生产工艺要求的不同和现场各种条件的差异，地下厂房的布置方式很多，不可能规定出统一的模式，但是为了与地面上的工业厂房进行比较，可以从国内外地下厂房建设实践中，概括为以下四种基本类型。

(1)洞室简单，与主通道结合：当生产比较简单，工艺流程大体上沿直线或折线进行时，常将生产部分与人行和运输通道布置在同一洞室中，形成贯通的洞室。这种布置的优点是平面上和空间上都比较简单，交叉口少，断面尺寸统一，有利于组织施工和通风。但是在使用上，由于不同的工序在同一空间内，在运输、噪声等方面可能出现互相干扰，因此必

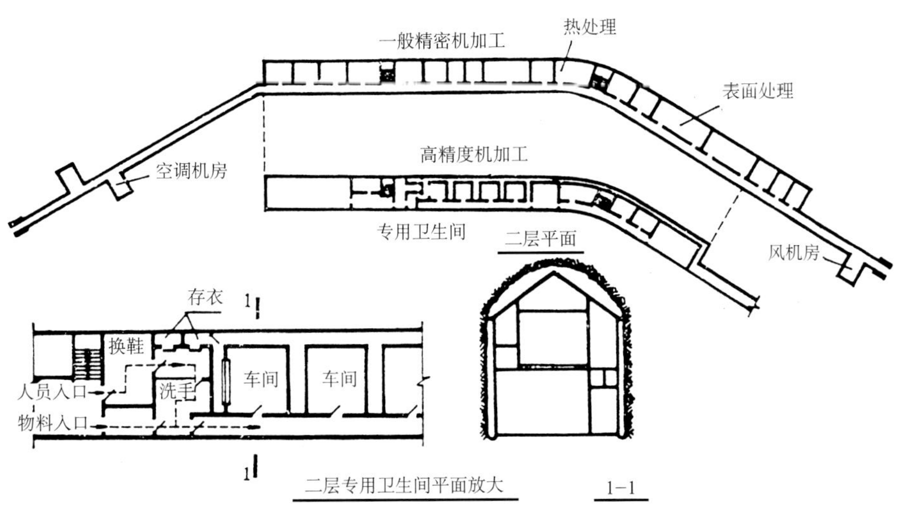

图 5–1 地下精密机械加工车间布置方案

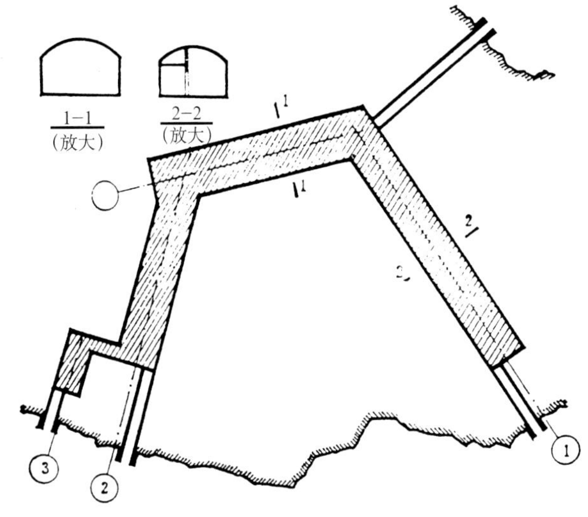

图 5–2 某地下厂房总体布置方案

要时可在洞室的生产部分一侧再分隔成若干房间。

图5-1为一地下精密机械加工工厂，主要厂房位于地下，一般辅助用房在地上。地下厂房局部分两层：一层为一般精密机加工、热处理、表面处理；二层为高精度精密加工及测试、计量室，室内温度要求分别为20±1℃和22±0.5℃，全部采用空气调节。二层入口处设有专用卫生间。

图5-2是一个生产特殊材料的地下厂房，大部分通道与洞室结合。3号洞为通风机房，4号为排风通道兼安全出口。1号洞室由于生产要求分隔成若干小房间，将洞室一边隔出走道，另一边为房间，走道上面的空间用作通风道。

（2）主洞室基本平行，经通道横向联系：当生产规模较大，有许多工序或由不同的工艺流程所组成，往往将每个工序或流程布置在单独的洞室，经过横向的通道进行必要的联系。

图5-3是一个机械制造厂的地下生产区总体布置方案，几条洞室大致平行，顺山脊与等高线垂直布置，每个洞室都有洞口与地面直接联系，除地面上的一条主要运输道路外，在洞室之间还根据需要布置了一些横向通道。规模较大的机械加工车间和产生余热较多的动力中心站，都有排风通道通向竖井；电镀车间在生产中排出有腐蚀性气体，所以单独布置在机械加工与装配车间之间的横通道上，有单独的竖井排风，以避免干扰其他厂房。

图5-4也是一个机械制造厂的地下部分，特点是用前后两条主通道把平行的洞室横向连接起来。通道大致沿山脊走向，使洞室基本上处于山体较厚的位置。为了加快施工，还开了一条临时的出碴用通道，完工后堵死，如图中虚线表示。

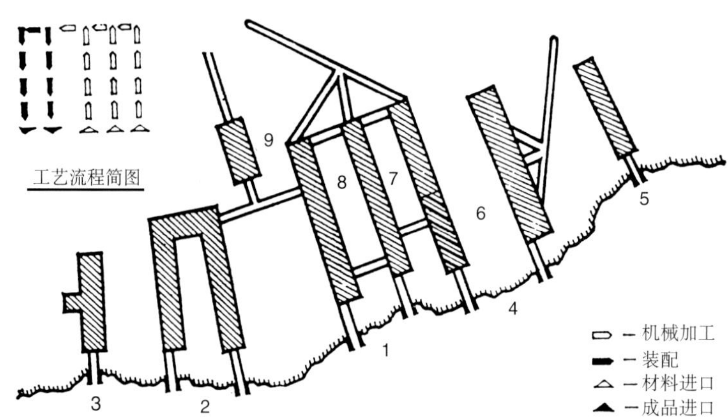

1- 机械加工车间；
2- 装配车间；
3- 成品库；
4- 动力中心站；
5- 工具车间；
6- 热处理车间；
7- 中小件加工车间；
8- 大件加工车间；
9- 电镀车间

图5-3 机械制造厂地下厂房总体布置例一

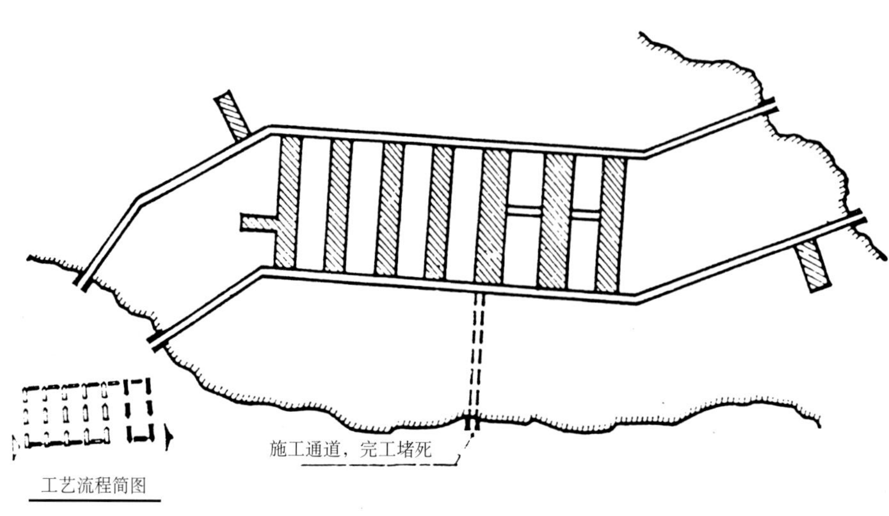

图5-4 机械制造厂地下厂房总体布置例二

（3）大型洞室外集中，通道错综复杂：有一些生产，如动力类，多装有大型设备又要求严格按工艺流程进行布置，地下厂房的跨度和高度都较大，因此常常将主要设备集中沿轴线放在大型地下厂房中，布置在山体的腹部，这样就使交通运输通道和管线廊道都比较长。在这种情况下，这些通道多利用地下空间的特点，围绕主厂房灵活布置，形成上下左右互相穿插的空间关系。

图5–5是一个地下火力发电站，两套大型机组分别布置在平行的两个大型主厂房中，最大跨度20m，最高37m，设有50t吊车，控制室、变配电间、出线井和烟囱则布置两个主厂房之间。

图5–6是英国的一座地下抽水蓄能电站，装机容量180万kW。主厂房跨度25m，高46m，长98m，埋深450m。由于主厂房深埋山体中，各种通道和竖井不但错综复杂，而且特别长，其中主交通洞长达760m，这是一个地下厂房总体布置上的高度复杂的典型实例。

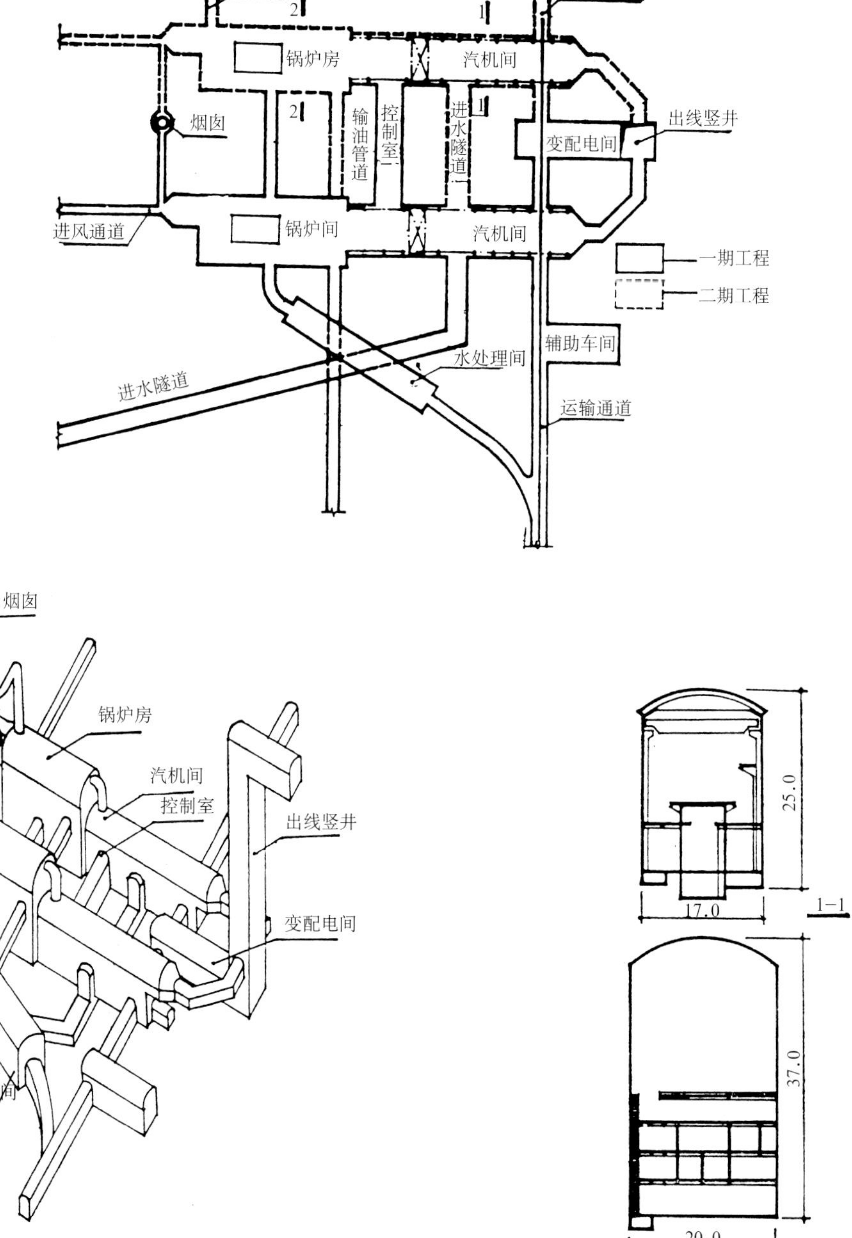

(a) 地下厂房平、剖面

(b) 主厂房透视

图5–5 地下燃油火力发电站总体布置

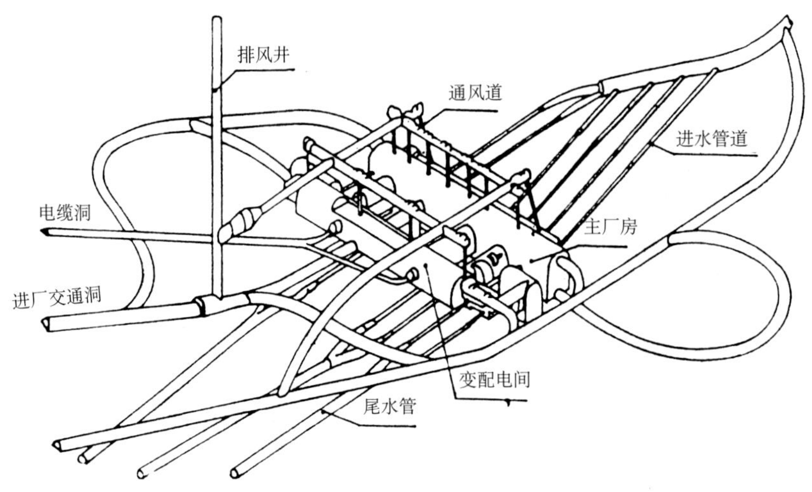

图 5–6 地下水力发电站总体布置

(4)洞室纵横相交，连成一片：一系列横向平行的洞室和通道，与多条纵向的洞室或通道交叉布置，生产车间与人行和运输通道基本分开，适于较大规模的制造类生产。优点是面积紧凑，有利于缩短工艺流程和工艺管线；交通通道可以呈环形布置，既节省面积，方便使用，也比较安全；平面布置比较规则，便于今后进行适当的工艺调整。但是，这种布置方式只有在岩石条件特别有利时才能实现，否则因交叉点过多，不易保证安全。

图5–7为机械制造厂的地下机加工和装配车间，包括大、中件机加工、装配、精密机加工、机修、热处理、电镀等车间及电站、空调机房、冷冻机房等一系列生产、生活用房，平面为棋盘格式布置。大件机加工和中、小件机加工分别垂直于装配车间，便于生产联系，也符合装配工艺流程。其他车间和生产用房按靠近所服务工段布置，需要空气调节及良好机械通风部分集中于一侧，靠近冷冻机房及排风口。

图5–8也是一个国外的地下厂房，规模更大，建筑面积近10万m^2。纵横方向的洞室基本上都是相同跨度，中间和右侧的两条纵向洞室实际上是厂房内的主要运输通道。由于厂房面积大，所以采用竖井通风，每个竖井服务一定的面积。

有关瑞典水电站地下厂房的彩色图片见图5–9～图5–11。

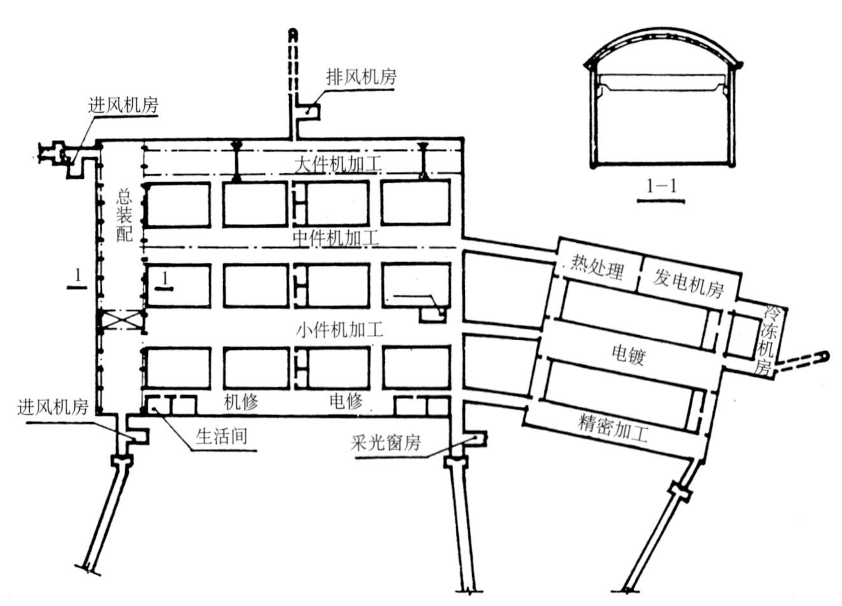

图 5–7 地下机械加工与装配车间总体布置方案

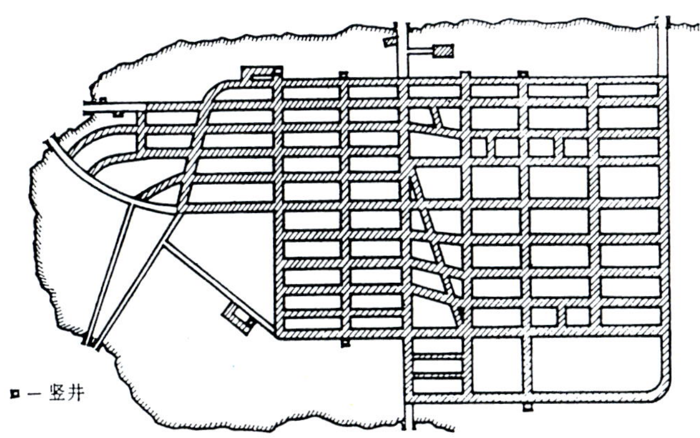

图 5-8 国外大型地下厂房布置方案

图 5-9 瑞典哈斯普兰盖特水电站地下厂房发电机层

图 5-10 瑞典引水式水电站地下厂房典型剖面

图 5-11 瑞典水电站地下厂房发电机层

5.2 地下仓储建筑

5.2.1 地下仓储建筑概说

人类自古就有利用地下空间贮存物资的传统，例如我国古代在地下贮粮，欧洲在地下贮酒等。但是地下贮库只是在近几十年里才有了大规模的发展。

瑞典、挪威、芬兰等北欧国家，在近代最先发展了地下贮库，利用有利的地质条件，大量建筑大容量的地下石油库、天然气库、食品库、车库等，近年又在发展地下贮热库和地下深层核废料库。斯堪的那维亚国家已拥有大型地下油、气库200余座，其中不少单库容量超过100万m^3。瑞典在20世纪六七十年代，以每年150～200万m^3的速度建设地下油、气库，已经完成了建立能源3个月战略储备的任务。在瑞典的影响下，西欧、中欧一些能源依赖进口的国家，也都根据本国的自然和地理条件，发展能源和其他物资的地下贮库。例如法国能源的74%依赖进口，正在建立90天的战略储备系统；美国的进口能源已占总消耗量的很大比重，故也提出了建立1.5亿m^3的石油储备计划；日本的能源几乎全部要进口，近年也正在研究欧洲的经验，在地下贮存能源。

我国地域辽阔，地质条件多样，客观上具备发展地下贮库的有利条件。不论是为了战略储备，还是为平时的物资贮存和周转，都有必要发展各种类型的地下贮库。从20世纪60年代末期开始，在地下贮库的建设中已取得很大的成绩，已建成相当数量的地下粮库、冷库、物资库、燃油库。1973年，我国开始规划设计第一座岩洞水封燃油库，1977年建成投产，效果良好，是当时世界上少数几个掌握地下水封贮油技术的国家之一。我国黄土高原地区的大容量土圆仓直接贮粮技术，以其造价低、贮量大、施工简单、节省土地等特点，在世界上引起了广泛的兴趣和关注。

在20世纪60年代以前，地下贮库一般仅用于军用物资与装备的贮存和石油及石油制品的贮存，且类型不多。但是在近二三十年中，新类型不断增加，使用范围迅速扩大，涉及到了人类生产和生活的许多重要方面。

地下贮库的经济效益主要表现在以下两个方面：

第一，建设投资低于地面库。据瑞典经验，在岩洞或岩盐洞中贮存石油和石油制品，当库容量超过5万m^3后，造价就开始低于常规的地面油库。在高压条件下贮存液化天然气或石油气，贮量在1万m^3以上，地下贮库的造价就开始比建地面贮气罐低。又如挪威经验，在岩洞中贮存饮用水，如果贮存量超过0.8万m^3，一次投资就低于在地面上建的钢筋混凝土水罐。

此外，如果合理选择库型，对投资影响也很大，例如北欧国家容量为10万m^3的岩洞水封油库较岩洞钢罐车的投资可节省83%，我国第一座岩洞水封油库也比岩洞钢罐投资低50%。

第二，管理、运行费用低于地面库。如果由于地下库不得不选在地质条件不良的位置，以岩石掘进为主的施工费用可能较高，影响到建库的资金投入量。在这种情况下，仅以一次投资的多少来衡量经济效益的高低是不全面的，因为按照全使用期造价（life cycle cost）的概念，应当把在整个使用期，例如30年或50年内在运行、管理等方面所节省的费用综合起来考虑，才可能对经济效益作出合理的评价。例如，大部分石油制品要求在50～70℃条件下贮存以保持其流动性，需要一定的加热措施，仅这一项加热费，地下油库就比地面上的钢罐油库节省60%～80%。此外，由于地下环境比较安全，保险费仅为地面上的40%～50%；工程维护费也省，一般约为地面工程的1/3。

在人口日益增多而土地相对逐渐减少的情况下，把宝贵的可耕地用于建造仓库是很不合理的，特别是在城市中，土地价值和价格都很高，更应节约使用。在地面上建造常规粮库，每50万kg贮量需占地0.23ha（3.5亩）左右，每1000m^3贮量的地面油品库，要占用0.13ha（2亩）土地。这些贮库如果改为建在地下，留在地面上的设施很少，大量土地可以恢复耕种、绿化或作其他用途。例如我国一座容量为7.5万m^3的地下油库，地面设施仅用地600m^2，而一座同规模的地面油库，至少需占用土地10ha。还有一些地下贮库，把在施工过程中挖出的石碴或土用于造地，以补偿建设所占用的部分土地。我国一座大型地下油库，利用排出的石碴造地2ha，另一个中型岩洞库利用排碴垫平1ha左右的场地，在上面建起几座与冷库相配套的食品加工厂，生产和运输都很方便。

有一些能源的贮存，由于需要占用土地过多，在地面上建库已很不现实。例如建设一座发电能力为50万kW的地下抽水蓄能电站，需要一个容积为40亿m^3的水库，如建在地面上，将淹没大量可耕土地，而建筑地下水库虽造价较高，但可基本上不占用土地。又如，当以水为介质贮存600亿kW·h热能时，水库的容积相应为10亿m^3，只有地下空间才有可能提供如此巨大的容积而不需占用大量的土地。

贮存在地面上各种贮库中的物品，由于种种原因，在贮存过程中总会在不同程度上有一些消耗和损失，如粮食的霉变、油品的挥发等。有些损失在地面库中难以避免，也就被公认为“合理损耗”。据联合国经社理事会的一份报告估计，在许多发展中国家，由于贮存设施不足或贮存方法不当，在需要贮存的粮食中，每年平目损失15%～20%，如能大量推广地下粮库，贮存损失可减到很小的程度，甚至完全避免。据我国经验，地面粮库的合理损耗为3‰，地下粮库只有万分之三，相差10倍；在地下油库中，油品因温度变化引起的小呼吸现象消失，因此挥发损失仅为地面钢罐油库的5%。

5.2.2 地下粮库

粮食贮存的基本要求，就是要使粮食保持一定的新鲜程度，同时防止霉烂变质和发芽，防止虫害和鼠害的发生，把库存损失降到最低限度。地下粮库在满足这些贮存要求方面，比地面粮库具有很多有利条件。

地下粮库有大型的战略储备库，长期贮存，除更新外一般不周转，多建于山区岩层中，贮量较大；也有建在城市地下空间中的中、小型周转库，根据平时使用和战时贮粮要求进行布局。此外，根据粮库的规模和经营性质，可安排必要的粮食加工业务，布置在地下粮库的地面库区内。

成熟的粮食颗粒在贮存过程中，内部不断进行新陈代谢活动，称为呼吸作用。当空气中的氧气充足时，粮食中的营养物质（脂肪、淀粉、蛋白质等）被氧化，分解成水和二氧化碳，同时放出热量，使粮食的质量降低，温度和含湿量提高，促使粮食发芽或霉变。但是在缺氧状态下，粮食仍能利用分子内的氧气进行呼吸，产生酒精、二氧化碳和热量，使粮食发酵，新鲜程度降低。因此，为了提高粮食贮存质量，延长贮存时间，就要求创造一定条件和采取适当措施抑制粮食的呼吸作用，使之既不过强，也不能完全停止而丧失生命力。

影响粮食呼吸作用的主要因素是粮食的含水量、温度和颗粒的成熟程度，以及外界空气的流动情况等。粮食含水量超过一定的限度时就会促使呼吸作用增强，造成不良后果，例如当大麦的含水率为10%～12%，呼吸作用很微弱，若水分增加到14%～15%，呼吸将加强2～3倍。同时，粮食颗粒对水的吸附作用很强，如空气中水分多，很容易被粮食吸附而提高其含水率，因此空气湿度需要得到控制。温度对粮食的呼吸作用影响也较大，在0～50℃的范围内，呼吸随温度的增高而加强。而且，温度与湿度在同时作用时互相有影响，例如含水率为14%～15%的小麦，在15℃时呼吸微弱，到25℃时将增强16倍；相反，如果含水率在12%以下，温度即使升高至30℃，呼吸作用仍无显著加强。此外，空气流速大，呼吸作用强；反之则弱。总之，为了抑制粮食的呼吸作用，除入库前的粮食含水率应达到合格标准外，库内温度应保持在15℃以下，越低越好；相对湿度应低于75%，除降湿所必需的通风外，应使粮仓尽可能密闭。

粮库中的低温、低湿和缺氧条件对于防止虫害也是必要的。粮食的害虫，如米象、麦蛾等，适应温度都在28～30℃，通常在温度高于25℃，相对湿度大于85%时，虫害就开始严重，同时粮食颗粒上带入的微生物也加速繁殖，使粮食发霉。粮食害虫在8～15℃时就能活动，4～8℃时就已僵化，持续一段时间的低温就会死亡。对于鼠、雀之类，除防止通过各种孔、口进入粮库外，保持库内干燥无水，使进入的鼠、雀干渴而死，也是防鼠防雀的有效措施。

地下粮库可以浅埋在土层中，以中、小型周转库为主，兼作城市一定范围内的战备粮库，举例见图5-12～图5-14。大型地下粮库宜建在山体岩层中，举例见图5-16和图5-17。从粮食的贮存方式看，有袋装贮存和散装贮存二种，图5-18是我国黄土地区的马蹄形仓（又称土圆仓或喇叭仓）散装粮库示意；图5-15是建在城市地下的球形钢筋混凝土散装仓粮库。图5-19是瑞典为埃及设计的贮量为10万t的岩石中散装粮库，布置方式与地面上的钢筋混凝土筒仓相似，共12个立式仓，直径20m、高50m，造价比地面筒仓粮库低30%。

由于防潮和运输的需要，地下粮库的建筑利用系数不可能提高很多，但从上面所举各例可以看出，使运粮通道尽可能与防潮夹层相结合，加大单位长度通道所服务的粮仓面积，和尽可能将不必要的房间移出粮库范围之外等措施，对于提高建筑的利用系数是有效的。

关于单个粮仓的贮粮效率，散装仓当然最高，但仓底和仓壁要承受较大荷载，结构造价有所增加。对于袋装仓，在结构合理的前提下使单仓面积大一些，可减少墙壁所占面积；如粮仓的长宽尺寸较接近，可缩小粮垛四周人行道的长度。此外，适当使用机械，加大码垛的高度，可以提高贮粮效率，

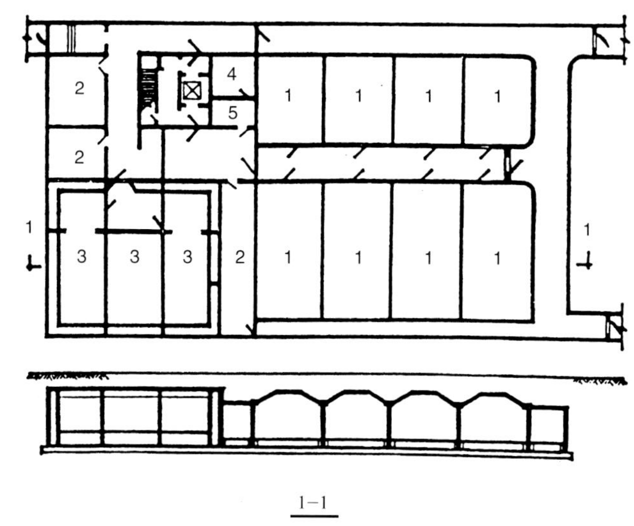

1- 粮仓；
2- 副食库；
3- 冷库；
4- 风机房；
5- 值班室

图5-12 土中浅埋粮库例一

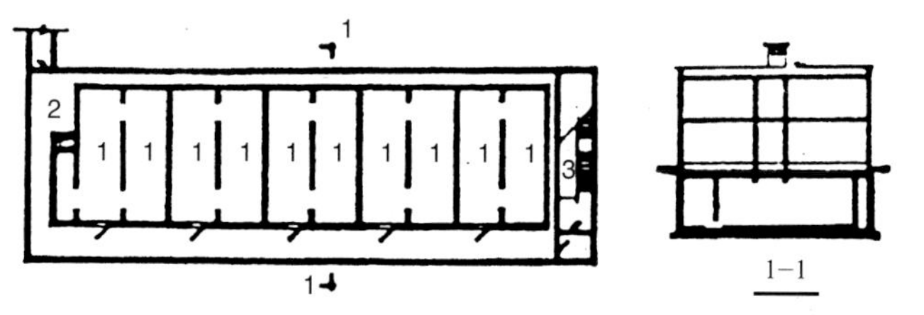

1- 粮仓；
2- 风机房；
3- 皮带运输机

图5-13 土中浅埋粮库例二

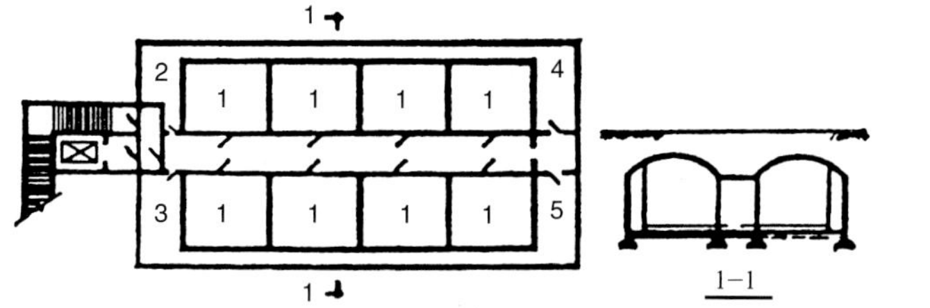

1- 粮仓；
2- 贮藏室；
3- 办公室；
4- 风机房；
5- 食油库

图5-14 土中浅埋粮库例三

例如我国一座设计贮量为10000t的地下粮库，经改造后，粮垛高度从原来的14层增加到20、21层，并利用一些边、角空间贮存一些零星品种，使总贮量提高到17000t。

地下粮库提供了比较适宜的温度，因此只要调节好湿度，就可以获得所需要的贮粮环境。为了在不使用空调系统降湿的条件下仍保持库内较低的相对湿度，利用夹层、套层隔绝墙面散湿是较好的措施；然后使粮仓尽可能密闭，在夹层和通道中加强通风，就有可能使仓内相对湿度保持在合理范围内。为了节约运行费用，在建筑布置上可尽量为自然通风创造条件，例如图5-15的布置方式就对组织自然通风有利，这样就可以在春、夏季密闭，秋、冬季通风，以控制库内湿度。当然，对于短期周转的地下粮库，因库门和仓门开敞频繁，不易保持稳定的湿度，适当使用机械通风和机械降湿还是必要的。

大量粮食贮存在地下，入库、出仓和库内运输都比较繁重。岩石中地下粮库一般能做到库内外水平出入，土中浅埋粮库则比在地面上增加了一次垂直运输，以致有些使用单位不愿建这种类型的地下粮库，因此应当从建筑布置上为组织库内外的交通运输创造方便的条件。

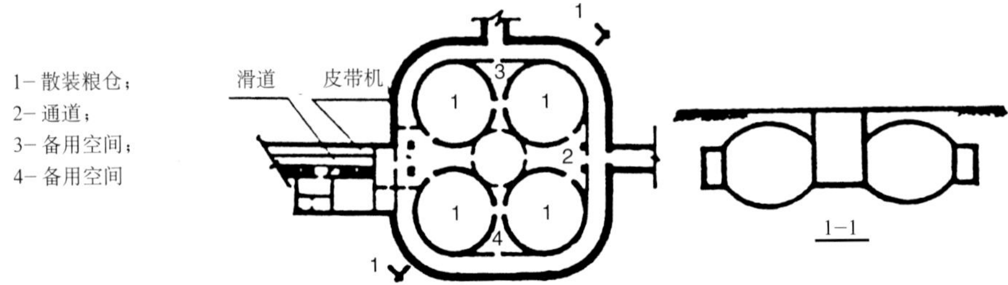

图5-15 土中浅埋粮库例四

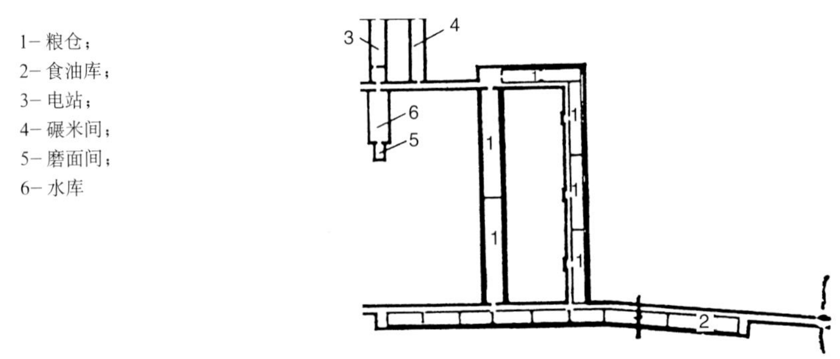

图5-16 岩石中大型地下粮库例一

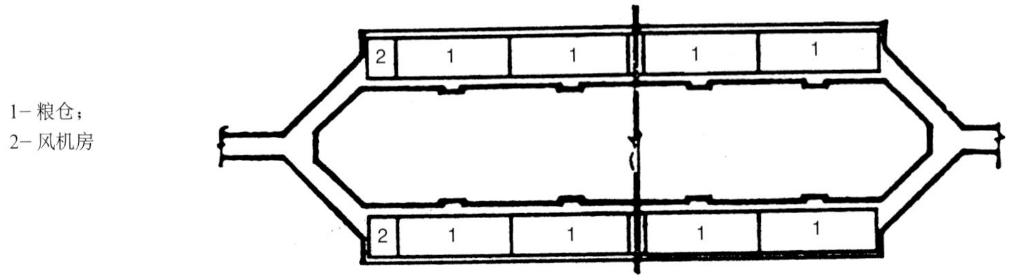

图5-17 岩石中大型地下粮库例二

由于库内运输通道不能很宽，故水平运输的速度受到限制，如果发生需要大量和快速进出粮食的情况，则难于满足要求。因此，在库外应有足够大的停车场、回车场和装卸站台，在口部以内应有适当的短时堆放场地。对于散装贮粮的地下粮库，可尽量利用地形创造靠重力卸粮、出粮的条件，这样就可以大大提高粮食进、出库的速度。图5−15和图5−16为二座散装地下粮库，就具备这样的条件，使垂直运输大为简化。

对于土中浅埋粮库，为了解决垂直运输问题，设货运电梯当然比较方便，但造价较高，还需要稳定的电源。我国有些这类地下粮库采用滑道，粮袋靠自重下滑，向上运时则用皮带运输机，也可以用来代替电梯，在图5−16中可以看到这样的布置。

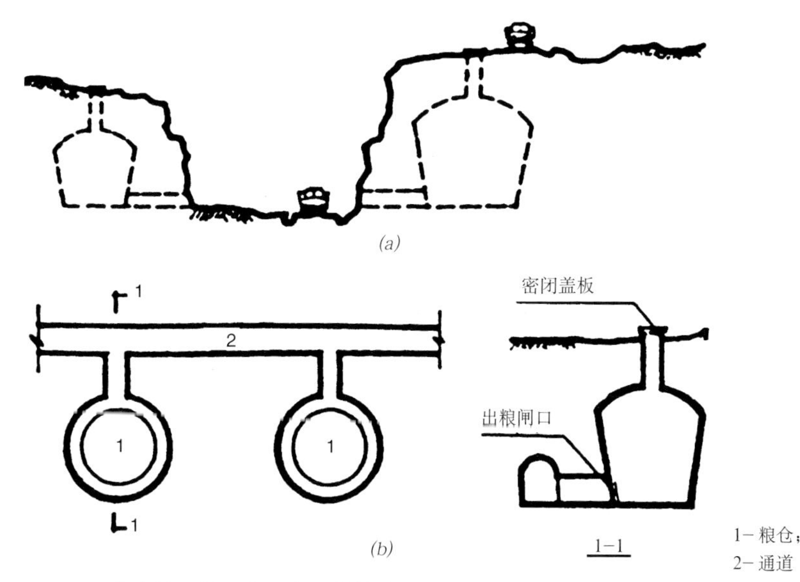

图5−18 黄土地区地下土圆仓散装粮库

图5−19 埃及岩石中大型筒仓式散装粮库

5.2.3 地下冷库

冷库是用于在低温条件下贮存食品，在规定的贮存时间内使食品不变质，并保持一定的新鲜程度。按照经营性质，食品冷库可分为生产性冷库、分配性冷库和零售性冷库；按所需要的贮存温度，有高温冷库，又称冷藏库，库温在0℃左右，主要用于蔬菜、水果等的短期保鲜；还有低温冷库，又称冷冻库，库温 -2～30℃，用于贮存各种易腐食品，如肉类、禽类、水产品等。从冷库规模上看，可以分为小型（贮量500t以下）、中型（500～3000t）和大型（3000～10000t和10000t以上）三类。

地下冷库建在山体岩层中的比较多，从小型到大型的都有，在城市土层中建造小型地下冷库有一定优点，建大型的则比较困难，造价也较高，但如果在地面多层冷库附建地下室，在地下室部分布置温度最低的库房，也是比较有利的。

图5–20中的几个中型岩洞冷库，单个洞室跨度5～8m，长30～40m，长宽比在7以上；华北地区一座大型岩洞冷库的跨度为8m，洞长达138m，长宽比达17，其散冷面积很大，能耗增加。因此，应当在地质条件允许与结构合理的前提下，加大洞室跨度，缩小长度。挪威一座岩洞冷库，库容积11000m^3，只有一个大洞室和一条短通道；洞室跨度为20m，长57m，长宽比仅为2.8，见图5–21。瑞典的一座分配性冷库，贮存包装好的冷冻食品，库容积为16000m^3，扩建后贮量可增1倍；洞室跨度为20m、长100m，长宽比为5，平面布置见图5–22。

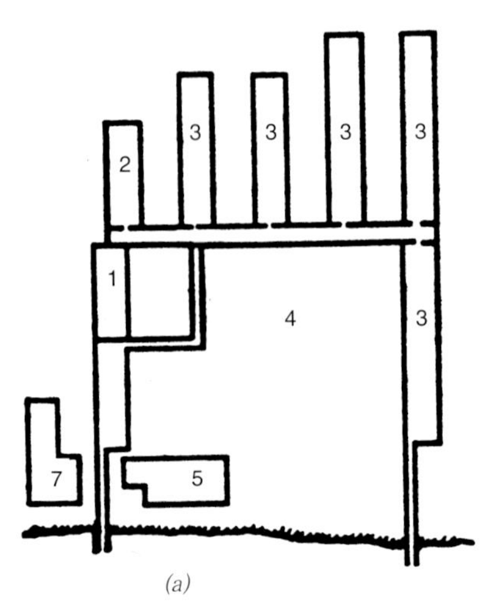

(a)

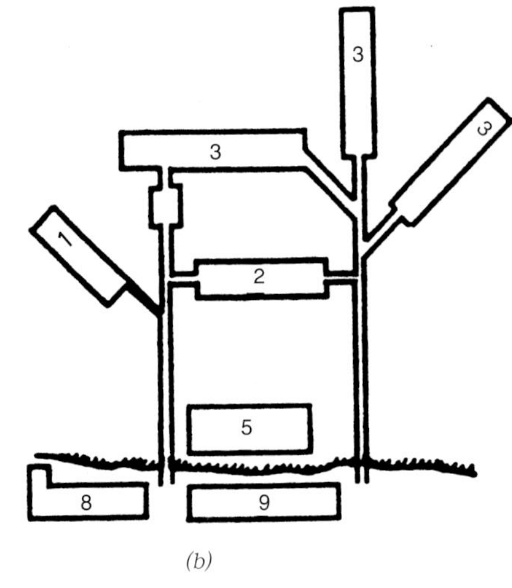

(b)

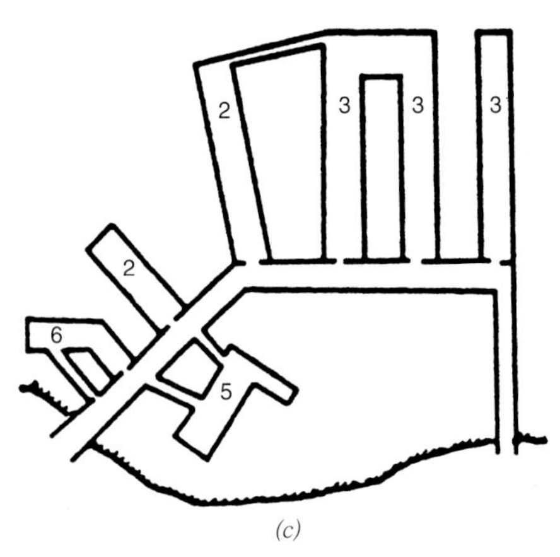

(c)

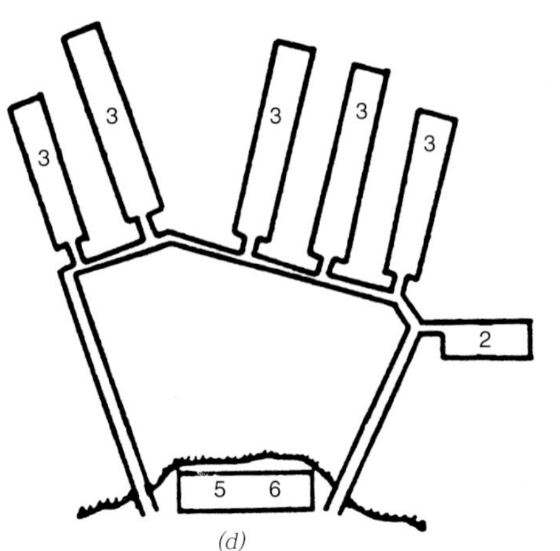

(d)

1–冷却贮藏库；
2–冻结间；
3–冻结贮存库；
4–穿堂；
5–冷冻机房；
6–制冰间；
7–变配电间；
8–屠宰加工间；
9–办公室

图5–20 分散布置的中型岩洞冷库

从几何学常识可知，不同形状的物体，其外表面面积也不一样，球形体最小，正方体次之，长方体则较大，其长宽比越大，表面积越大。因此从这个意义上看，像图5-20那样的单个长洞分散布置方式，在散冷面积上处于最不利的地位。地面冷库多采用方形平面集中布置，故围护结构的散冷面积相对较小。从一个地面冷库与几座岩洞冷库在散冷面积和占地面积上的比较可以看出，地下库的散冷面积平均为地面库的1.6～1.8倍。

建筑耗冷量一般占冷库总耗冷量的50%，如果通过改进建筑布置，把单位散冷面积降到$3m^2/t$以下，是完全可能的。改进布置的措施包括改变洞室的几何形状以减小单个洞室的散冷面，和变分散布置为集中布置以减小冷库占地面积，以及变单层库房为多层库房等几个方面。

地下冷库过去一般都不在围护结构上采取热绝缘措施，仅利用地下环境的热稳定性降低工程造价和维护费用。但是，即使在存在低温温度场的条件下，通过围护结构向外传冷仍有相当大的数量，因此从节约能源的角度出发，可以考虑在地下冷库适当增加热绝缘措施，岩洞冷库可与喷射混凝土结构外的衬套墙结合起来做，也可以直接将隔绝层固定在岩壁上。这个问题在南方地温比较高的地区更应加以考虑。

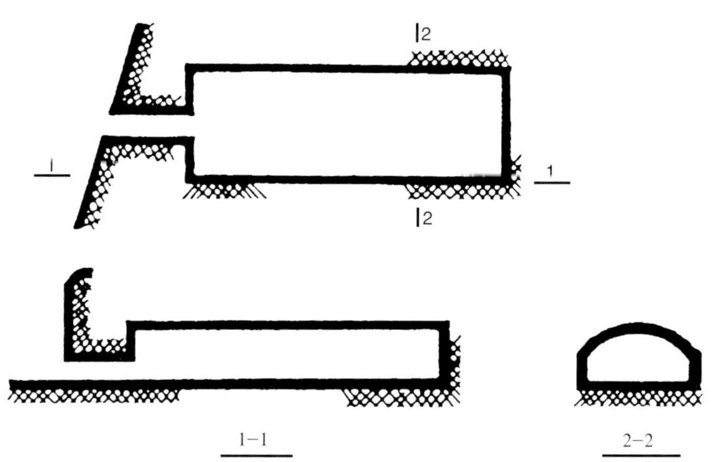

图5-21 挪威地下冷库

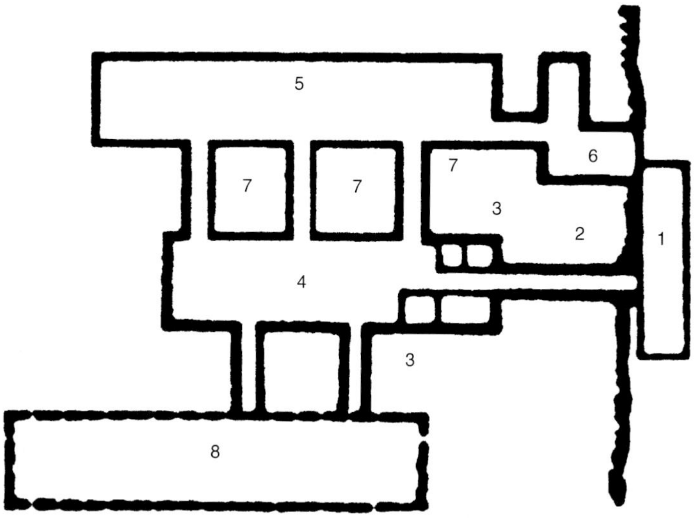

1-办公楼；
2-入口通道；
3-工作间；
4-转运间及车库；
5-冻结贮存库；
6-冷却贮存库；
7-前室（穿堂）；
8-扩建部分

图5-22 瑞典地下冷库

5.2.4 美国堪萨斯城大中西部地下综合仓库

在美国堪萨斯城密苏里地区，有一座采空了的石灰岩矿，在地下90～210英尺深，面积约2.16亿平方英尺。从20世纪40年代开始开采优质石灰石用作建筑材料。采空后废弃的矿坑空间很大，为了支撑坑顶，中间每隔65英尺左右留一个截面约25平方英尺的石柱。经适当改造后，到20世纪80年代初已有2200万平方英尺被用于物资仓库和冷库，还有少量制造业工厂和办公室。到1982年，又计划再开发1800万平方英尺。

堪萨斯城位于美国中部，是东部与西部之间货运的枢纽，仓储空间需要量很大，利用废弃石灰岩矿坑作仓库，不需防水、隔热、供热，仅为冷库常规供冷，造价低，施工容易，储存成本低，故利用率非常高。

图5–23是大中西部地下综合仓库总平面图，图中灰色色块为已开发部分。图5–24～图5–26为大中西部地下仓库的彩色图片；图5–27、图5–28为瑞典地下食品冷库和物资库内景彩图。

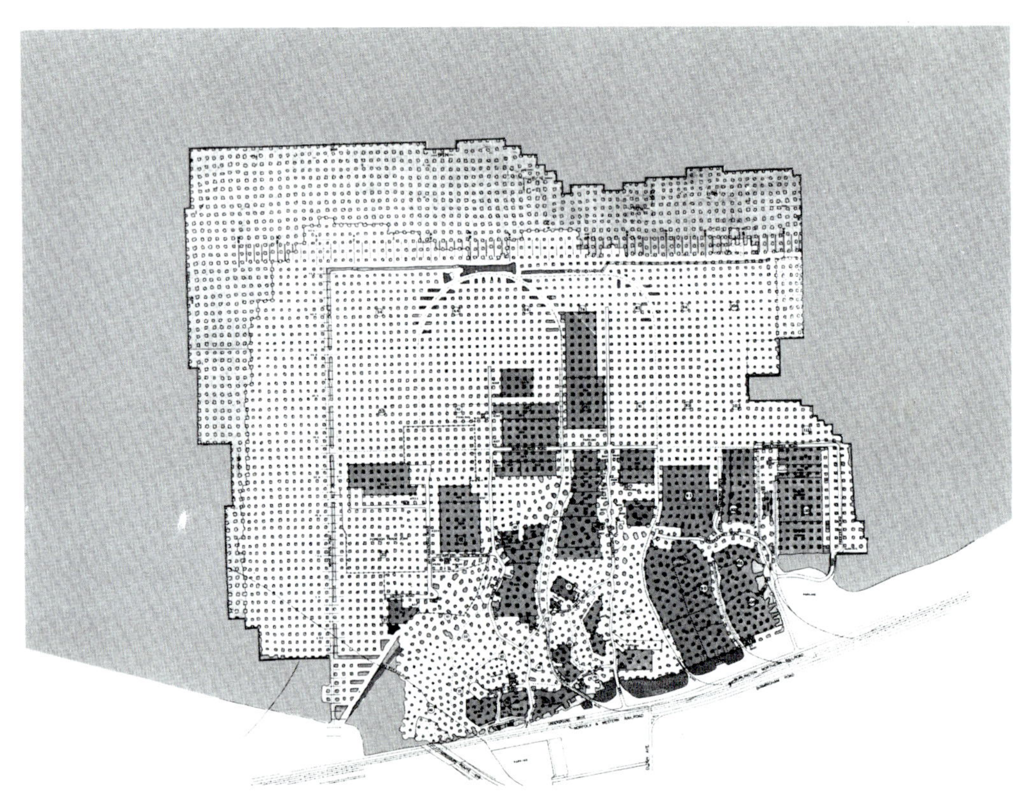

图5–23 美国堪萨斯城大中西部地下综合仓库总平面图

图5–24 美国堪萨斯城大中西部地下综合仓库内主通道

图5–25 美国堪萨斯城大中西部地下综合仓库内景

图 5–26 美国堪萨斯城大中西部地下综合仓库内的办公室

图 5–27 瑞典斯德哥尔摩市郊区的地下食品冷库内景

图 5–28 瑞典斯德哥尔摩市郊区的地下物资库内景

5.3 地下防护建筑

5.3.1 地下防护建筑概说

地下建筑对于外部发生的各种灾害都具较强的防护能力。在抗震、防火、防毒、防风、防洪等几个方面，比地面建筑都有特殊的优势。因此，从城市防空防灾的意义上看，应着重发挥地下建筑以下三个方面的作用：

(1) 对在地面上难以抗御的灾害做好准备。在过去二三十年中，我国为了防空而建造的大量地下人防工程，除少部分质量不合格者外，均具备一定防护等级所要求的“三防”能力。这部分地下工程，包括过去已建的和今后计划新建的，能够防御核袭击、大规模常规空袭、城市大火、强烈地震等多种严重灾害，是任何地面防灾空间所不能替代的，因此应当成为地下防灾空间中的核心部分，使之保持随时能用的良好状态，为抗御突发性的重灾做好准备。

(2) 在地面上受到严重破坏后保存部分城市功能和灾后恢复的潜力。当地面上的城市功能大部分丧失，基本上陷于瘫痪时，如果地下空间保持完好，并且能互相连通，则可以保存一部分为救灾所需的城市功能，包括：执行疏散人口、转运伤员和物资供应等任务的交通运输功能；维持避难人员生命所需最低标准的食品、生活物资供应；低标准的空气、水、电保障；各救灾系统之间的通信联络；城市领导机构和救灾指挥机构的正常工作等。这样，就不但可以使部分城市生活在地下空间中得以延续，还可以使大部分专业救灾人员和救灾器材、装备得以保存，对于开展地面上的救灾活动和进行灾后恢复及重建，都是十分必要的。

(3) 与地面防灾空间相配合，实现防灾功能的互补。尽管地下空间的防灾抗灾能力强于地面空间，但其容量毕竟有限，不可能负担全部的城市防灾抗灾任务。对于一些仅仅开发少量浅层地下空间的城市来说，在容量上与地面空间相差悬殊，即使充分开发，一般也不可能超过地面空间容量的1/3。因此，有限的地下空间只能最大限度地承担那些惟有地下空间才能承担的防灾救灾任务，在不断扩大地下空间容量的同时，充分发挥地面空间，如城市广场、公园、绿地等的防灾功能，实现二者的互补，形成一个城市综合防灾空间的整体。

在20世纪50～80年代，根据当时的国际形势，要求地下防护建筑（在我国称为人民防空工程）具有针对核武器、常规武器和生物及化学武器三种防护能力，因而工程造价高，工期长，很难在较短时间内满足大量城市居民的防护要求。从20世纪90年代后，形势有了很大变化，战争形式从全面核大战演变为高技术条件下使用常规武器的局部战争。这样，地下建筑的防护标准就相应有所降低，使地下建筑具有对常规武器非直接命中的防护能力，即可满足防空防灾要求。

在城市改造和立体化再开发过程中，地下空间在数量上迅速扩大，质量有所提高，本身都具有一定的防护能力，只要在出入口部适当增加防护设施，就可以形成大规模的地下防灾空间，包括面状空间和线状空间。面状地下空间可容纳大量人员避难、救治伤员、贮存物资；线状地下空间（地铁、地下步行道、可通行的管线廊道等）则可用于人员疏散、伤员转运、物资运输等，使大量居民即使在灾前来不及疏散时也有可能置于地下防灾空间的保护之下。同时，实行地下与地面防灾空间的互补，建立起覆盖整个城市的防灾空间体系，增强城市的总体抗灾抗毁能力。

战争及平时灾害对城市造成的损失除人员伤亡外，城市经济（主要是工业）和基础设施的破坏，对保存战争潜力和灾后恢复能力都是很不利的。这一点虽然早已得到公认，但因其比对居民的保护需要更多的资金和物资，真正实行起来有很大困难。

城市中的工业企业如因受灾而停产，则不仅工业产值减少，而且产品的减少必然加重救灾的困难。如果平时有一定的防灾准备，例如将战时必须坚持生产的生产线置于地下空间中，在地下空间中储备足够的备件、零件等，至少可以减轻一些损失和加快一些恢复时间。

城市基础设施在维持城市生存的意义上，常被认为城市的“生命线”，其中最重要的除道路系统外，供水和供电系统应尽量避免破坏，即使部分破坏也能及时修复。

战争作为一种灾害，本属于人为灾害的一种，但是在我国，由于对战争的防御已作了长期的准备，而平时的城市防灾迄今还没有形成完整的综合系统，故比较习惯把战争和战争以外的其他灾害区别对待，形成一种以时期划分灾害的概念，即战争时期与和平时期两类灾害，同时分别形成了为应付战争的城市人民防空体系和以平时防灾为主要任务的两种城市防灾系统，如消防、急救、抢险、物资储备等。虽然在国外民防体系已承担了相当一部分平时的防灾救灾工作，但这两种功能还没有完全统一起来，在我国存在的差距就更大，因此有必要探讨统一城市防护与城市防灾两种功能的合理性与可能性，使这两种功能统一在城市综合防灾体系之中，使地下建筑既能防空，又能防灾，达到事半功倍的效果。

5.3.2 瑞典、瑞士的地下民防指挥所建筑

指挥所（command center 或 control center）是各级民防系统的首脑和中枢，其主要任务是对所辖范围内的民防系统进行不间断的指挥，同时对上级和下级以及相邻的指挥所保持不间断的通信联系。下面结合几个国家的民防指挥所实例，说明工程主体部分设计应注意解决的问题。

图 5−29 是瑞典斯德哥尔摩市在郊区山体中建的一座民防指挥中心，属区级[①] A/B 型。整个工程由 3 个主要洞室和 3 条通道组成，图中的 1 为工作部分，2 为生活部分，均采用喷锚结构内加两层的钢筋混凝土衬套。3 为机电设备部分，结构同 1、2，但仅有一层。中间通道为人员出入用兼作排风，左面为进风通道兼作备用出入口，右面通道为柴油发电机组排风用，兼作安全出口；另外还有一条小的斜通道通向山顶，为无线电天线的电缆出口。

图 5−29 中 1 部分的上层为指挥大厅，厅内用活动隔断隔出警报室、电报间、电话间和密码室；下层有门卫、接待室、餐室、厨房、无线电机房、进风机房和滤毒间等。2 部分上层有一个大工作室、休息室、机房和厕所，下层为宿舍和盥洗室、机房

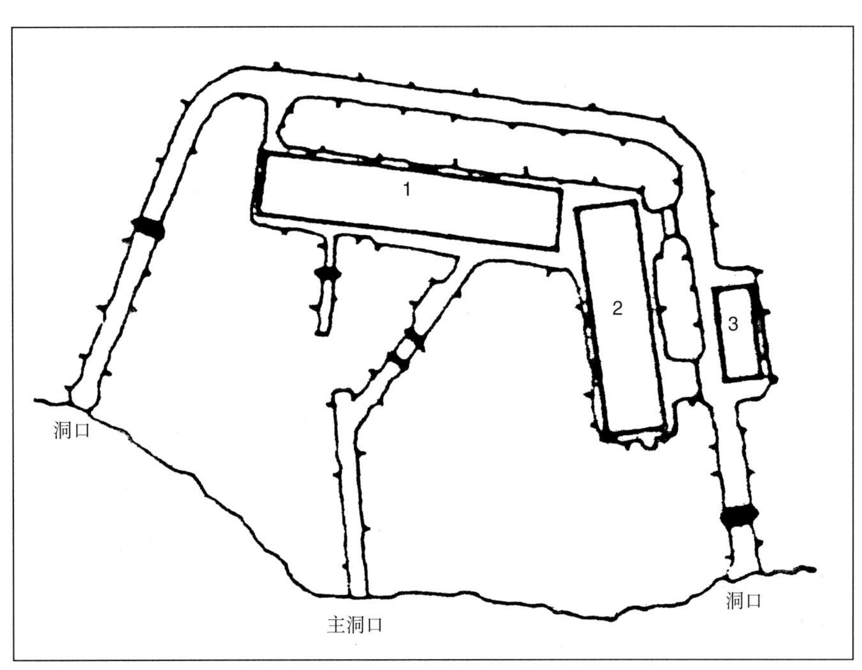

1− 工作部分；2− 生活部分；3− 设备部分

图 5−29 瑞典建在岩层中的区级民防指挥所平面布置

①瑞典的区级指挥所不是指城市中的区，而是民防区，区内辖若干个县。

等。3洞室中包括柴油发电机房、空调机房、热水器间、油库、风机房等。

这个指挥中心除按标准设置防护门、防爆波活门（压板式）及过滤通风系统外，还采取了全面的抗地震动和防电磁脉冲措施。全部进风量的9/10用于柴油发电机的运行与冷却，剩下的1/10经处理后送入主洞室，使主洞室内保持正压。此外，还有火灾自动报警系统（内部使用），与城市电话网相联的分线交换台，可将警报传送到每个家庭。

整个工程在1977年完成，至今一切设施均处于随时能用的状态，平时仅需一人值班，通过监视盘即可全面掌握人员出入情况和设备运行情况。

区级指挥中心的抗力为1.0MPa，并可承受500kg炸弹的直接命中，工作人员150～200人，生存能力很强，全面反映了瑞典民防系统的先进水平。

图5−30是瑞典县级D型指挥所的定型设计，为建在土层中的单建式两层地下建筑，面积400m²，整体钢筋混凝土结构，上面覆土30cm。结构抗力为0.3MPa，考虑250kg普通炸弹直接命中。顶板厚55cm，板下有10cm厚的砂层，承托在10cm厚的夹层顶板上。

建筑平面为方形，从室外下阶梯进入地下一层，经防毒通道和洗消间后进入指挥大厅，这一层中还有餐室（兼作休息室）和厨房；地下二层的一半为宿舍，内设3层床铺，供60人使用，另一半为各种设备用房，在供水间有水井、贮水罐、热水器和空气再循环装置。

瑞士民防指挥所分为Ⅰ、Ⅱ、Ⅲ型，抗力等级为0.3MPa（Ⅰ、Ⅱ型）和0.1MPa（Ⅲ型）；定员分别为70～80人，55人和15～20人，面积定额为每人5m²。柱网单元均为5m × 7m，净高2.6m，便于内部设备和家具布置的标准化和结构设计的定型化，由这种标准单元可以组成各种等级各种规模的指挥所。

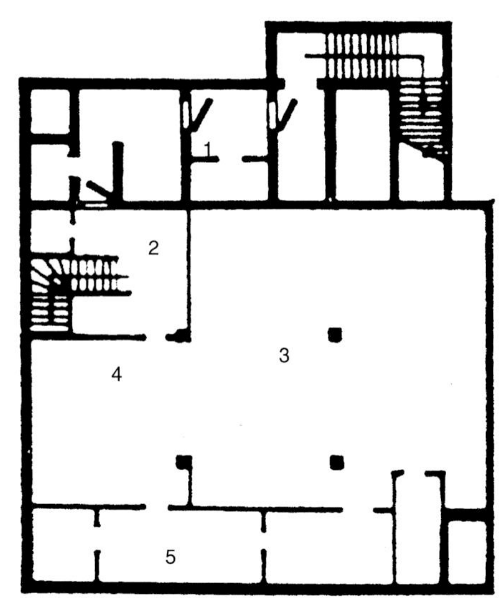

(*a*) 地下一层平面

(*b*) 地下二层平面

1−出入口、防毒通道和洗消间；
2−值班室；
3−指挥室、密码室和安全出口；
4−餐室；
5−厨房、贮藏室；
6−柴油电站；
7−空调机房、水井；
8−滤毒间；
9−宿舍；
10−盥洗室

图5−30 瑞典县级民防指挥所（D型）

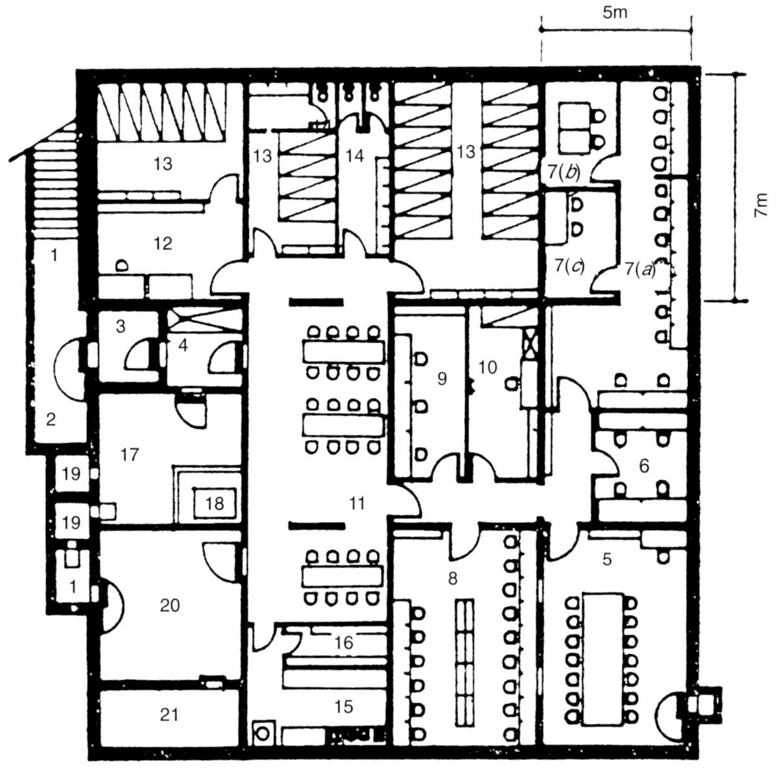

1- 阶梯式出入口；
2- 初步洗消间；
3- 防毒通道；
4- 洗消间；
5- 指挥室；
6- 情报室；
7(a)- 有线、无线电话；
7(b)- 总机；
7(c)- 警报；
8- 后勤主任室；
9- 秘书室；
10- 地方领导办公室；
11- 活动室；
12- 机修间；
13- 宿舍；
14- 盥洗室；
15- 厨房；
16- 仓库；
17- 柴油电站；
18- 贮油间；
19- 进、排风井；
20- 通风机房；
21- 水库

图 5-31 瑞士 I 型民防指挥所平面

图5-31是瑞士的I型民防指挥所平面布置图，由四部分组成：口部（阶梯、防毒通道、洗消间等），工作部分（指挥室、情报室、通信中心、办公室等），生活部分（宿舍、活动室、盥洗室、厕所、厨房、贮藏室、修理间等），设备部分（发电机房、贮油间、通风机房、贮水箱等）。平面布置尽量采用套间形式，房间之间联系方便，减少了走廊等辅助面积。

瑞士的民防指挥所，有时与其他类型民防工程组合在一起，例如与防空专业队掩蔽所或救护站；更大的有将这三者组合在一起，称为联合设施，在功能上形成一个综合体。图5-32就是一个II型指挥所、II型防空专业队掩蔽所和救护站组织在一起的联合设施。左下角为口部和通风、发电机房，左上部为指挥所，右上部为专业队，右下方为救护站，中部为共用的餐室兼活动室和人员宿舍、盥洗室。

联合设施的主要优点是三种功能组合在一起，便于统一指挥和互相联系；有许多设施和设备可共同使用，比独立设置三套经济；结构造价也比单独建筑要低，因为外墙长度明显减少。缺点是规模较大，受到攻击的概率较高；如果组织管理不当，可能造成几种功能的相互干扰，例如从图5-32上看，专业队人员宿舍距离机具存放间和坡道式出入口较远，而且要通过救护站伤员共用的防毒通道和洗消间，显得不够合理。

有关斯德哥尔摩市民防指挥中心的彩色图片见图5-33～图5-35。

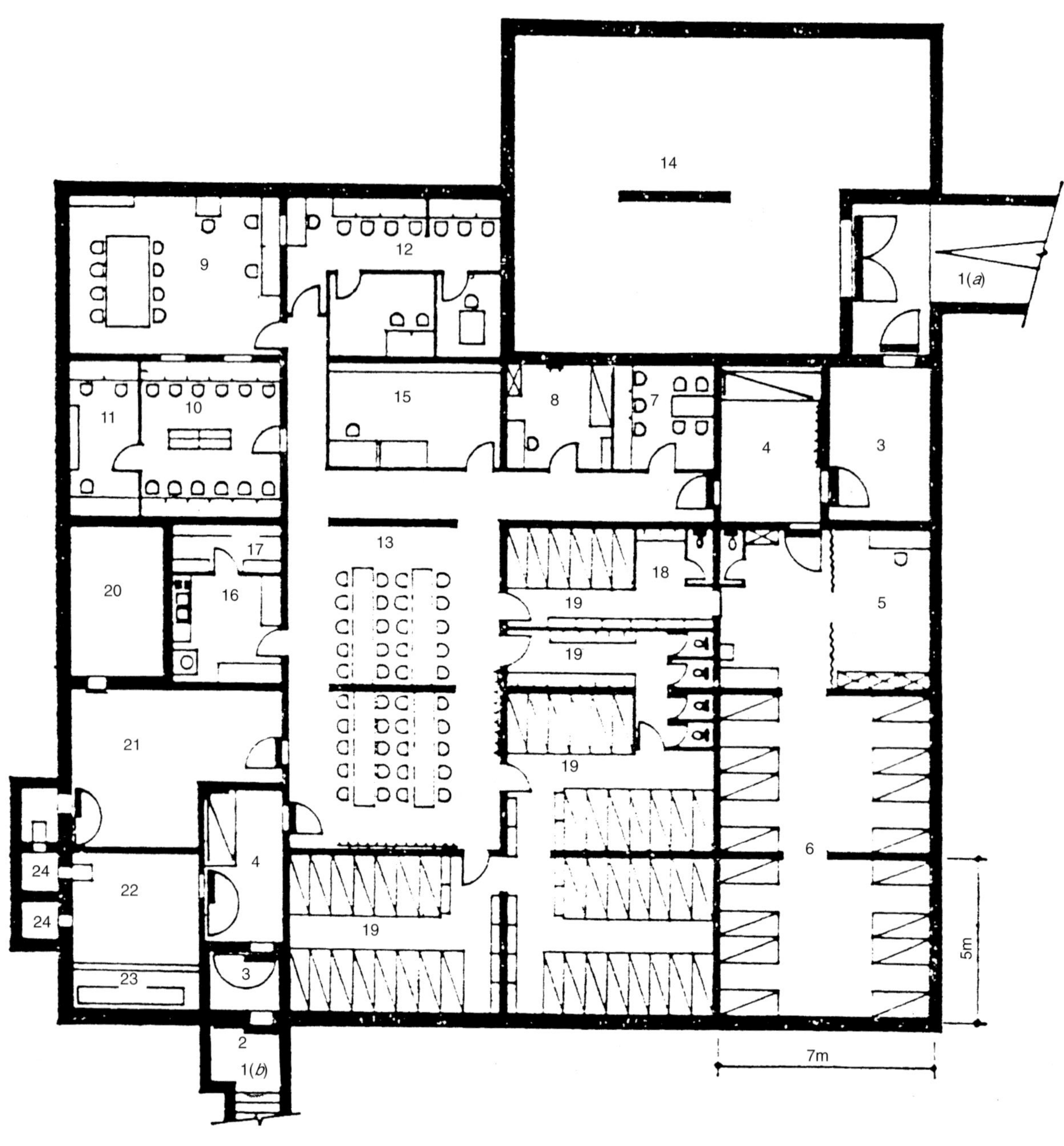

1(a)- 坡道式出入口；
1(b)- 阶梯式出入口；
2- 初步洗消间；
3- 防毒通道；
4- 洗消间；
5- 治疗室；
6- 护理室；
7- 专业队办公室；
8- 领导办公室；
9- 指挥室；
10- 后勤办公室；
11- 秘书室；
12- 通信中心；
13- 活动室；
14- 器材室；
15- 机修间；
16- 厨房；
17- 仓库；
18- 盥洗室；
19- 宿舍；
20- 水库；
21- 通风机房；
22- 发电机房；
23- 贮油间；
24- 进、排风井

图 5–32 瑞士多功能联合民防设施平面

图 5-33 瑞典斯德哥尔摩市民防指挥所主出入口

图 5-34 瑞典斯德哥尔摩市城市警报器

(a) 指挥室之一

(b) 指挥室之二

(c) 电台

(d) 警报发布台

(e) 工作人员寝室

(f) 空气过滤器

(g) 防护门

(h) 建筑物下部防震弹簧

图 5–35 斯德哥尔摩市民防指挥所内部

5.3.3 瑞士、美国的地下人员掩蔽建筑

人员掩蔽工程的主要功能是在预定的防护能力范围内，保障城市中各种人员的生命安全，保存支撑战争和战后恢复的有生力量。

人员掩蔽工程有为普通居民掩蔽和为防空专业人员掩蔽两大类，一般分别称为人员掩蔽所和专业队掩蔽所。人员掩蔽所又可分为长期掩蔽和临时掩蔽两种。长期掩蔽是指为疏散以后的留城居民每人提供一个符合防护标准的掩蔽位置，并保证其生活必需品的低标准供应。临时掩蔽还有三种情况：一是为来不及疏散的人员提供简易的掩蔽条件；二是为在警报发出后仍留在地面上的大量暴露人员提供足够大的地下空间，使之能迅速转入地下，然后再有组织地分散掩蔽，一般按坐姿考虑容量即可，生活供应也比较简单；第三种情况是为处于可能的核袭击范围以外的放射性污染地区居民，提供简易的防核沉降掩蔽所。此外，在房产私有制国家中，人员掩蔽所有政府投资修建的公共掩蔽所和私人建造的家庭掩蔽所两类，后者在有些国家的人员掩蔽所总量中，占80%以上，在我国也是应当大力提倡的。专业队掩蔽所包括医疗救护、工程抢险、消防、运输、防化、治安等多种，除为人员提供住宿和生活条件外，这些专业队一般都配有专用的车辆和机具、设备，需要与人员处于同样的防护条件下。

人员掩蔽工程的数量多，分布广，需要大量资金，因此除合理进行规划布局外，每一个单项工程均应发挥最大的效益，尽最大努力提高掩蔽率和生存率。

20 世纪 60～70 年代，由于城市受到大规模核袭击的威胁，许多国家纷纷建造大规模的公共人员掩蔽所，有的容量达到 1 万人。图 5–36 为瑞士苏黎世市（Zurich）的乌拉尼阿（Urania）人员掩蔽所，就是当时比较典型的公共掩蔽所。工程于1974年建成，面积 17500m^2，共有 7 层，中间 5 层用于居民掩蔽，每层可容纳2千人。平时可停小汽车610辆，是一个地下公共停车库，战时则排满床位，每500～800 人划分成一个区，每 40～80 人编为一个组，有专人负责组织管理，生活设施比较完善。瑞典有些大型公共掩蔽所建在山体中，容量从数千人到 1 万人以上，平时也多作停车库使用。

20 世纪 70 年代中期以后，由于战略形势的变化和武器质量的提高，大型的集中式人员掩蔽工程已不能完全适应对城市的重点打击战略和预警时间的缩短，因此许多国家鼓励和支持私人在新建房屋中，同时附建一定数量的防空地下室，使人员掩蔽

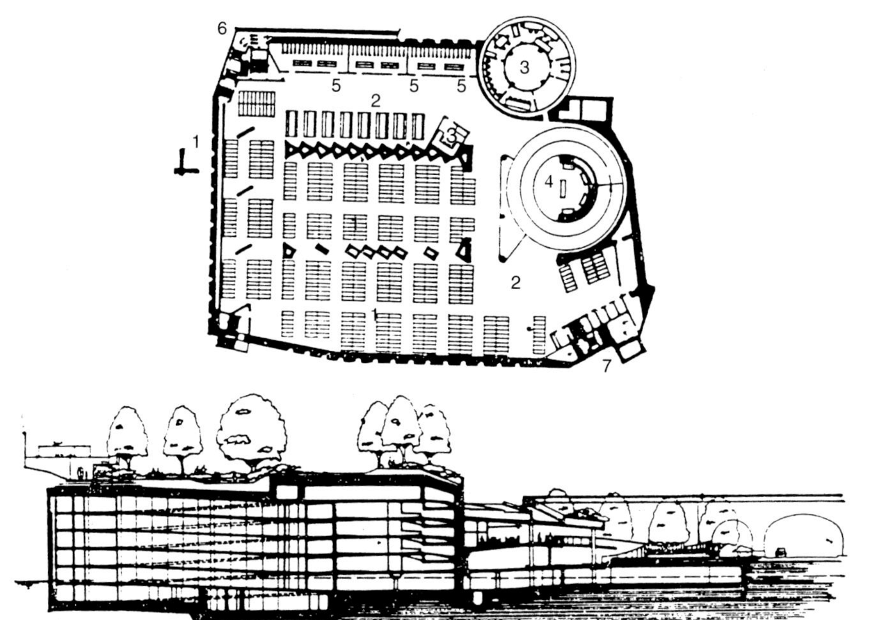

图 5–36 瑞士大型公共人员掩蔽所

所小型化，分散化。例如，瑞士的有关法律规定，在新建和改建房屋时，都要建造防空地下室，由于防护而增加的造价如不超过总造价的5%，则由政府补贴；同时还提供防空地下室的定型单元设计，供私人建房者使用。图5–37是瑞士私人防空地下室标准单元及其组合方式，可以布置在多层建筑地下的适当位置。每个单元最多容纳50人，可由2～4个单元构成组合单元，但总人数不超过200人。每个单元和组合单元都有一个直通室外的出入口，组合单元内有防毒通道和洗消间。防空地下室不设过滤通风系统，而是在每个单元中设置一套由防爆波活门、风机和滤毒罐组成的过滤通风装置；在清洁通风时，卸下滤毒罐上的软管，接通进风管即可，见图5–38。美国也提倡建私人掩蔽室，像预制构件一样埋藏在庭院中用小通道与住宅的地下室相连，如图5–39所示。

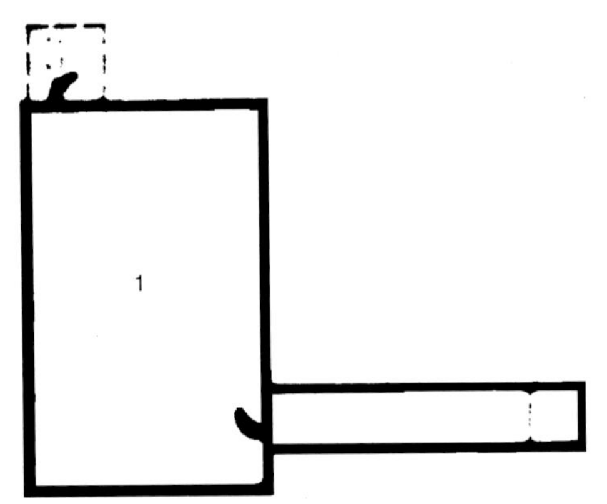

(*a*) 标准单元

(*b*) 四单元组合

1– 掩蔽室；2– 安全出口；3– 进风井；4– 防毒通道；5– 洗消间

图5–37 瑞士私人掩蔽室的单元组合

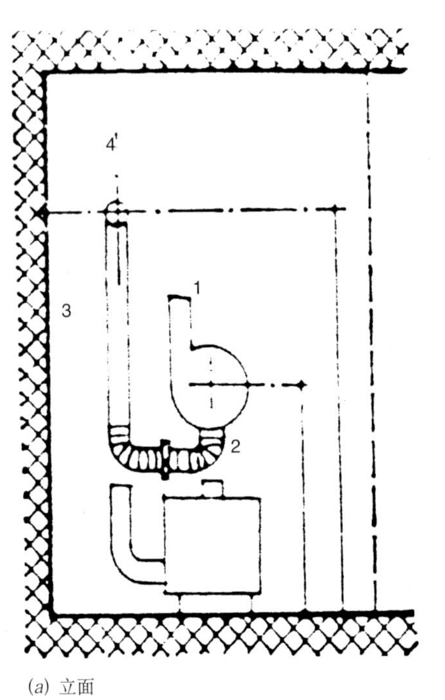

(*a*) 立面

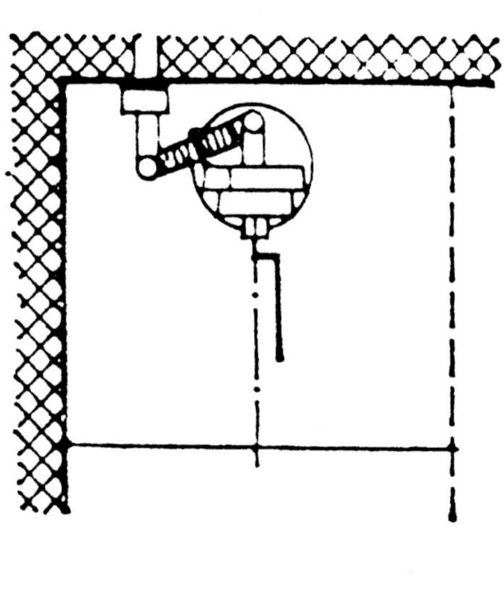

(*b*) 平面

1– 风机；2– 过滤吸收器；3– 软风管；4– 进风消波活门

图5–38 瑞士私人掩蔽室的过滤通风装置

在我国因强调其使用功能与平时业务结合，故很少单独设计专为战时使用的专业队掩蔽所。瑞士的专业队掩蔽所不分专业，按居民人数，分4级配备综合性的防空专业队，例如I级用于人口为4000～6000人的地区，I_A级适用于6000～8000人的地区等。图5−40是瑞士I级专业队I掩蔽所，定员130人，除人员的生活和防护设施外，有一个较大的机具贮存间，经坡道通向地面；贮存间内存放空压机、消防喷雾器、拖车、充电机、工兵器材架、消防器材架等。

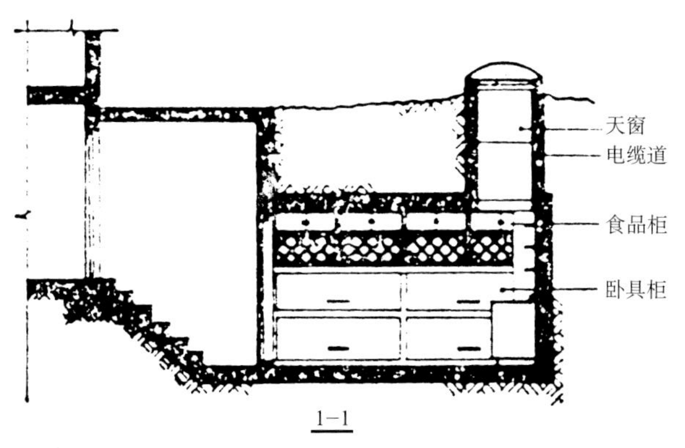

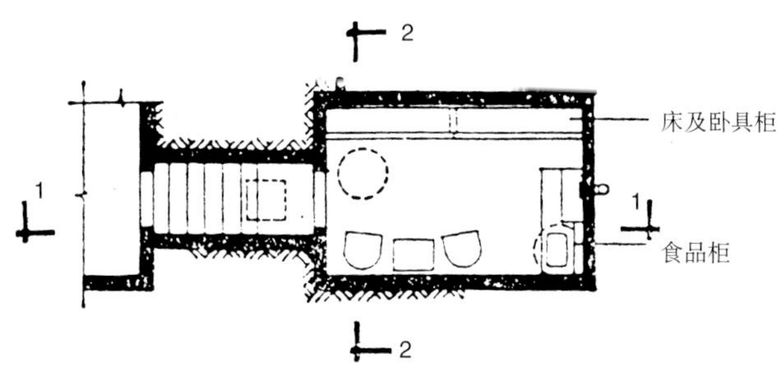

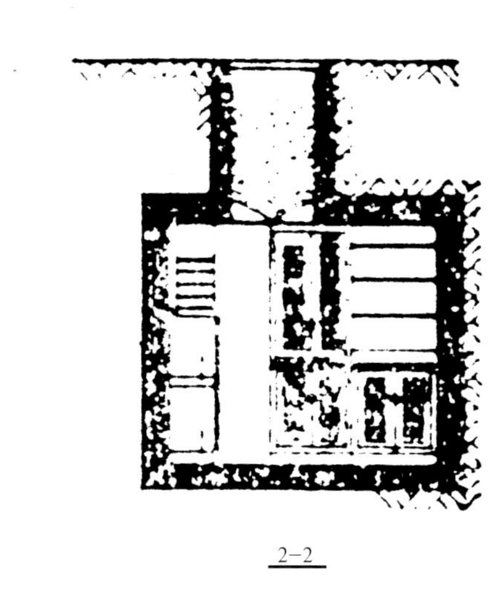

图5−39 美国的家庭掩蔽室

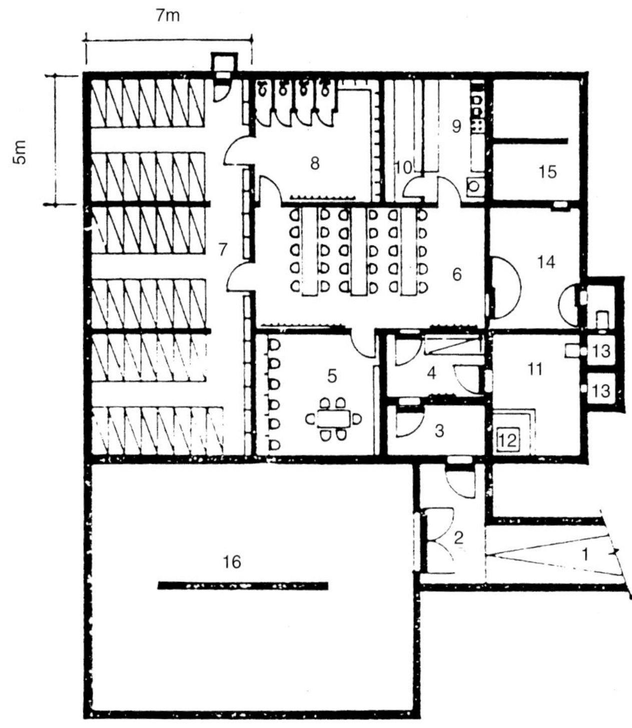

1−坡道式出入口；
2−初步洗消间；
3−防毒通道；
4−洗消间；
5−指挥室；
6−活动室；
7−宿舍；
8−盥洗室；
9−厨房；
10−仓库；
11−柴油电站；
12−贮油间；
13−进、排风井；
14−风机房；
15−水库；
16−器材室

图5−40 瑞士I级民防专业队掩蔽所

5.3.4 中国、瑞士的地下医疗建筑

地下医疗救护工程的任务是为战时在各种可能使用的武器袭击后迅速出现的大量伤员进行紧急抢救和治疗，尽可能多地挽救受伤者的生命；在战后，除对一些伤员继续治疗外，还应承担受袭击地区的卫生防疫工作。因此，应尽最大努力在地下民防工程系统中，保护足够数量的医护人员和保存必需的药品、器械。

为了在核袭击后能迅速抢救伤员，所有地下医疗设施首先应具备快速救护能力，地下医疗设施实行一定的分工，例如，经抢救后仍需手术治疗的伤员应送往急救医院施行早期治疗，待伤情基本稳定后，再送到中心医院进行确定性治疗或专科性治疗。因此，民防医疗救护设施宜分为三级；救护站、急救医院和中心医院。这样的分级与平时的城市医疗系统的分级基本符合，有利于工程的平战结合。至于需要长期治疗或康复的伤员，应转送后方医院，不再属于民防系统救治范围。

战时地下医疗救护设施，与平时使用的各类各级医疗设施虽有不少共同之处，但在任务、功能、治疗内容、建筑组成、面积指标、病人周转时间、物资供应等许多方面，存在着较大差异。下面结合若干国内外实例简要分析战时地下医疗救护设施的特点。

图5-41是国内一个单建式地下急救医院，面积约2300m²，有两个大手术室和14间病房，可放病床60张。两条坡道通向出入口，伤员经简易洗消后进入分类大厅，平时作为候诊厅，为了照顾平时的使用，有些房间的内容并非战时所需，故面积较大，在战时还可适当扩大容量。

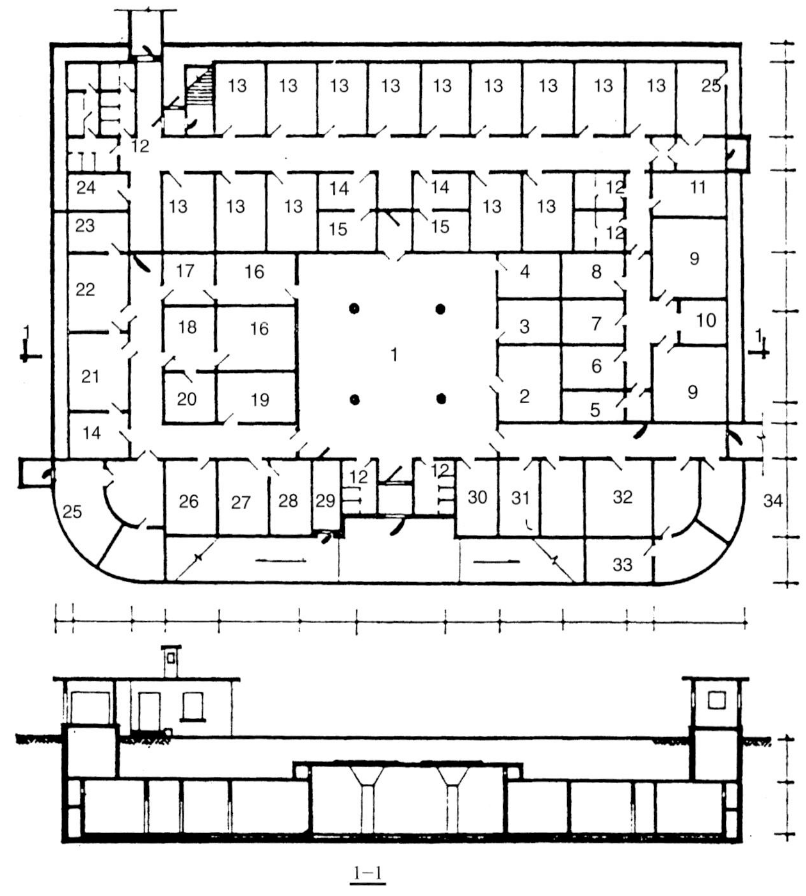

1- 候诊厅； 6- 值班室； 11- 休息室； 16- 药房； 21- 透视室； 26- 血库； 31- 注射室；
2- 急救室； 7- 器械室； 12- 盥洗室； 17- 药材库； 22- 拍片室； 27- 生化室； 32- 观察室；
3- 外科； 8- 敷科室； 13- 病房； 18- 制剂室； 23- 暗房； 28- 检验室； 32- 污水池；
4- 内科； 9- 手术室； 14- 办公室； 19- 住院处； 24- 水井； 29- 洗消间； 34- 配电室
5- 污敷料间； 10- 洗手间； 15- 治疗室； 20- 无菌室； 25- 风机房； 30- 检诊室；

图5-41 单建式地下急救医院

图5－42是附建式急救医院，面积约1000m²，有大小手术室4个，病床较少，可放30张，整个地下室平时作为地面综合医院的手术部。

图5－43是国内一个地下中心医院设计方案，为单建式，地下两层，总面积约2800m²。地下一层有近300m²的分类大厅和观察、抗休克、急救手术等房间，占一半左右，为半染毒区（或称第一密闭区）；另一半为清洁区（或称第二密闭区），为辅助、管理和设备部分。两个手术室和普通病房及烧伤病房等均在地下二层，共有病床200张。

瑞士的战时医疗救护系统与我国类似，也分为三个级别：救护站（面积100m²左右，病床30张），急救站（面积1000～1200m²，病床120～140张）和急救医院（面积1800～2000m²，病床200张）。

图5－44是瑞士的单建式地下急救医院，相当于我国的中心医院，面积约2000m²，有病床288张（以双层床计），手术室两个。内部采用对称式布置，使大面积地下空间中通道布置简捷，避免发生迷路现象。

图5－45是瑞士的一个单建式救护站，规模较大，相当于我国的急救医院，面积2200m²，有两个手术室，病床250张（以双层床设计），各种设施比较完善。图5－45是一个附建式的地下救护站，面积约450m²，有一个大手术室，12张病床，染毒区与清洁区的划分比较清楚。以上两例均有备用柴油发电机组。瑞士的地下救护站因规模较小，一般不做手术，故较少单独布置，而是与其他民防工程组织在一起，例如前面图5－32介绍过的瑞士民防联合设施中，就包括一个救护站，面积140m²，有病床32张，仅有一个治疗室。

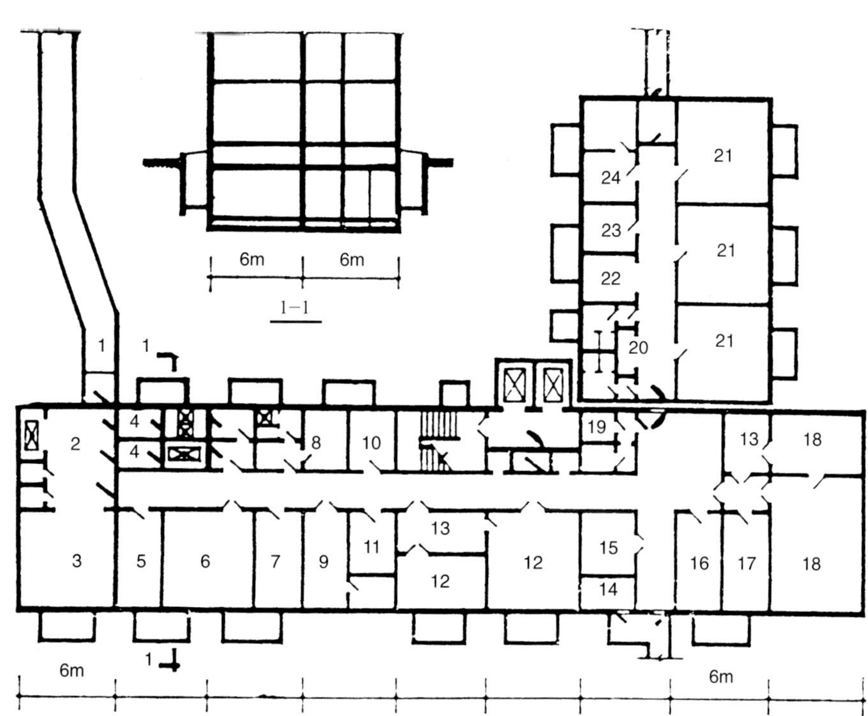

1－坡道；
2－分类间；
3－急救室（染毒）；
4－洗消间；
5－办公室；
6－急救室；
7－化验室；
8－休息室；
9－X光室；
10－敷科室；
11－贮藏室；
12－手术室；
13－洗手间；
14－滤毒间；
15－风机房；
16－消毒室；
17－器械室；
18－无菌手术室；
19－污水泵房；
20－厕所；
21－病房；
22－值班室；
23－治疗室；
24－药房

图5－42 附建式地下急救医院

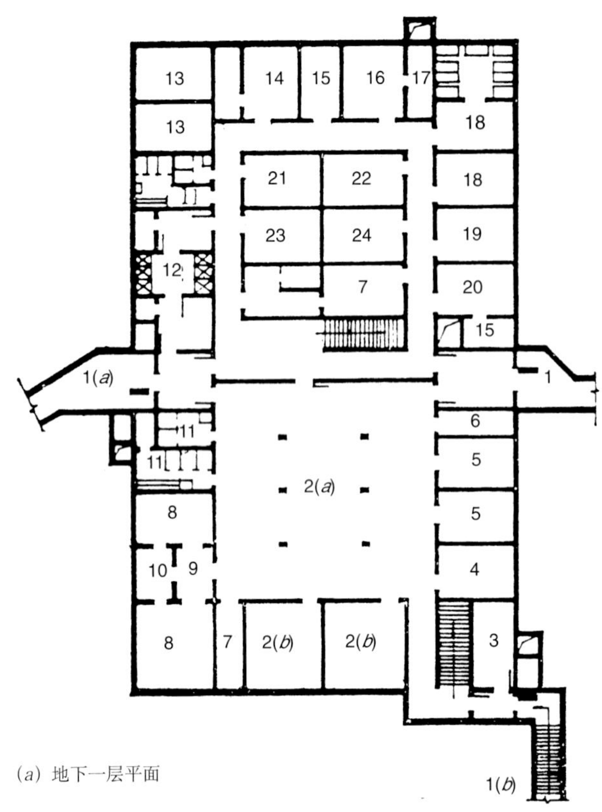

(a) 地下一层平面

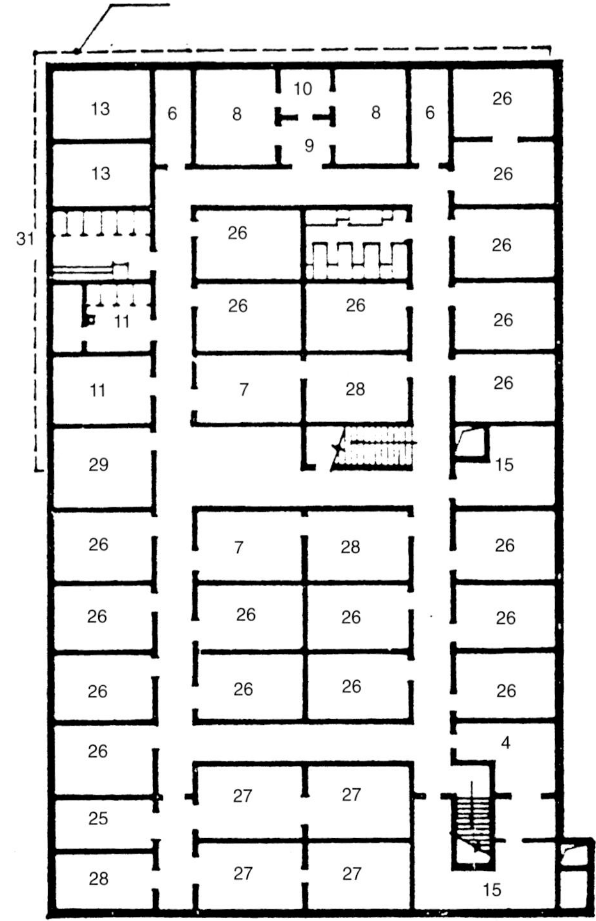

(b) 地下二层平面

1(a)—坡道式出入口；
1(b)—阶梯式出入口；
2(a)—分类大厅；
2(b)—观察室；
3—滤毒间；
4—风机房；
5—抗休克室；
6—氧气瓶库；
7—医务室；
8—手术室；
9—洗手间；
10—器械室；
11—厕所、盥洗室；
12—洗消间；
13—水库；
14—X 光室；
15—贮藏室；
16—热水间；
17—消毒间；
18—休息室；
19—血库；
20—食品供应室；
21—洗涤间；
22—中心供应站；
23—化验室；
24—药房；
25—值班室；
26—病房；
27—烧伤病房；
28—治疗室；
29—机能诊断室；
30—污水排水管；
31—污水井

图 5–43 单建式地下中心医院

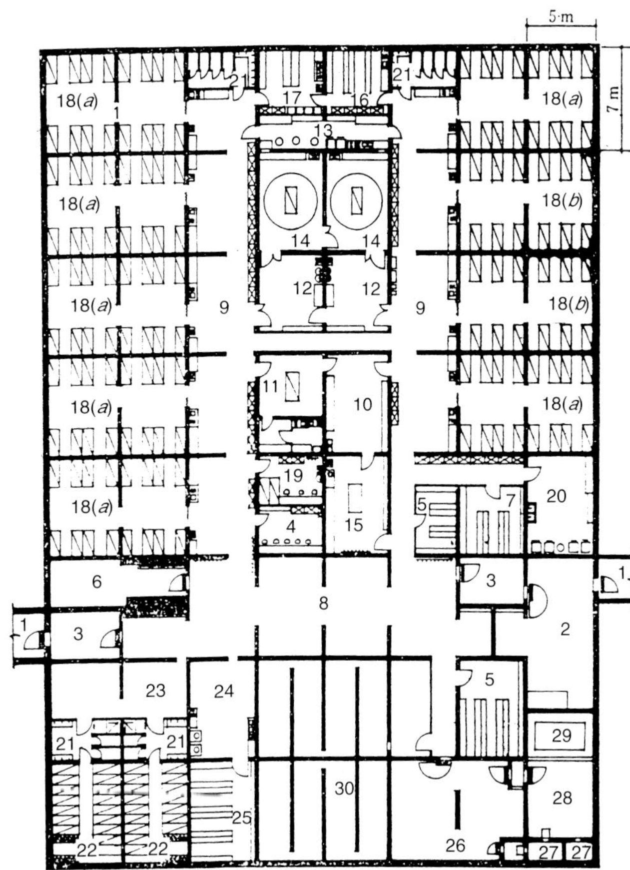

1- 坡道；
2- 分类及初步洗消间；
3- 防毒通道；
4- 办公室；
5- 杂品库；
6- 氧气瓶库兼太平间；
7- 洗涤物贮存间；
8- 洗消间、等候室；
9- 多功能走廊；
10- 石膏室；
11- X 光室；
12- 手术准备室；
13- 消毒室；
14- 手术室；
15- 门诊室；
16 药房；
17- 化验室；
18(*a*)- 病房；
18(*b*)- 急救病房；
19- 休息室；
20- 洗涤间；
21- 盥洗室；
22- 宿舍；
23- 活动室；
24- 厨房；
25- 仓库；
26- 风机房；
27- 进、排风井；
28- 柴油电站；
29- 贮油间；
30- 水库

图 5–44 瑞士单建地下急救医院

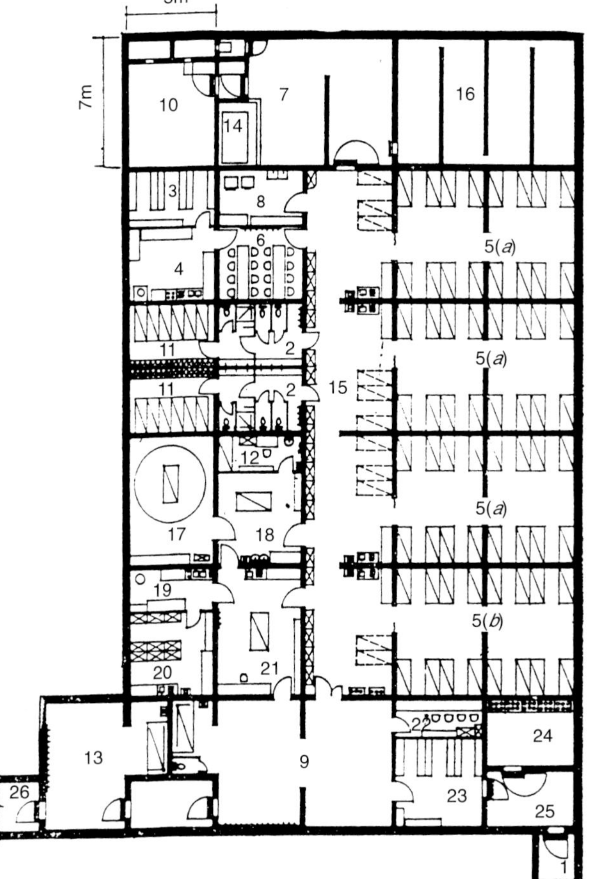

1- 坡道兼阶梯出入口；
2- 盥洗室；
3- 仓库；
4- 厨房；
5(*a*)- 护理室；
5(*b*)- 急救室；
6- 活动室；
7- 风机房；
8- 洗涤室；
9- 接待室；
10- 柴油电站；
11- 休息室；
12- 医生值班室；
13- 初步洗消间；
14- 贮油间；
15- 多功能走廊；
16- 水库；
17- 手术室；
18- 手术准备室；
19- 化验室；
20- 消毒室；
21- 门诊室；
22- 办公室；
23- 杂品库；
24- 氧气瓶室；
25- 太平间；
26- 坡道式出入口

图 5–45 瑞士单建式救护站

参 考 文 献

[1] 童林旭．地下建筑学．济南：山东科学技术出版社，1994

[2] 童林旭．地下汽车库建筑设计．北京：中国建筑工业出版社，1996

[3] 童林旭．地下商业街规划与设计．北京：中国建筑工业出版社，1998

[4] 童林旭．地下空间与城市现代化发展．北京：中国建筑工业出版社，2005

[5] 王文卿．城市地下空间规划与设计．南京：东南大学出版社，2000

[6] 关肇邺．关肇邺选集．北京：清华大学出版社，2002

[7] 吴焕加．20世纪西方建筑名作．郑州：河南科学技术出版社，1996

[8] 吴焕加．20世纪西方建筑史．郑州：河南科学技术出版社，1998

[9] 卢济威．城市设计机制与创作实践．南京：东南大学出版社，2005

[10] 张锦秋．优化城市环境，提高生活质量——西安钟鼓楼广场城市设计，陕西建筑专刊，1998

[11] 张锦秋．和而不同的寻求．建筑学报，1997（2）

[12] 法国国家图书馆，巴黎、法国，世界建筑，2004（3）

[13] 黄蔚欣．城市广场、绿地地下空间开发利用研究．清华大学硕士论文，2002

[14] 张奕先．博物馆建筑的一种新趋向——地下空间的开发利用．清华大学硕士论文，2001

[15] 尾岛俊雄．日本のィンフラストラヶチャ一，日刊工业新闻社，1983

[16] 尾岛俊雄，高桥信之．东京の大深度地下．早稻田大学出版部，1998

[17] 日本建筑学会，国际生土建筑学术会议报告书，1986

[18] Carmody J., Sterling R.Underground Space Design.UNB.new York,1993

[19] Carmody.S, Sterling R.Underground Building Design.UNB.New York,1983

[20] Terra-Dome Corp.Underground Design for 21st Century Living,1982